東洋數學大系 I

算數書·算經十書 上

차종천 편

KYOWOO CO. Publishing
教友社

역자서문

「구장산술」과 「주비산경」은 흔히 산학 최고의 고전으로 여겨져 왔지만, 실제로도 그것들이 동양사회 전체의 역사를 통하여 수학 및 과학 발달에 미친 영향력은 지대한 바 있다. 역자가 5년 전 이 둘을 번역하여 펴낸 이유도 그것들의 실체와 의의가 한 세기 남짓 지속된 근대화 과정과 더불어 거의 깡그리 잊혀지다시피 하고 만 상태를 그냥 보고만 넘기기 어려워서였다. 그러나 그 후 역자는 내친 김에 아예 한・중・일 세 나라를 다 포함시키고, 시대도 처음부터 끝까지 아우르는 "동양수학대계"를 발족시키는 쪽으로 가닥을 잡게 되었는데, 이 목적과 관련해서 때마침 역자의 주목을 끌게 된 것 가운데 하나가 바로 「산수서」이다. 「산수서」는 1983년 말 중국 형주시 인근의 장링 장지아샨(江陵張家山) 247호 고분에서 출토된 서한시대 초기의 죽간으로서 그것이 엮어진 시점이 유휘의 「구장산술」보다 4세기 반이나 앞선다는 점에서 동양수학사의 기원을 획기적으로 앞당기게 하는 발견이 아닐 수 없다. 그리하여 역자는 그것을 해독・정리한 석문(江陵張家山漢簡整理小組, 2000)이 고고학 잡지인 『웬우(文物)』에 발표되자마자 분석과 번역을 동시에 추진하게 되었으며, 기왕의 「구장산술」과 「주비산경」에 더하여 이것까지 묶어서 대계의 첫째 권으로 삼고자 하는 것이다.

이 책의 「구장산술」 및 「주비산경」 관련 부분은 기본적으로 5년 전 판본에 대한 개정판의 성격을 지니는 것으로서 몇몇 군데에서 발견된 잘못들을 바로 잡고, 전체적으로 약간의 수정을 가한 것이다. 그러나 여전히 정정 작업을 소폭에 국한시켰으므로 기껏해야 영어논문 "Reception and Appropriation of Chinese Mathematics in Joseon Dynasty : With Respect to *Hushilun*"을--사실상 기왕에 수록된 "조선시대의 중국산학 수용 검토 : 호시론을 중심으로"의 영역에 지나지 않음에도 불구하고--주로 외국학자들의 이해와 편의를 도모하려는 의도에서 덧붙인 정도가 아마도 이전 판본과의 가장 현저한 차이가 아닌가 한다. 한편, 「산수서」에 대해서는 역자가 2003년에 「한국수학교육학회지」에 발표한 "한간 「산수서」와 「구장산술」의 비교" 논문이 해설의 목적으로 충분히 활용 내지 재활용될 수 있다고 보아서 별도의 글을 마련하지는 않기로 하였다.

역자는 동양수학의 고전들을 번역하고 해부해보고자 하는 이러한 일련의 작업들을 추진해오는 과정에서 언제나 그것들이 동양수학의 전체상은 물론, 동시에, 중국, 한국, 일본 3국의 나라별 특성까지 잘 드러내 줄 수 있는 가장 핵심적이고도 대표적인 고전들로 꾸며져야 한다는 점에 주력했으며, 그 결과 다음과 같은 15권을 기획하여 "**동양수학대계(東洋數學大系)**"라는 이름으로 묶기로 했다.

I.	「算數書」· 算經十書 上(「九章算術」,「周髀算經」)
II.	算經十書 下(「海島算經」,「孫子算經」,「五曹算經」,「張邱建算經」,「夏侯陽算經」)
III-IV.	「夢溪筆談」,「數書九章」
V.	「楊輝算法」
VI-VII.	「四元玉鑑」,「算學啓蒙」
VIII.	「算法統宗」
IX.	「梅氏叢書輯要」·「割圓密率捷法」· 李善蘭
X.	「默思集算法」·「九數略」·「籌解需用」
XI-XII.	「九一集」
XIII.	和算選集(「塵劫記」, 關孝和, 安島直圓, 和田 寧)
XIV.	Smith and Mikami,「日本數學史(A History of Japanese Mathematics)」
XV.	동양수학사의 흐름, 총색인

따라서 이 15권이 모두 완성되게 되면, 우리나라를 포함한 동아시아 문명권에서 누천년의 역사를 통하여 발달시켜온 소중한 수학적 업적의 진면목이 당연히 살아있는 전통으로 소생하여 우리 모두의 값진 문화자산으로 활용될 수 있을 것으로 믿어 의심치 않는 것이다.

이제「산수서」,「구장산술」,「주비산경」을 한데 묶은 이 책과 더불어 "산경십서"에서「구장」,「주비」를 제외한 나머지로부터 가려뽑은 5종(「해도산경」,「손자산경」,「오조산경」,「장구건산경」,「하후양산경」), 송대 수학 르네상스의 한 축인「양휘산법」, 일본 전통수학의 역사를 이미 90여 년 전에 영문으로 정리해서 펴냈던 스미스와 미카미의「일본수학사」, 그리고 부피가 워낙 방대해서 부득불 두 권으로 나누지 않을 수 없었던 조선시대를 대표하는 수학서

가운데 하나인 「구일집」 등 총 6권을 동양수학대계의 일환으로 우선 상재(上梓)하게 되니, 역자로서는, 비록 그동안 가급적 혼자 힘으로 밀어붙여 보려고 애써오기는 했으나, 감사를 올려야 할 분들이 한둘이 아니다. 특히 수학교육학회, 과학사학회, 수학사학회, 과학기술사학회의 여러 학계 선배·동학과 맺어온 교류는 역자의 전통수학 천착을 위해서 큰 힘이 되어주었지만, 유감스럽게도 도움받은 분들을 일일이 거명하는 것이 물리적으로 불가능해 안타깝게 생각한다. 개인적으로는, 동양수학과 관련하여 이만큼이나마 성과물을 만들어내게 된 것에 대해 새삼스럽게 아내(서울대 영문과 이종숙 교수)와 더불어 자축하고 싶다. 그가 이 여러모로 부족한 인간에게는 언제나 궁극적인 후원자인 까닭이다. 한편, 2003년 가을부터 1년간 연구년을 보낸 도쿄대와 캠브리지대로부터 받은 지원은 재직중인 성균관대로부터 받은 지원과 더불어 몰아치기 번역에 돌입하는 것을 가능케 해주었다. 또한, 역자로 하여금 이 작업에 본격적으로 매달릴 수 있도록 흔쾌히 출판 승낙과 격려를 해주신 교우사 오판근 사장께도 깊은 감사를 드린다. 마지막으로, 역자는 우리 문화의 수학적 뿌리를 되돌아보고자 하는 많은 분들께 이 책을 비롯한 동양 전통수학의 주요저작들에 대한 역주작업이 조금이나마 소용 닫기를 바라마지 않으며, 앞으로 여러 전문가들의 고견과 비판을 받아서 점차 개선해 나갈 수 있기를 기약해본다.

2006년 6월
북한산자락 한구석 서실에서
차종천

일러두기

1. 전체적으로 우리말 번역을 먼저 싣고, 주해나 그래프가 마련된 경우에는 그 다음에 오도록 하였으며, 마지막에 원문을 덧붙이는 순서를 밟았다.
2. 문제마다 제목이 붙어있는 「산수서」는 순서대로 일련번호를 매겨서 제목과 함께 표시하였으며(예를 들면, "12. 여우 일행이 관문을 나서다(호출관)"), 아홉 개의 장으로 이루어진 「구장산술」의 문제 번호는 몇 번째 장의 몇 번째라는 것을 [] 부호 속에 넣어 표시하도록 하였다(예를 들어, "상공"장의 23번째 문제는 [5-23]).
3. 주해는 **주해** 표시 다음에 덧붙이도록 하였다.
4. 주로 낱말 뜻과 관련된 주석들은 필요시 각주로 처리하였다.
5. 또한, 번역, 주해, 해설을 통해서 이용된 문헌들의 출처는 참고문헌을 통하여 제시하도록 하였다.

차 례

산수서

구장산술

주비산경

찾아보기

산수서 算數書

1. 서로 곱하기(상승)

a) 치에 치를 곱하면 치^2(제곱치)이고, 자를 곱하면 $\frac{1}{10}$ 자^{2}이고, 10자를 곱하면 1자^{2}이고, 100자를 곱하면 10자^{2}이며, 1,000자를 곱하면 100자^{2}이다.

b) $\frac{1}{2}$(치)에 자를 곱하면 $\frac{1}{20}$ 자^{2}이고, $\frac{1}{3}$ 치에 자를 곱하면 $\frac{1}{30}$ 자^{2}이며, $\frac{1}{8}$ 치에 자를 곱하면 $\frac{1}{80}$ 자^{2}이다.

c) $\frac{1}{2}$ 에 1을 곱하면 $\frac{1}{2}$ 이고, $\frac{1}{2}$ 을 곱하면 $\frac{1}{4}$ 이다.

d) $\frac{1}{3}$ 에 1을 곱하면 $\frac{1}{3}$ 이고, $\frac{1}{2}$ 을 곱하면 $\frac{1}{6}$ 이며, $\frac{1}{3}$ 을 곱하면 $\frac{1}{9}$ 이다.

e) $\frac{1}{4}$ 에 1을 곱하면 $\frac{1}{4}$ 이고, $\frac{1}{2}$ 을 곱하면 ($\frac{1}{8}$ 이며, ...)

f) ($\frac{2}{3}$ 치에 $\frac{1}{2}$ 자를 곱하면) $\frac{1}{30}$ 자^{2}이다.

g) $\frac{1}{4}$(치)에 자를 곱하면 $\frac{1}{40}$ 자^{2}이고, $\frac{1}{5}$ 치에 자를 곱하면 $\frac{1}{50}$ 자^{2}이고, $\frac{1}{6}$ 치에 자를 곱하면 $\frac{1}{60}$ 자^{2}이며, $\frac{1}{7}$ 치에 자를 곱하면 $\frac{1}{70}$ 자^{2}이다.

h) ($\frac{1}{4}$ 에) $\frac{1}{3}$ 을 곱하면 $\frac{1}{12}$ 이고, $\frac{1}{4}$ 을 곱하면 $\frac{1}{16}$ 이다.

i) $\frac{1}{5}$ 에 1을 곱하면 $\frac{1}{5}$ 이고, $\frac{1}{2}$ 을 곱하면 $\frac{1}{10}$ 이고, $\frac{1}{3}$ 을 곱하면 $\frac{1}{15}$ 이고, $\frac{1}{4}$ 을 곱하면 $\frac{1}{20}$ 이며, $\frac{1}{5}$ 을 곱하면 $\frac{1}{25}$ 이다.

j) 분수의 곱셈술에 따라서 분모와 분모를 곱해서 나눗수로 하고 분자를 서로 곱해서 나뉨수로 한다.

相乘 寸而乘寸, 寸也;乘尺, 十分尺一也；乘十尺, 一尺也；乘百尺, 十尺也；乘千尺,百尺也. 半乘尺, 二十分尺一也；楊三分寸乘尺, 三十分尺一也；八分寸乘尺, 八十分尺一也[1]. 一半乘一, 半也；乘半, 四分一也. 三分而乘一, 三分一也；乘半, 六分一也；乘三分, 九分一也. 四分而乘一也, 楊四分一也；乘半[2], 三十分尺一也. 四分寸乘尺, 四十分尺一也；五分寸乘尺, 五十分尺一也.；六分寸乘尺, 六十分尺一也；七分寸乘尺, 七十分一也[3]. 乘三分, 十二分一也；乘四分, 十六分一也. 五分而乘一, 五分一也;乘半, 十分一也；乘三分, 十五分一也；乘四分,二十分一也；乘五分, 二十五分一也. 乘分之術曰, 母乘母爲法, 子相乘爲實.

2. 분수의 곱셈(분승)

분승분술(분수와 분수의 곱셈법)에 따라서, 분모들을 서로 곱해서 나눗수로 삼고, 분자들을 서로 곱해서 나뉨수로 삼는다.

---

1) "八分寸乘尺, 八十分尺一也" 부분과 그 앞 부분 사이로부터 g) 부분이 떨어져나가 잘못 연결되었다고 봐야 할 것이다.

2) "乘半" 다음에는 원래 "八分一也"라는 부분이 나타나야 되지만, 일실되어 있으며, 그 다음 부분은 h)로 떨어져 나갔다. 그러나 만일 "乘半"이 "三十分尺一也" 앞에 오는 것이 맞다면 半이 半尺을 가리킨다고 볼 때, "乘半" 앞에는 "三分寸二"가 떨어져나갔다고 해야 할 것이다.

3) 원래 "七分乘尺, 七十八分一"이라고 한 것은 "七分寸乘尺, 七十分尺一"의 잘못이다.

分乘 分乘分術皆曰, 毋相乘爲法, 子相乘爲實.

3. 곱셈(승)

a) $\frac{1}{3}$ 에 $\frac{1}{3}$ 을 곱하면 $\frac{1}{9}$ 이다. $\frac{1}{2}$ 보에 $\frac{1}{2}$ 보를 곱하면 $\frac{1}{4}$ 보^{2}이고, $\frac{1}{2}$ 보에 $\frac{1}{3}$ 보를 곱하면 $\frac{1}{6}$ 보^{2}이고, $\frac{1}{3}$ 에 $\frac{2}{3}$ 를 곱하면 $\frac{2}{9}$ 이고, $\frac{1}{5}$ 에 $\frac{1}{5}$ 을 곱하면 $\frac{1}{25}$ 이고, $\frac{1}{4}$ 에 $\frac{1}{5}$ 을 곱하면 $\frac{1}{20}$ 이고, $\frac{1}{5}$ 에 $\frac{1}{6}$ 을 곱하면 $\frac{1}{30}$ 이고, $\frac{1}{7}$ 에 $\frac{1}{7}$ 을 곱하면 $\frac{1}{49}$ 이고, $\frac{1}{6}$ 에 $\frac{1}{6}$ 을 곱하면 $\frac{1}{36}$ 이고, $\frac{1}{6}$ 에 $\frac{1}{7}$ 을 곱하면 $\frac{1}{42}$ 이며, $\frac{1}{7}$ 에 $\frac{1}{8}$ 을 곱하면 $\frac{1}{56}$ 이다.

b) 1에 10을 곱하면, 10이고, 10에 만을 곱하면, 10만이고, 1,000에 만을 곱하면, 1,000만이고, 1에 10만을 곱하면, 10만이고, 10에 10만을 곱하면, 100만이며, $\frac{1}{2}$ 에 1,000을 곱하면, 500이다.

c) 1에 100만을 곱하면, 100만이고, 10에 100만을 곱하면, 1,000만이다.

d) $\frac{1}{2}$ 에 만을 곱하면, 5,000이고, 10에 1,000을 곱하면, 만이고, 100에 만을 곱하면, 100만이며, $\frac{1}{2}$ 에 100을 곱하면, 50이다.

乘 少半乘少半, 九分一也；半步乘半步, 四分一；半步乘少半步,六分一也；少半乘大半, 九分二也；五分乘五分, 二十五分一；四分乘[4]五分, 二十分一；五分乘六分, 三十分一也；七分乘七分, 四十九分一也；六分乘六分, 三十六分一也；六分乘七分[5], 四十二分一也；七分乘八分, 五十六分一也. 一乘十, 十也；十乘萬, 十萬也；千乘萬,千萬；一乘十萬, 十萬也；十乘十萬, 百萬；半乘千, 五百. 一乘百萬,百萬；十乘百萬, 千萬. 半乘萬, 五千；十乘千, 萬也；百乘萬, 百萬；半乘百, 五十.

4. 분수의 증감(증·감분)

증분하려면(즉, 분수를 늘리려면), 분자를 늘리고, 감분하려면(즉, 분수를 줄이려면), 분모를 늘린다.

矰(增)感分 增分者, 增其子；減分者, 增其母.

4) 원래 "四乘"이라고 해독한 것은 "四分乘"의 잘못이다.
5) 원래 "六分乘七"이라고만 되어 있었던 것은 "六分乘七分"의 잘못이다.

5. 분수를 반으로 나누기(분당반자)

분수를 반으로 나누려면 분모를 배로 하며, $\frac{1}{3}$ 로 하려면, 분모를 3배 하며, $\frac{1}{4}$ 로 하려면, 분모를 4배하며, $\frac{1}{5}$ 로 하려면, 분모를 5배하며, $\frac{1}{10}$, $\frac{1}{100}$ 로 하려면, 그에 따라 분모를 10배, 100배 하는 식으로 원하는 대로 나눈다.

分當半者 諸分之當半者, 倍其母 ; 當少半者, 三其母 ; 當四分者, 四其母 ; 當五分者, 五其母 ; 當十, 百分者, 輒十, 百其母 ; 如欲所分.

6. 분수의 세분화(분반자)

비록 또 100으로 나누는 것이라도 이렇게 선정한다.

分半者 雖有百分以此選之.

7. 약분

약분술에 따라서, 분자로 분모를 덜고, 분모로도 분자를 덜어서, 분자와 분모의 수가 같아지면, 곧 그것으로 나누도록 한다. 또한, 약분술에 따라서 반으로 나눌 수 있는 것은 반으로 나누고, 몇 분의 1로 할 수 있는 것은 몇 분의 1로 하도록 한다. 또 하나의 방법은 분자로 분모를 덜고, 작아진 분모로 분자를 덜어서, 분자와 분모가 같아진 것을 나눗수로 삼아 분자와 분모 각각을 나눗수로 나누라는 것이다. 덜기에 마땅치 않은 것이 반으로 나눠지면, 분모를 반으로 나누고 분자도 반으로 나눈다.

$\frac{162}{2016}$ 를 약분하면 $\frac{9}{112}$ 가 된다.

주해 이러한 약분술에서 우리는 소위 "유클리드 호제법"이 분명히 명시되었던 점을 확인할 수 있다. 약분술을 서술한 문장들 가운데 "子母數交等者", "子母等以爲法"이라고 한 것은 모두 최대공약수를 가리키는 것이다. 사실 유클리드 호제법에 해당되는 내용이 「구장산술」 "방전"장에서 발견된다는 점은 역자(2001)에 의해 이미 지적된 바 있었지만, 같은 내용이 그보다 4, 5세기나 앞선 「산수서」에서도 확인되었으므로, 이제는 좀 더 분명히 그것을 고대 동양사회 나름대로의 독자적인 과학성취의 하나로 간주할 수 있을 듯하다. 유클리드가 기원전 300년경 알렉산드리아를 무대로 활동했다는 점(cf. Euclid, 1956 : 2), 장가산 247호 묘 주인공의 사망 연대가 기원전 186년경이므로, 「산수서」의 성립 연대는 최소한 그 이전으로 잡아야 한다는 점, 그리고 고대의 문명권 간 교류가 단기간 내에 이루어지기는 어려웠으리라는 점 등을 두루 감안할 때, 호제법을 둘러싼 문화전파의 가능성은 그만큼 희박하다고 보지 않을 수 없기 때문이다.

約分 約分術曰, 以子除母, 母亦除子, 子母數交等者, 卽約之矣. 有(又)曰, 約分術曰, 可半, 半之,可令若干一, 若干一. 其一術曰, 以分子除母, 少(小)以母除子, 子母等以爲法, 子母各如法而成一. 不足除者可半,半母亦半子. 二千一十六分之百六十二, 約之百一十二分之九.

8. 분수의 덧셈(합분)

분수의 덧셈법(합분술)에 따라서, 분모가 같으면, 분자들을 서로 더하고, 분모가 같지 않을 때에는, 배로 하면 되면, 배로 하고, 3으로 곱하면 되면, 3으로 곱하고, 4로 곱하면 되면, 4로 곱하고, 5로 곱하면 되면, 5로 곱하고, 6으로 곱하면 되면, 6으로 곱하고, 7도 그렇게 곱하면 되면, 곱하여, 3, 4, 5로 곱한 것을 분모로 삼아, 분모가 같아지면, 분자들을 서로 더한다. 그렇게 해서 같게 되지 않는 것은 분모를 서로 곱해서 나눗수로 삼고, 분자를 (다른 쪽) 분모와 엇갈리게 곱해서 더하여 나뉨수로 삼아서 나눗수로 나눈다.

지금 $\frac{2}{5}$, $\frac{3}{6}$, $\frac{8}{11}$, $\frac{7}{11}$, $\frac{2}{3}$가 있다면, 얼마나 되는가?

답 : $2\frac{57}{60}$전이며, 그 풀이법은 다음과 같다.

다섯 사람이 $7\frac{1}{3}$전과 $\frac{1}{2}$전을 나누면, 한 사람마다 $1\frac{17}{30}$전을 얻게 된다.

풀이법에 따라서, 아래쪽에 3으로 나눈 것의 1을 6으로 하여, 곧, 6으로 곱하고, 사람 수를 나눗수로 삼으며, 또한 6전을 나뉨수로 삼는다. 또한, 분모끼리 곱해서 나눗수로 삼고, 분자를 (다른 쪽) 분모와 엇갈리게 곱해서 나뉨수로 삼아서, 나뉨수를 나눗수로 나누라고도 한다. 또 하나의 방법은 10으로 곱하면 되면, 10으로 곱하고, 9로 곱하면 되면, 9로 곱하고, 8로 곱하면 되면, 8로 곱하고, 7로 곱하면 되면, 7로 곱하고, 6으로 곱하면 되면, 6으로 곱하고, 5로 곱하면 되면, 5로 곱하고, 4로 곱하면 되면, 4로 곱하고, 3으로 곱하면 되면, 3으로 곱하고, 배로 하면 되면, 배로 하여, 분모가 같아지면 그치라고 한다. 분모가 같으면, 분자들을 서로 더한다.

주해 합분술의 두 예제 가운데 첫 번째 것은 문제와 답이 서로 어긋나 당황스럽다. 문제에 제시된 수치들이 맞는다면, 답은 $2\frac{307}{330}$이 되어야 마땅하다. 거꾸로, 원답이 맞는다면, 문제의 수치들 가운데 제대로 해독되지 못한 것들이 있다는 말이 된다. 예를 들어, $\frac{8}{11}$, $\frac{7}{11}$가 각각 $\frac{8}{10}$, $\frac{7}{12}$을 잘못 읽었을 경우와 같은 것이 그것이다. 그러나 첫 번째 예제와는 달리, 그 다음 예제는 정답을 구하는 데 하등 어려움이 없다.

$$\frac{7\frac{1}{3}+\frac{1}{2}}{5}=\frac{47}{30}=1\frac{17}{30}.$$

合分 合分術曰, 母相類, 子相從, 母不相類, 可倍, 倍, 可三, 三, 可四, 四, 可五, 五, 可六, 六, 七亦輒倍, 倍, 及三, 四, 五之如母, 母相類者,子相從. 其不相類者, 母相乘爲法, 子互乘母并以爲實, 如法而成一. 今有五分二, 六分三, 十一分八, 十一分七, 三分二爲幾何? 曰, 二錢六十分錢五十七[6], 其術如右方. 五人分七錢少半, 半錢, 人得一錢三十分錢十七. 術曰, 下三分, 以一爲六,卽因而六, 人以爲法, 亦六錢以爲實. 有(又)曰, 母乘母爲法, 子羨乘母爲實, 實如法而一. 其一曰, 可十, 十, 可九, 九, 可八, 八, 可七, 七, 可六, 六, 可五, 五, 可四, 四, 可三, 三, 可倍, 倍, 母相類止. 母相類, 子相從.

9. 분수가 포함된 1인당 몫의 계산(경분)

경분술은 한 사람에게 돌아가는 몫을 일컫는 것이니, 고로, 다섯 사람이 3과 $\frac{1}{2}$과 $\frac{1}{3}$을 나누면, 각각 $\frac{23}{30}$씩 받게 된다고 한다. 그 방법에 따르면, 그 밑에 $\frac{1}{3}$이 있을 경우에는 1을 6으로 하고, $\frac{1}{2}$

6) 문제와 답의 숫자들이 서로 일치를 보이지 못하고 있는 예에 속한다.

을 3으로 하고, $\frac{1}{3}$ 을 2로 하여, 합하면, 23이 되니, 곧, 1수를 놓아 6으로 곱해서 그 몫으로 삼는다. 또 다른 방법에 따르면, 그 밑에 $\frac{1}{2}$ 이 있을 경우에는 배로 하고, $\frac{1}{3}$ 이 있을 경우에는 3으로 곱하고, $\frac{1}{4}$ 이 있을 경우에는 4로 곱하라고 한다.

주해 이 문제는 「구장산술」 "방전"장의 17, 18번째 문제와 상당히 유사하다.

$$\frac{3\frac{1}{2}+\frac{1}{3}}{5}=\frac{\frac{23}{6}}{5}=\frac{23}{30}.$$

徑分[7] 徑分以一人命其實, 故曰, 五人分三有(又)半, 少半, 各受三十分之二十三. 其術曰, 下有少半, 以一爲六, 以半爲三[8], 以少半爲二, 幷之爲二十三, 卽値(置)一數, 因而六之以命其實. 有(又)曰, 術曰, 下有半, 因而倍之, 下有三分,因而三之, 下有四分, 因而四之.

7) 「구장산술」에서는 "徑分"을 "經分"이라고 표기하여 차이를 보인다.
8) "以半爲一"로 해독한 것은 "以半爲三"을 잘못 읽은 것으로 여겨진다.

10. 금의 인출(출금)

$3\frac{5}{9}$ 수의 금이 있는데, 이제 거기서 $\frac{6}{7}$ 수를 빼내려고 한다면, 남게 되는 금은 얼마인가?

답 : 남게 되는 금은 $2\frac{44}{63}$ 수이다.

풀이법에 따라서, 분모를 서로 곱해서 나눗수로 삼고, 분자를 분모와 서로 어긋나게 곱하여 각각 나뉨수로 삼아서, 빼낼 금을 제한 나머지가 곧 남는 금이 된다. 분모의 9와 3수를 곱하여 분자의 5와 함께 제하도록 한다.

$\frac{3}{7}$ 수의 금이 있는데, 이제 거기에다 얼마를 더하면, $\frac{7}{9}$ 수가 되겠는가?

답 : $\frac{22}{63}$ 수를 더한다.

풀이법에 따라서, 분모를 서로 곱해서 나눗수로 삼고, 분자를 분모와 서로 어긋나게 곱하여 각각 나뉨수로 삼아서, 작은 것을 큰 것에서 빼주면, 나머지가 곧 더할 금액이 된다.

주해

$$3\frac{5}{9}-\frac{6}{7}=\frac{170}{63}=2\frac{44}{63}$$

$$\frac{7}{9}-\frac{3}{7}=\frac{22}{63}.$$

出金 有金三朱(銖)九分朱(銖)五, 今欲出其七分朱(銖)六, 問餘金幾何? 曰, 餘金二朱(銖)六十三分朱(銖)四十四. 其術曰, 母相乘也爲法, 子互乘母各自爲實, 以出除焉,餘卽餘也. 以九分朱(銖)乘三朱(銖)與小五相除. 今有金七分朱(銖)之三, 益之幾何而爲九分七? 曰, 益之六十三分朱(銖)二十二. 術曰, 母相乘爲法, 子互乘母各自爲實, 以少除多, 餘卽益也.

11. 물자의 공동구매(공매재)

세 사람이 함께 물건을 샀는데, 출자금으로 한 사람은 5전을 내고, 다른 사람은 3전을 내고, 또 다른 사람은 2전을 냈다. 이제 4전의 잉여가 발생하여 금액에 따라 차등적으로 나누려고 한다.

답: 5전을 낸 사람은 2전을 받고, 3전을 낸 사람은 $1\frac{1}{5}$ 전을 받고, 2전을 낸 사람은 $\frac{4}{5}$ 전을 받는다.

풀이법에 따라서, 세 사람이 낸 전수를 더한 것을 나눗수로 삼아서, 곧 4전으로 출자한 금액을 각각 곱하여, 나눠주면 전수를 얻는다.

주해 $5+3+2=10$

$4\times5\div10=2,\ 4\times3\div10=1\frac{1}{5},\ 4\times2\div10=\frac{4}{5}.$

共買材 三人共材, 以賈(價)一人出五錢, 一人出三, 一人出二錢. 今有贏四錢, 欲以錢數衰分之. 出五者得二錢, 出三者得一錢五分錢一, 出二者得五分錢四. 術曰, 幷三人出錢數以爲法, 卽以四錢各乘所出錢數, 如法得一錢.

12. 여우 일행이 관문을 나서다(호출관)

여우와 살쾡이와 개가 관문을 나서게 되었는데, 세금이 111전이었다. 개가 살쾡이에게, 그리고 살쾡이가 여우에게 네 가죽이 내 것의 두 배이니, 세금도 곱으로 내야 마땅하다고 주장했다. 각각 얼마씩 내야 하는가?

답 : 개는 $15\frac{6}{7}$ 전, 살쾡이는 $31\frac{5}{7}$ 전, 여우는 $63\frac{3}{7}$ 전을 낸다.

풀이법에 따라서, 각각 배가 되게 하여 더한 7을 나눗수로 삼고, 세금을 각각의 값에 곱한 것을 나뉨수로 삼아서, 나뉨수를 나눗수로 나눈다.

주해 $4+2+1=7$

$$111\times4\div7=63\frac{3}{7},\quad 111\times2\div7=31\frac{5}{7},\quad 111\times1\div7=15\frac{6}{7}.$$

狐出関 狐, 狸, 犬出關, 租百一十一錢. 犬謂狸, 狸謂狐, 而(爾)皮倍我, 出租當倍哉. 問出各幾何? 得曰, 犬出十五錢七分六,狸出三十一錢分五, 狐出六十三錢分三. 術曰, 令各相倍也并之七爲法, 以租各乘之爲實, 實如法得一.

13. 여우가죽(호피)

여우가죽은 35재이고, 살쾡이가죽은 25재이며, 개가죽은 12재인데, 함께 관문을 나설 때, 관문에서 그들에게 전체적으로 25전의 세금을 물렸다면, 각각 얼마씩 내야 하는가?

답 : 여우 $12\frac{11}{72}$ 전, 살쾡이 $8\frac{49}{72}$ 전, 개 $4\frac{12}{72}$ 전.

풀이법은 (가죽) 값의 합을 나눗수로 삼고, 세금을 각각의 값에 곱한 것을 나뉨수로 삼는다.

주해 여우, 살쾡이, 개가 물어야 할 세금을 각각 x, y, z라고 하면, $x : y : z = 35 : 25 : 12$이므로, 예를 들어, 여우의 세금은

$$x = 25 \times \frac{35}{35+25+12} = \frac{875}{72} = 12\frac{11}{72}$$

로 계산된다.

狐皮 狐皮三十五裁, 狸皮二十五裁, 犬皮十二裁偕出關, 關幷租二十五錢, 問出各幾何? 得曰, 狐出十二七十二分十一, 狸出八分四十九, 犬出四分十二. 術, 幷賈爲法, 以租各乘賈爲實.

14. 베 짜는 여자(여직)

이웃 마을의 스스로 즐기기 싫어하면서(즉, 근면하게) 베를 짜는 여자가 (작업량을) 매일 배로 늘렸더니 닷새에 5자를 짜게 되었노라고 말했다. 짜기 시작한 날과 그 다음 날들에 (짠 양이) 각각 얼마나 되는가?

답 : 첫날에는 $1\frac{38}{62}$치, 그 다음 날에는 $3\frac{14}{62}$치, 그 다음 날에는 $6\frac{28}{62}$치, 그 다음 날에는 1자 $2\frac{56}{62}$치, 그 다음 날에는 2자 $5\frac{50}{62}$치.

풀이법에 따라서, 2, 4, 8, 16, 32를 놓고, 더하여 나눗수로 삼고, 5자를 그것들 각각과 곱한 것을 나뉨수로 삼아서, 나뉨수를 나눗수로 나눠주면 자수가 된다. 자를 채우지 못하는 것은 10배 하여 나눗수로 나누면 치수가 된다. 치를 채우지 못하는 것은 나눗수 "분의 몇"이라고 부른다.

주해 이 문제는 「구장산술」 "쇠분"장의 4번째 문제, 「손자산경」 중권의 27번째 문제와 기본적으로 같은 문제이다.

女織 鄰里有女, 惡自喜也, 織曰, 自再五日織五尺. 問始織日及其次各幾何? 曰, 始織一寸六十二分寸三十八, 次三寸六十二分寸十四, 次六寸六十二分寸二十八, 次尺寸二分寸五十六, 次一尺五寸六十二分寸五十. 術曰, 直(置)二, 直(置)四, 直(置)八, 直(置)十六, 直(置)三十二, 幷以爲法, 以五尺偏(遍)乘之各自爲實, 實如法得尺. 不盈尺者十之, 如法一寸. 不盈寸者, 以法命分. 王已讎

15. 합해서 내는 곡물세(병조)

(세금이) 벼는 3보^{2}에 1말이고, 보리는 4보^{2}에 1말이며, 팥은 5보^{2}에 1말인데, 지금 그것들을 합해서 1섬의 세금을 거두려면, 각각 어떻게 거둬야 하겠는가?

답 : 벼는 $4\frac{12}{47}$ 말, 보리는 $3\frac{9}{47}$ 말, 팥은 $2\frac{26}{47}$ 말을 거둔다.

풀이법에 따라서, 벼 3보^2, 보리 4보^2, 팥 5보^{2}를 놓고, 벼와 보리의 곱을 팥의 나뉨수로 삼고, 팥과 벼의 곱을 보리의 나뉨수로 삼아서, 각 □를 놓고, 각각 1섬으로 곱하며, □□□를 나뉨수로 삼고, 47을 나눗수로 삼아서 나눠주면 말수가 된다.

并租 禾三步一斗, 麥四步一斗, 苔五步一斗, 今幷之租一石, 問租幾何? 得曰, 禾租四斗四十七分十二, 麥租三斗分九, 苔租二斗分二十六. 術曰, 直(置)禾三步, 麥四步,苔五步, 令禾乘麥爲苔實,苔乘禾爲麥實, 各□直(置)之以一石各乘之□□□爲實, 四十七爲法而一斗.

16. 등짐으로 진 쌀(부미)

어떤 사람이 얼마인지 모르는 쌀을 지고 관문을 나섰으며, 관문이 셋이고, 세금이 $\frac{1}{3}$ 이었는데, 나와보니, 남은 쌀이 1말이었다. 처음 떠날 때의 쌀의 양은 얼마인가?

답 : 3말 $3\frac{3}{4}$ 되.

풀이법에 따라서, 관문 하나를 놓고 3배하여 나눗수로 삼고, 또 쌀 1말을 놓고 3배한 다음, 또 그것을 3배하여 나뉨수로 삼는다.

주해 처음 지고 출발한 쌀의 양을 x라고 하면,

$$x \times \left(\frac{2}{3}\right)^{3} = 10$$

이라는 식이 성립될 것이며, 그에 따라 x의 값은 $33\frac{3}{4}$ 되, 즉, 3말 $3\frac{3}{4}$ 되로 드러난다.

負米 人負米不智(知)其數以出關, 關三, 稅之一, 已出, 餘米一斗. 問始行米幾何? 得曰, 米三斗三升四分三. 術曰, 直(置)一關而參(三)倍爲法, 有(又)直(置)米一斗而三之, 有(又)三倍之而關數焉爲實.

17. 금값(금가)

금값은 1냥에 315전 하는데, 지금 1수가 있다면, 몇 전이나 되겠는가?

답 : $13\frac{1}{8}$ 전.

풀이법에 따라서, 1냥에 해당하는 수의 수를 나눗수로 삼고, 전수를 나뉨수로 삼아서, 나뉨수를 나눗수로 나눠주면 전수가 된다. 24수가 1냥이며, 384수가 1근이며, 11,520수가 1균이고, 46,080수가 1섬이다.

주해 풀이법에서 말하고 있는 무게 단위 사이의 관계는 1냥=24수, 1근=16냥, 1균=30근, 1섬=4균이라는 것이다. 문제에서 요구하는 바는 315전을 24로 나누라는 것이므로 답은 $\frac{315}{24}=\frac{105}{8}=13\frac{1}{8}$전이 된다.

金賈(価) 金賈(價)兩三百一十五錢, 今有一朱(銖), 問得錢幾何? 曰,得十三錢八分一. 術曰, 直(置)一兩朱(銖)數以爲法, 以錢數爲實, 實如法得一錢. 二十四朱(銖)一兩, 三百八十四朱(銖)一斤, 萬一千五百二十朱(銖)一鈞, 四萬六千八十朱(銖)一石.

18. 겉곡식의 절구질(용속)

녹으로 받은 겉곡식(늠속) 1섬을 절구질하면, 8말 8되가 된다. 소모되는 것으로 예상해서 보충해야 할 겉곡식은 얼마나 되는가?

답 : 2말 $3\frac{8}{11}$ 되.

풀이법에 따라서, 얻은 곡식의 됫수를 놓아 나눗수로 삼고, 또 곡식 1섬의 됫수를 놓아 소모된 곡식의 됫수로 곱한 다음, 나눗수로 나눠주면, 됫수가 된다.

> **春粟** 稟粟一石舂之爲八斗八升, 當益秏(耗)粟幾何? 曰, 二斗三升十一分升八. 術曰, 直(置)所得米升數以爲法, 有(又)值(置)一石米粟升數而以秏(耗)米升數乘之, 如法得一升.

19. 구리의 소모량(동모)

녹인 구리 1섬으로부터 7근 8냥이 소모된다. 지금 구리 1근 8냥 8수가 있다면, 소모량은 얼마나 되겠는가?

답 : 1냥 $11\frac{91}{144}$ 수.

> **銅秏(耗)** 鑄銅一石秏(耗)七斤八兩. 今有銅一斤八兩八朱(銖), 問秏(耗)幾何? 得曰, 一兩十一朱(銖)百四十四分朱(銖)九十一. 術曰, 直一石朱(銖)數爲法, 亦直(置)七斤八兩者朱(銖)數, 以一斤八兩八朱(銖)者朱(銖)數乘之, 如法一朱(銖).

20. 역마(전마)

역마 2필이 하루에 꼴과 볏짚을 모두 2섬 소비하는데, 꼴 3, 볏짚 2의 비율로 한다. 지금 말 한 필이 먼저 도착했다면, 꼴과 볏짚은 각각 얼마나 준비해야 하는가?

답 : 꼴 4말, 볏짚 $2\frac{2}{3}$ 말을 준비한다.

풀이법에 따라서, 꼴을 3, 볏짚을 2로 놓고, 더한 것을 말 3필로 곱하여 나눗수로 삼고, 2섬으로 놓은 것들을 곱하여 각각 나뉨수로 삼는다.

伝馬 傳馬日二匹共芻稿二石, 令芻三而稿二. 今馬一匹前到, 問豫芻稿各幾何? 曰, 豫芻四斗, 稿二斗泰(大)半斗. 術曰, 直(置)芻三, 稿二幷之, 以三馬乘之爲法, 以二石乘所直(置)各自爲實.

21. 부녀들의 베짜기(부직)

여자 3명이 있는데, 나이 먹은 여자는 하루에 50자를 짜고, 중간 나이의 여자는 이틀에 50자를 짜고, 어린 여자는 사흘에 50자를 짠다. 지금 짜야 할 할당량 50자가 있다면, 각각 몇 자씩 받은 셈인가?

답 : 나이 먹은 여자는 25자를 받고, 중간 나이의 여자는 $16\frac{12}{18}$자를 받고, 어린 여자는 $8\frac{6}{18}$자를 받았다.

풀이법에 따라서, 1, 2, 3을 놓고, 각각으로 나눗수를 삼고, $\frac{5}{10}$를 나뉨수로 삼아서 나눗수로 나눠주면, 자수가 나온다. 자를 채우지 못하는 것은 나눗수 "분의 몇"이라고 부른다.

婦織 有婦三人, 長者一日織五十尺, 中者二日織五十尺, 少者三日織五十尺. 今織有攻(功)五十尺, 問各受幾何尺? 其得曰,長者受二十五尺, 中者受十六尺有(又)十八分尺之十二, 少者受八尺有(又)十八分尺之六. 其術曰,直(置)一, 直(置)二, 直(置)三而各幾以爲法, 有(又)十而五之以爲實, 如法而一尺. 不盈尺者, 以法命分. 三爲長者實, 二爲中者, 一爲少者. 楊已讎

22. 화살에 붙이는 깃털(우시)

깃털 2가닥 값이 5전이다. 지금 $\frac{47}{57}$가닥이 있는데, 얼마나 하겠는가?

답 : $1\frac{71}{114}$전.

풀이법에 따라서, 2와 57을 곱하여 나눗수로 삼고, 5와 37을 곱하여 나뉨수로 삼아서, 나눠주면 전수가 되며, 전을 채우지 못하는 것은 나눗수로 분수를 일컫는다.

주해 $\frac{5}{2} \times \frac{37}{57} = \frac{185}{114} = 1\frac{71}{114}$.

羽矢 羽二喉(猴)五錢. 今有五十七分喉(猴)四十七, 問得幾何? 曰,得一錢百一十四分錢七十一. 術曰, 二乘五十七爲法, 以五乘三十七爲實, 如法一錢, 不盈, 以法命分.

23. 옻의 가격(칠전)

칠 한 말 값이 35전이다. 지금 $\frac{5}{40}$ 말이 있다면, 몇 전이나 되겠는가?

답 : $4\frac{3}{8}$ 전.

풀이법에 따라서, 40을 나눗수로 삼고, 5를 35에 곱한 것을 나뉨수로 삼아서, 나뉨수를 나눗수로 나눠주면, 전수가 된다.

주해 $35 \times \frac{5}{40} = \frac{35}{8} = 4\frac{3}{8}$.

桼(漆)銭 桼(漆)斗三十五錢. 今有四十分斗五,問得幾何錢? 曰,得四錢八分錢三. 術曰,以四十爲法,以五乘三十五爲實,實如法得一錢.

24. 한 폭 짜리 비단(증폭)

너비 22치 짜리 비단 천(증폭)의 값은 길이 10치에 23전이다. 지금 너비 3치, 길이 60치를 팔려고 하는데, 넓이의 치수와 가격은 각각 얼마나 되겠는가?

답 : $8\frac{2}{11}$ 치, $18\frac{9}{11}$ 전.

풀이법에 따라서, 22치를 나눗수로 삼고, 너비와 길이의 곱을 나뉨수로 삼아서, 나눠주면 치수가 된다. 또한 1자의 치수를 나눗수로 삼고, 얻어진 치수와 1자의 전수를 곱한 것을 나뉨수로 삼아서, 나눠주면 전수가 된다.

주해 $\frac{3\times 60}{22}=8\frac{2}{11}$,

$$23\times\frac{8\frac{2}{11}}{10}=18\frac{9}{11}.$$

緡幅 緡幅廣二十二寸, 袤十寸, 賈(價)二十三錢. 今欲買從利廣三寸, 袤六十寸, 問積寸及賈(價)錢各幾何? 曰,八寸十一分寸二, 賈(價)十八錢十一分錢九. 術曰, 以二十二寸爲法, 以廣從相乘爲實, 實如法得一寸. 亦以一尺寸數爲法, 以所得寸數乘一尺賈(價)錢數爲實, 實如法得一錢.

25. 이자의 금액(식전)

100전을 꿔준 데 대한 이자는 한 달에 3전이다. 지금 60전을 꿔줬을 때, 16일치 이자는 얼마인가?

답 : $\frac{24}{25}$ 전.

풀이법에 따라서, 100전이 한 달 누적된 전수를 나눗수로 삼고, 꿔준 금액으로 100전에 대한 월 이자를 곱한 데다 또 다시 날수를 곱한 것을 나뉨수로 삼아서, 나눠주면 전수가 된다.

주해 $60\times\frac{3}{100}\times\frac{16}{30}=\frac{24}{25}$.

息錢 貸錢百, 息月三. 今貸六十錢, 月末盈十六日歸, 計息幾何? 得曰, 二十五分錢二十四. 術曰, 計百錢一月, 積錢數以爲法, 直(置)貸錢以一月百錢息乘之, 有(又)以日數乘之爲實, 實如法得一錢.

26. 물에 녹인 옻(음칠)

칠 1말과 물 3말을 합치면, 2말 7되만 녹아서, 곧 용액이 된다. 남은 칠과 물은 각각 얼마인가?

답 : 남은 칠은 $\frac{30}{37}$ 되이며 남은 물은 $2\frac{7}{37}$ 되이다.

풀이법에 따라서, 2말 7되를 1말과 합쳐서 37을 나눗수로 삼고, 또한 27, 10되를 각각 3배하여 나뉨수로 삼아서 나눠준다.

주해 이 문제가 말하는 바는, 칠 1말과 물 3말을 합치면, 총 4말 가운데 3말 7되의 용액이 생기고, 나머지가 3되가 된다는 것이다.

(飮)桼(漆) (漆)一斗(飮)水三斗, 而槃(盤)(飮)水二斗七升卽槃(盤). 問餘(漆), 水各幾何? 曰, 餘(漆)三十七分升三十, 餘水二升三十七分升七. 術曰, 以二斗七升者同一斗, 三十七也爲法, 有(又)直(置)二十七, 十升者各三之爲實, 實如法而一.

27. 세금 매기는 밭(세전)

세금 매기는 밭(세전) 24보^{2}에 대해서, 8보^{2}에 1말씩, 3말이 매겨졌다. 지금 잘못해서 3말 1되를 거둬들였다면, 몇 보에 1말을 거둔 셈인가?

답 : $7\frac{23}{31}$ 보에 1말.

풀이법에 따라서, 3말 1되를 나눗수로 삼고, 세금 매기는 밭을 10배하여 나눗수로 나눠주면, 보수가 나온다.

주해 풀이법은

$$24 \div 3.1 = 240 \div 31 = 7\frac{23}{31}$$

과 같이 계산하라는 것을 가리킨다.

稅田 稅田二十四步, 八步一斗, 租三斗. 今誤券三斗一升, 問幾何步一斗? 得曰, 七步三十一分步而二十三而一斗[9]. 術曰, 三斗一升者爲法, 十稅田, 令如法一步.

28. 죽간 만드는 규정(정죽)

규정에 의하면, 크기가 8치 짜리 대나무로 3자 짜리 죽간 183개를 만들 수 있는데, 지금 9치 짜리 대나무로 죽간을 만든다면, 얼마나 나오겠는가?

답: $205\frac{7}{8}$ 개.

풀이법에 따라서, 8치를 나눗수로 삼는다.

규정에 의하면, 크기가 8치 짜리 대나무 한 개로 1자 5치 짜리 죽간 366개를 만들 수 있는데, 지금 이 대나무로 1자 6치 짜리 죽간을 만든다면, 얼마나 나오겠는가?

답: $343\frac{1}{8}$ 개.

풀이법에 따라서, 16치를 나눗수로 삼는다.

9) 원래 "七步三十七分步而二十三"이라고 한 것은 "七步三十一分步而二十三"을 잘못 읽은 것이다.

주해 $183\times\frac{9}{8}=\frac{1647}{8}=205\frac{7}{8}$,

$366\times\frac{15}{16}=\frac{2745}{8}=343\frac{1}{8}$.

程竹 程[10]曰, 竹大八寸者爲三尺簡百八十三, 今以九寸竹爲簡, 簡當幾何? 曰, 爲二百五簡八分簡七. 術曰, 以八寸爲法. 程曰, 八寸竹一个爲尺五寸簡三百六十六. 今欲以此竹爲尺六寸簡, 簡當幾何? 曰, 爲三百四十三八分簡一[11]. 術曰, 以十六寸爲法.

29. 의원이 바쳐야 할 세금(의)

규정에 따라서, 병 고치는 의원이 60산을 얻으면, □□20산□□정□......60을 얻었으면, 얼마를 부로 내야 되겠는가?

답 : 부는 $17\frac{11}{269}$ 산.

풀이법에 따라서, 지금 10산을 얻은 것을 나눗수로 삼고, 60과 세율의 곱을 나뉨수로 삼는다.

---

10) "정(程)"은 물가 책정이나 물품 계량과 관련된 법률규정을 가리킨다(彭浩, 2000 : 86을 참조).

11) 원래 "三百二十三八分簡一"라고 한 것은 "三百四十三八分簡一"을 잘못 읽은 것이다.

医 程曰, 醫治病者得六十筭(算)□□二十筭(算)□□程□弗......得六十而負幾何? 曰, 負十七筭(算)二百六十九分筭(算)十一. 其術曰, 以今得十筭(算)爲法, 令六十乘負筭(算)爲實.

30. 한 섬의 값(석률)

한 섬의 값을 알아내는 법(석률술)에 따르면, 매매량을 나눗수로 삼고, 가진 돈과 섬수의 곱을 나뉨수로 삼는데, 그 아랫자리의 반은 배로 하고, $\frac{1}{3}$은 3배 하고, 말, 되, 근, 냥, 수도 역시 그 윗자리를 허물어, 아랫자리로 그것을 좇게 한 것을 나눗수로 삼으며, 금액을 곱한 것도 허물기를 이와 같이 한다.

石衛(率) 石衛(率)之術曰, 以所賣買爲法, 以得錢乘一石數以爲實,其下有半者倍之, 少半者三之, 有斗, 升, 斤, 兩, 朱(銖)者亦皆破其上, 令下從之以爲法, 錢所乘亦破如此.

31. 소금장수(고염)

지금 소금 1섬 4말 $5\frac{1}{3}$ 되에 대해서 상인이 150전을 받는데, 그것의 석률을 알아보면, 몇 전인가?

답 : $103\frac{95}{430}$ 전.

풀이법에 따라서, 소금의 양을 3배 한 것을 나눗수로 삼고, 또 1섬의 됫수를 세배하여 전수와 곱한 것을 나뉨수로 삼는다.

주해 소금 한 섬의 값을 묻는 문제인데, 대분수로 된 답의 분모인 430을 기준으로 삼으면, 소금의 양이 1섬 4말 $5\frac{1}{3}$ 되 대신 1섬 4말 $3\frac{1}{3}$ 되가 되어야 $\frac{430}{3}$ 되가 될 수 있는 것으로 드러난다. 또한, 새로운 소금 양을 대입하면, 답은

$$150 \times \frac{300}{430} = 104\frac{200}{430}$$

이 된다.

賈塩 今有鹽一石四斗五升少半升, 賈取錢百五十欲石衛(率)之, 爲錢幾何? 曰, 百三錢四百三十分錢九十五. 術曰, 三鹽之數以爲法, 亦三一石之升數, 以錢乘之爲實.

32. 나지

쌀 3말이 있으면, 기름과 쌀을 각각 얼마씩 써서 나지를 얼마나 만들겠는가?

답 : 기름 6근, 물 $2\frac{1}{2}$되를 써서 나지 10근 12냥 $19\frac{1}{5}$수를 만든다. 나지를 만드는데, 쌀 1말, 물 1말 반되, 기름 20근을 쓰면, 나지 36근을 만든다.

지금 기름 5근이 있으면, 쌀과 물을 써서 나지를 얼마나 만들겠는가?

답 : 쌀 2말 반되, 3말 $\frac{3}{4}$되를 써서 나지 9근을 만든다.

풀이법에 따라서, 20을 나눗수로 삼고, 물 15, 쌀 10, 나지 36으로 놓아 5로 곱한 것을 나뉨수로 삼아서, 나뉨수를 나눗수로 나눠주면, 물과 쌀의 됫수와 나지의 근수가 나온다. 나머지는 나눗수 "분의 몇"이라고 부르며, 나지...또한 1냥... $\frac{5}{9}$가 된다.

挐**脂** 有米三斗, 問用脂米各幾何, 爲挐幾何? 曰, 用脂六斤, 水二升半升, 爲挐脂十斤十二兩十九朱(銖)五分朱(銖)一. 爲挐, 米一斗, 水一斗半升, 崖脂二十斤, 爲挐脂三十六斤. 今有肖脂五斤, 問用米, 水爲挐各幾何? 得曰, 用米二斗半升, 水三斗四分升三,爲挐九斤. 術曰, 以二十爲法,直(置)水十五, 米十, 挐三十六以五乘之爲實, 實如法得水.米各一升, 挐一斤. 不盈, 以法命分, 其以挐, 米, 崖亦一兩, 得肖九分之五也.

33. 세금 징수(취정)

10보^{2}에 세금 1말을 거두는데, 지금 그것을 말린 것이 8되라면, 몇 보^{2}라야 1말이 되겠는가? 늘어난 밭은 $12\frac{1}{2}$ 보^{2}이다.

풀이법에 따라서, 8되를 나눗수로 삼고, 1되의 보수를 10배하여, 나눗수로 나눠주면, 보수가 된다.

37보^{2}에 세금으로 벼 19말 7되를 거둔다면, 몇 보에 1말이 되겠는가? 줄여진 밭은 $11\frac{79}{97}$ 보^{2}이다.

5보^{2}에 세금 1말을 거두는데, 지금 그것을 말린 것이 1말 1되이어서, 밭을 줄여 1말이 되게 하려고 한다. $\frac{5}{11}$ 보^2.

풀이법에 따라서, 1말 1되의 수를 5보^{2}로 곱하여, 11로 나눠준다.

주해 $10 \times \frac{10}{8} = 12\frac{1}{2}$.

取程 取程十步一斗, 今乾之八升, 問幾何步一斗? 問得田, 十二步半一斗. 術曰, 八升者爲法, 直(置)一升步數而十之,如法一步. 竟程三十七步得禾十九斗七升, 問幾何步一斗? 得曰,減田十一步有(又)九十七分步七十九步而一斗. 取程五步一斗, 今乾之一斗一升, 欲減田令一斗, 得曰, 十一分步五. 術曰, 一斗一升數乘五步, 令十一而一.

34. 세금의 소모량(모조)

세금을 $7\frac{1}{4}$ 보^{2}에 1말씩 거뒀다가, 지금 말려보니 $7\frac{1}{3}$ 되인데, 1말을 얻을 보수를 구하려고 한다.

답 : $9\frac{39}{44}$ 보^{2}에 1말.

주해 $7\frac{1}{4}\times\frac{10}{7\frac{1}{4}}=\frac{435}{44}=9\frac{39}{44}$.

秏(耗)租 秏(耗)租産多乾少, 曰, 取程七步四分步一斗, 今乾之七升少半升, 欲求一斗步數. 術曰, 直(置)十升以乘七斗四分步・一如乾成一數也. 曰,九步四十四分步三十九而一斗. 程它[12]物如此.如此.

35. 곡식에 관한 규정(정화)

규정에 따르면, 껍질 벗기지 않은 기장(화서) 1섬은 겉곡식 $16\frac{2}{3}$ 말에 해당하고, 그것을 도정하여 여미 1섬을 만들면, 여미 1

12) "它"는 "牠"와 같아서 "他"와 통하며 사물을 가리킨다.

섬은 착미 9말에 해당하며, 착미 1말은 훼미 8말에 해당한다. 왕의 규정에 따르면, 벼 1섬은 조 20말에 해당하고, 그것을 도정하여 쌀 10말을 만들면, 훼찬미 $6\frac{2}{3}$ 말에 해당한다. 보리 10말은 밀가루 3말에 해당한다. 규정에 따르면, 보리, 팥, 콩, 깨는 15말이 1섬이며, 늠미, 훼미, 착미는 10말이 1섬이다.

程禾 程曰, 禾黍一石爲粟十六斗泰(大)半斗,舂之爲糲米一石,糲米一石爲糳米九斗, 糳米斗爲毁(毇)米八斗. 王程曰, 稻禾一石爲粟二十斗, 舂之爲米十斗,爲毁(毇)粲米六斗泰(大)半斗. 麥十斗䵃三斗. 程曰, 麥, 菽, 荅, 麻十五斗一石, 稟[13]毁(毇)糳者, 以十斗爲一石.

36. 모시를 거두는 규정(취시정)

모시를 거두는 규정에 따르면, 10보 3위를 한 묶음으로 하는데, 지금 그것을 말리면, 28치이다. 몇 보가 한 묶음인가?

풀이법에 따르면, 말린 것을 제곱하여 나눗수로 삼고, 날 것을 제곱하여 한 묶음으로 한 보수를 곱해서 나뉨수로 삼아서 나눠주면,

13) "늠(稟)"은 녹봉으로 주는 쌀과 곳집을 가리키는데, 여기서는 전자의 뜻이다.

한 묶음에 $11\frac{47}{98}$ 보가 된다.

取枲程 取枲程十步三韋(圍)束一, 今乾之二十八寸, 問幾何步一束? 術曰, 乾自乘爲法, 生自乘有(又)以生一束步數乘之爲實, 實如法得十一步有(又)九十八分步四十七而一束.

37. 벼에 대해 잘못 거둔 곡물세(오권)

벼에 붙이는 곡물세를 잘못 거두는 것에 대한 풀이법에 따라서, 되가 없는 것은 세전수를 나뉨수로 삼고, 권의 말을 1, 섬을 10으로 하여 합한 것을 나눗수로 삼아서 나눠주면 보수가 나온다. 권이 있는 것은 밭(넓이)의 보수를 나뉨수로 삼고, 권의 되를 1, 말을 10으로 하여 합한 것을 나눗수로 삼아서 나눠주면 보수가 나온다.

誤券 租禾誤券者, 術曰, 毋升者直(置)稅田數以爲實,而以券斗爲一,以石爲十, 并以爲法, 如法得一步. 其券有者, 直(置)與・田步數以爲實, 而以券之升爲一, 以斗爲十, 并爲法, 如・得一步.

38. 밭 1무에 대해 잘못 거둔 곡물세(조오권)

밭 1무에 대한 곡물세는 10보^{2}에 1말씩 모두 2섬 4말이다. 지금 2섬 5말을 잘못 거둬서, 그 보수를 조정하려고 한다면, 어떻게 조정해야 하는가?

답 : $9\frac{3}{5}$ 보^{2}에 1말.

풀이법에 따라서, 잘못 거둔 것을 나눗수로 삼고, 빌려준 밭을 나뉨수로 삼는다.

주해 $240 \div 25 = 9\frac{3}{5}$.

租吴(誤)券 田一畝租之十步一斗,凡租二石四斗. 今誤券二石五斗, 欲益耎其步數, 問益耎幾何? 曰, 九步五分步三而一斗. 術曰, 以誤券爲法, 以與田爲實.

39. 패미와 훼미(패훼)

쌀 $\frac{1}{3}$ 되는 패미 $\frac{3}{10}$ 되에 해당하므로, $\frac{9}{10}$ 이고, 쌀 $\frac{1}{3}$ 되는 훼

미 $\frac{4}{15}$ 되에 해당하므로, $\frac{8}{10}$ 이고, 쌀 $\frac{1}{3}$ 되는 보리 $\frac{1}{2}$ 되에 해당하므로, $\frac{3}{2}$ 이다.

보리 $\frac{1}{3}$ 되는 조 $\frac{10}{27}$ 되에 해당하므로, 9를 분모로 하고 10을 분자로 하는 $\frac{10}{9}$ 이 되고, 보리 $\frac{1}{3}$ 되는 쌀 $\frac{2}{9}$ 되에 해당하므로, 3을 분모로 하고 2를 분자로 하는 $\frac{2}{3}$ 가 되고, 보리 $\frac{1}{3}$ 되는 패미 $\frac{1}{5}$ 되에 해당하므로, 15를 분모로 하고 9를 분자로 하는 $\frac{9}{15}$ 가 되고, 보리 $\frac{1}{3}$ 되는 훼미 $\frac{8}{45}$ 되에 해당하므로, 15를 분모로 하고 8을 분자로 한다.

패미 $\frac{1}{4}$ 되는 조 $\frac{25}{54}$ 되에 해당하므로, 9를 분모로 하고 10을 분자로 하고, 패미 $\frac{1}{4}$ 되는 훼미 $\frac{2}{9}$ 되에 해당하므로, 9를 분모로 하고 8을 분자로 하고, 패미 $\frac{1}{4}$ 되는 보리 $\frac{5}{12}$ 되에 해당하므로, 9를 분모로 하고 15를 분자로 한다.

훼미 $\frac{1}{4}$ 되는 쌀 $\frac{5}{16}$ 되에 해당하므로, 8을 분모로 하고 10을 분자로 하고, 훼미 $\frac{1}{4}$ 되는 패미 $\frac{9}{32}$ 되에 해당하므로, 8을 분모로 하고 9를 분자로 하고, 훼미 $\frac{1}{4}$ 되는 보리 $\frac{15}{32}$ 되에 해당하므로, 8을 분모로 하고 15를 분자로 하고, 훼미 $\frac{1}{4}$ 되는 조 $\frac{25}{48}$ 되에 해당하므로, 25를 분모로 하고 50을 분자로 한다.

粺毁(穀) 米少半升爲粺十分升之三, 九之十而一, 米少半升爲毁(穀)米十五分升之四, 八之十而一, 米少半升爲麥半升, ・三之, 二而一. 麥少 榻半升爲粟二十七分升之十, 九母□□□□□□□[14], 麥少半升爲米九分升之二, 參(三)母,再子, 二之, 三而一. 麥少半升爲粺五分升之一, 十五母, 九子, 九之, 十五而一. 麥少半升爲毁(穀)四十五分升之八, 十五母, 八子. 粺米四分升之一爲粟五十四分升之二十五, 九母, 十子, 粺米 榻四分升之一, 爲毁(穀)米九分升之二, 九母, 八子, 粺米四分升之一爲麥十二分升之五, 九母, 十五子. 毁(穀)米四分升之一爲米十六分升之五, 八母, 十子, 毁(穀)米四分升之一爲粺三十二分升之九, 八母, 九子, 毁(穀)米四分升之一爲麥三十二分升之十五, 八母, 十五子, 毁(穀)米四分升之一爲粟四十八分升之二十五, 二十五母,五十子.

40. 겉곡식의 소모량(모)

겉곡식 1섬으로부터 1말 $2\frac{1}{3}$ 되가 소모된다면, 녹봉으로 받는 쌀(늠기) $\frac{1}{3}$ 되로는 겉곡식 $\frac{500}{789}$ 되를 얻고, 늠미 1되로는 겉곡식 $1\frac{237}{263}$ 되를 얻고, 늠미 1말로는 겉곡식 1말 $9\frac{3}{263}$ 되를 얻으며, 늠미 1섬으로는 겉곡식 19말 $\frac{30}{263}$ 되를 얻는다.

---

14) □□□□□□□는 "十子,十之,九而一"을 제대로 해독하지 못한 것으로 여겨진다.

겉곡식 1섬으로부터 5되가 소모된다면, 늠미 $\frac{1}{3}$ 되로는 겉곡식 $\frac{100}{171}$ 되를 얻고, 늠미 1되로는 겉곡식 $1\frac{215}{285}$ 되를 얻고, 늠미 1말로는 겉곡식 $17\frac{155}{285}$ 되를 얻으며, 늠미 1섬으로는 겉곡식 17말 $5\frac{125}{285}$ 되를 얻는다.

주해 이 문제는 관료들이 봉급으로 받는 늠미와 겉곡식의 교환비율을 다룬 것인데, 기본적으로 전자가 후자의 $\frac{5}{3}$ 배라고 할 수 있는 비율이 겉곡식의 소모량에 따라 어떻게 조정되어야 할 것인지를 보여준다. 문제의 내용으로 미루어 짐작하건대, 늠미는 엄격하게 관리되어 소모량이란 게 있을 수 없었던 것 같이 보인다.

耗 粟一石耗一斗二升少半升. 稟米少半升者得粟七百八十九分升之五百, 稟一升者得粟一升二百六十三分升 楊之二百三十七, 稟一斗者得粟一斗九升有(又)二百六十三分升之三, 稟一石者得粟十九斗有(又)二百六十三分升之三十.

粟石耗五升. 稟米少半升者得粟百七十一分升之百[15], 稟一升者得粟一升有(又)二百八十五分升之二百十五[16], 稟一斗者 楊得粟十七升有(又)二百八十五分升之百五十[17], 稟一石者得粟十七斗五升有(又)二百八十五分升之百二十五.

---

15) 원문에는 "七十一分升之百"라고만 되어 있으나, 실제로는 "百七十一分升之百"이라야 맞는다.

16) 원문에 "二百七十五"라고 한 것은 "二百十五"로 바로 잡았다.

41. 여러 가지 곡식들의 교환 비율(속위미)

깨, 보리, 콩, 팥 3단위는 쌀 2단위에 해당하고, 9단위는 겉곡식 10단위에 해당한다. 겉곡식 5단위는 쌀 3단위에 해당하며, 쌀 10단위는 패미 9단위, 훼미 8단위에 해당한다. 보리 3단위는 도속 4단위에 해당하고, 화속 5단위는 도속 4단위에 해당한다.

겉곡식으로부터 쌀을 구할 때에는 3을 곱하고, 5로 나눠주며, 조로부터 보리를 구할 때에는 9를 곱하고, 10으로 나눠주며, 겉곡식으로부터 패미를 구할 때에는 27을 곱하고, 50으로 나눠주며, 겉곡식으로부터 훼미를 구할 때에는 24를 곱하고 50으로 나눠주며, 쌀로부터 겉곡식을 구할 때에는 5를 곱하고 3으로 나눠준다.

粟為**米** 麻, 麥, 菽, 荅三而當米二, 九而當粟十. 粟五爲米三, 米十爲粺九, 爲毁(糳)八. 麥三而當稻粟四, 禾粟 楊五爲稻粟四.
粟求米 粟求米三之, 五而一, 粟求麥九之, 十而一, 粟求粺二十七之, 五十而一, 粟求(糳)(糳)二十四之, 五十而一, 米求 楊粟五之, 三而一.

42. 쌀로부터 겉곡식을 구하기(미구속)

쌀을 가지고 겉곡식을 구할 때에는 5배를 하고 3으로 나눈다. 지금 쌀 $\frac{6}{7}$ 되가 있다면, 겉곡식 얼마에 해당되겠는가?

17) 원문에 "百五十"라고 한 것은 "百五十五"로 바로 잡았다.

답 : $1\frac{3}{7}$ 되.

풀이법에 따라서, 분모들을 곱한 것을 나눗수로 삼고, 5와 6을 곱한 것을 나뉨수로 삼는다.

주해 이 문제는 바로 다음에 나오는 "속구미" 문제와 서로 역산 관계에 있다.

$$\frac{6}{7} \times \frac{5}{3} = \frac{10}{7} = 1\frac{3}{7}.$$

米求粟 以米求粟因而五之,三成一. 今有米七分升六,當爲粟幾何? 曰,爲粟一升七分升三. 術曰,母相乘爲法,以五乘六[18]爲實.

43. 겉곡식으로부터 쌀을 구하기(속구미)

겉곡식을 가지고 쌀을 구할 때에는 3배하고, 5로 나눈다. 지금 겉곡식 $1\frac{3}{7}$ 되가 있다면, 쌀 얼마에 해당되겠는가?

답 : 쌀 $\frac{6}{7}$ 되.

18) 원래 "十"이라고 한 것은 "六"을 잘못 읽은 것이다.

풀이법에 따라서, 분모들을 곱한 것을 나눗수로 삼고, 3과 10을 곱한 것을 나뉨수로 삼는다.

주해 $1\frac{3}{7}\times\frac{3}{5}=\frac{10}{7}\times\frac{3}{5}=\frac{6}{7}$.

粟求米 粟求米因而三之, 五而成一. ・今有粟一升七分三, 當爲米幾何? 曰, 爲米七分升六. 術曰, 母相乘爲法, 以三乘□□□[19].

44. 같은 양의 쌀과 겉곡식을 합치기(미속병)

쌀 1섬과 겉곡식 1섬의 비율로 합쳐서 (쌀 2섬을) 바친다면, 쌀과 겉곡식은 각각 얼마씩 얻겠는가?

답 : 쌀 임자는 1섬 2말 $\frac{8}{16}$ 되, 겉곡식 임자는 7말 $\frac{8}{16}$ 되를 얻는다.

풀이법에 따라서, 쌀 10말과 6말을 합하여 나눗수로 삼고, 놓은 것 각각을 나뉨수로 삼아서 두 섬으로 두루 곱한다. 6말은 겉곡식을 쌀로 환산한 것이다.

주해 이 문제는 쌀과 겉곡식을 같은 양을 바쳐서 2섬을 조

19) 해독되지 않은 □□□는 "十爲實"일 것이다.

성할 때, 각각의 지분을 묻는 것이다. 답은

$$20\times\frac{10}{16}=\frac{200}{16}=12\frac{8}{16},$$

$$20\times\frac{6}{16}=\frac{120}{16}=7\frac{8}{16}$$

이라는 각각의 풀이 과정의 마지막 단계에서 약분을 하지 않은 상태로 되어 있다.

米粟并 有米一石, 粟一石, 并提之, 問米粟當各取幾何? 曰, 米主取一石二斗十六分升八, 粟主取七斗十六分升八. 術曰, 直(置)米十斗, 六斗并以爲法, 以二石扁(遍)乘所直(置)各自爲實. 六斗者, 粟之米數也.

45. 겉곡식과 쌀을 합쳐서 도정하기(속미병)

쌀 1단위와 겉곡식 2단위를 합해서 10말을 도정하면, 7말 $\frac{1}{3}$ 되가 나온다.

풀이법에 따라서, 모두 5배하여, 쌀과 겉곡식을 합해서 나눗수로 삼고, 쌀을 5배하고 조를 3배한 다음, 10말과 곱해서 나뉨수로 삼는다.

왕□□□□□□겉곡식과 쌀을 합해서□□□□□□□쌀□□□ 얼마나 되는가?

답 : 쌀 $6\frac{1}{4}$ 되.

풀이법에 따라서, 쌀 5되, 겉곡식 5되를 놓고, 겉곡식 5되가 쌀 3되가 되드로, 쌀 5되와 합친 8을 나눗수로 삼고, 다시 5되를 놓아 10을 곱해서 겉곡식과 쌀 각각을 나눗수로 나눠주면, 됫수가 나온다.

□□□ 2말 5되가 된다.

풀이법에 따라서, 쌀과 겉곡식을 놓고, 쌀을 5배하고 겉곡식을 3배한 다음, □ 합해서 나눗수로 삼고, 쌀과 겉곡식을 각각 그것과 곱한 것을 더하여 나뉨수로 삼아서 나눠주면 된다.

......섬 50....

粟米幷 米一,粟二,凡十斗,精之爲七斗三分升一. 術曰, 皆五, 米粟幷爲法, 五米三粟, 以十斗乘之爲實.

王□□□□□□合粟米□□□□□□□米□□□幾何? 得曰, 米六升四分升之一. 術曰, 直(置)米五升 楊 粟五升, 粟五升爲米三升, 幷米五升者八以爲法, 乃更直(置)五升而十之, 令如法粟米各一升.

□□□二斗五升, 其術曰, 直(置)米粟, 五米三粟 楊 □幷以爲法, 幷米粟各乘之爲實, 實如法而成一.

......石五十有

46. 지어 나른 땔감을 수레로 수송하기(부탄)

땔감을 산중에서 지어 나르다가 첫날에는 숯 7말을 만들어 수레에 도달하고, 그 다음 날에는 숯 운반 수레에 1섬을 싣고 관아에 도달할 수 있다. 이제 한 사람으로 하여금 직접 가서 땔감을 지어 나르고, 멀리 관아에까지 몰고 오게 한다면, 하루에 나를 수 있는 숯은 얼마나 되겠는가?

답 : 숯 4말 $\frac{20}{17}$ 되를 가져온다.

풀이법에 따라서, 7말에 10을 곱하면 7섬이 되는데, 7일 동안 역시 지고 관아에까지 날라야 되므로, 곧 10일과 7일을 더해서 나눗수로 삼아 나눠주면 말수가 나온다.

주해 이 문제는 「구장산술」 "균수"장의 22, 23, 25번째 예제들을 연상시킨다.

$$\frac{700}{17} = 41\frac{3}{17}.$$

負炭 負炭山中, 日爲成炭七斗到車, 次一日而負炭道車到官一石. 今欲道官往之, 負炭中, 負炭遠到官, 問日到炭幾何? 曰, 日得炭四斗十七分升二十[20). 術曰, 取七斗者十之, 得七石, 七日亦負到官, 卽取十日與七日幷爲法, 如法得一斗.

47. 대나무를 벌채해서 노당 만들기(노당)

규정에 따르면, 하루에 대나무 60그루를 벌채하고, 노당 15개를 만드는데, 대나무 하나로는 노당 셋을 만들 수 있는 것으로 되어 있다. 이제 한 사람으로 하여금 직접 대나무를 벌채해서 노당까지 만들게 한다면, 하루에 몇 개나 만들 수 있겠는가?

답 : 노당 $13\frac{3}{4}$개를 만든다.

풀이법에 따라서, 60을 나눗수로 삼고, 55와 15를 곱한 것을 나뉨수로 삼는다.

주해 앞서의 문제와 마찬가지로, 이것도 「구장산술」 "균수"장의 22, 23, 25번째 예제들을 연상시킨다.

$$\frac{60-\frac{15}{3}}{60}\times 15=\frac{55}{4}=13\frac{3}{4}.$$

盧唐 程曰, 一日伐竹六十个, 一日爲盧唐十五, 一竹爲三盧唐. 欲令一人自伐竹因爲盧唐, 一日爲幾何? 曰, 爲十三盧唐四分之三. 術曰, 以六十爲法, 以五十五乘十五爲實.

20) 원래 "四斗十一分升二"라고 한 것은 "四斗十七分升二十"의 잘못이므로 바로 잡았다.

48. 화살을 다듬고 깃털 달기(우시)

규정에 따르면, 한 사람이 하루에 화살을 30개 다듬고, 깃털을 20개 다는 것으로 되어 있다. 이제 한 사람으로 하여금 직접 화살을 다듬고 깃털까지 달게 한다면, 하루에 몇 개나 만들 수 있겠는가?

답 : 12개.

풀이법에 따라서, 화살 다듬는 수와 깃털 다는 수를 나눗수로 삼고, 둘을 서로 곱한 것을 나뉨수로 삼는다.

주해 앞서의 문제와 마찬가지로, 이것도 「구장산술」 "균수"장의 22, 23, 25번째 예제들과 유사한데, 특히 역시 화살 제조를 다룬 23번째 예제와는 상당히 닮았다고 할 수 있다.

$$\frac{1}{30}+\frac{1}{20}=\frac{5}{60}=\frac{1}{12}.$$

羽矢 程, 一人一日爲矢三十, 羽矢二十. 今欲令一人自爲矢且羽矢, 一日爲幾何? 曰,爲十二. 術曰, 并矢, 羽以爲法, 以矢, 羽相乘爲實.

49. 급사에서 연사 구하기(사연)

급사로부터 연사를 얻기 위해서는 12를 곱한 다음 16으로 나누면 된다.

絲練 以級絲求練,因而十二之除十六而得一.

50. 길 떠난 뒤의 갑자 역산(행)

갑이 길 떠난 지 50일이 되었는데, 오늘이 임신일이라면, 처음 떠난 것은 어느 날인가?

풀이법에 따라서, 임신을 묻는 것은 어느 순이 갑자의 순이냐는 것이다. 갑이 이미 간 것이 임9일에 이르렀으니, 9를 공차로 놓고...

行 甲行五十日, 今今日壬申, 問何日初行? 術曰, 問壬申何旬也, 曰, 甲子之旬也. 旣道甲數到任(壬)九日, 直(置)九有增

51. 돈 나누기(분전)

돈을 나누는데, 1인당 2전씩 하면, 3전이 남고, 3전씩 하면, 2전이 모자란다면, 사람은 몇 명이며, 돈은 얼마인가?

답 : 5사람, 13전.

영부족에 따라서, 분모들을 곱해서 나뉨수로 삼고, 분자들을 더한 것을 나눗수로 삼는다.

주해 「구장산술」 "영부족"장에는 주로 공동구매할 때 출자금을 정하는 문제들이 다루어져 있으며, 이와 같이 돈을 나누는 문제는 발견되지 않는다.

分銭 分錢人二而多三, 人三而少二, 問幾何人,錢幾何? 得曰, 五人, 錢十三. 贏(盈)不足互乘母爲實, 子相從爲法. 皆贏(盈)若不足, 子互乘母而各異直(置)之,以子少者除子多者, 餘爲法, 以不足爲實.

52. 여러 종류의 곡물을 판 값(미출전)

여미는 2말에 3전이고, 패미는 3말에 2전이다. 지금 여미와 패미 합해서 10말이 있는데, 팔 경우 13전을 받는다면, 여미와 패미는 각각 얼다나 되는가?

답 : 여미 $7\frac{3}{5}$ 말, 패미 $2\frac{2}{5}$ 말.

풀이법에 따르면, 모두가 여미일 경우에는 2전이 남고, 모두가 패미일 경우에는 $6\frac{1}{3}$ 전이 모자라니, 남는 것과 모자라는 것을 같게 하여 나눗수로 삼고, 남는 것을 10말과 곱하면, 패미가 되고, 모자라는 것을 10말과 곱하면, 여미가 되는데, 모두 나눗수로 나눠주면, 말수가 나온다.

쌀 한 말은 $1\frac{2}{3}$ 전이고, 기장 한 말은 $1\frac{1}{2}$ 전이다. 지금 16전으로 쌀, 기장 합해서 10말을 사려고 한다면, 각각 얼마씩 사야 되겠는가?

답 : 쌀 6말, 기장 4말, 쌀값 10전, 기장값 6전.

풀이법에 따르면, 영부족으로써 모두가 쌀일 경우에는 $\frac{2}{3}$ 전이 남고, 모두가 기장일 경우에는 1전이 모자라니, 그 밑에 있는 $\frac{1}{3}$ 은 1을 3으로 해서 "3분의 몇"이라고 부르고, 합하여 많은 쪽을 적은 쪽으로 나눠 나눗수로 삼은 다음, 다시 다른 것에 대해서는 2, 3을 놓고, 각각을 10말로 곱하여 그 몫을 바꿔서, 나눗수로 나눠주면, 말수가 나온다고 한다. 남는 것과 모자라는 것을 같게 하여 나눗수로 삼고, 남는 것을 10말과 곱하면, 패미가 되고, 모자라는 것을 10말과 곱하면, 여미가 되는데, 모두 나눗수로 나눠주면, 말수가 나온다.

주해 먼저, 첫 번째 문제에 대하여 여미의 양을 x라고 놓고 방정식을 세워서 풀면, 다음과 같다.

$$1.5x + \frac{2}{3}(10 - x) = 13,$$
$$\frac{2.5}{3}x = \frac{19}{3} \qquad \therefore\ x = 7.6.$$

그리고 이번에는, 두 번째 문제에 대하여 쌀의 양을 x라고 놓고 방정식을 세워서 풀면, 다음과 같다.

$$\frac{5}{3}x + \frac{3}{2}(10 - x) = 16,$$
$$\frac{x}{6} = 1$$
$$\therefore\ x = 6.$$

米出錢 糲(粺)米二斗三錢, 糲米三斗二錢. 今有糲, 粺十斗, 賣得十三錢,問糲, 粺各幾何? 曰, 粺七斗五分三, 糲二斗五分二. 術曰, 令偕(皆)糲也, 錢羸(盈)二, 令偕(皆)粺也, 錢不足六少半. 同羸(盈), 不足以爲法, 以羸(盈)乘十斗爲粺以不足乘十斗爲糲, 皆如法一斗.

米斗一錢三分錢二[21], 黍斗一錢半錢, 今以十六錢買米, 黍凡十斗, 問各幾何, 用錢亦各幾何? 得曰, 米六斗, 黍四斗, 米錢十, 黍六. 術曰, 以羸(盈)不足, 令皆爲米, 多三分錢二, 皆爲黍, 少錢. 下有三分, 以一爲三, 命曰各而少三, 幷多而少爲法, 更異直(置)二, 三, 以十斗各乘之, 即貿其得,如法一斗.

53. 정사각형 밭의 한변(방전)

정사각형 밭 1무의 한 변은 몇 보인가?

답 : 한 변이 $15\frac{15}{31}$ 보.

풀이법에 따르면, 한 변이 15보일 때는 15보가 부족하고, 16보일 때는 16보가 남는다. 남는 것과 부족한 것을 더하여 나눗수로 삼고, 부족한 것을 제곱하여 남는 것의 분모로, 그리고 남는 것을 제곱하여 부족한 것의 분모로 삼아서 더한 것을 나뉨수로 삼는데, 그것의 역산은 계광술에서와 마찬가지이다.

주해 이와 같은 영부족법은 $240-15^2=15$ 이고 $16^2-240=16$이라는 점에 주목하여 $\sqrt{240}$을 구하려고 한 것으로서 사실상 소박한 보간법에 해당되지만, 그런 대로 고대 수학자들의 재기를 충분히 엿볼 수 있게 한다. 그러나 그 답의 역산을 취해보면, $15\frac{15}{31}$의 제곱이

$$\left(15\frac{15}{31}\right)^2=\left(\frac{480}{31}\right)^2=\frac{230400}{961}=239.7502601$$

로서 240에 미치지 못한다는 것을 그들이 실제로 깨닫고 있었는지에 대해서는 의심이 간다. 과연 그들 가운데 어느 누구도 검산을 시도한 적이 없었던 것일까?

---

21) 원문에 "三分錢二"이라고만 되어 있는 것은 "一錢三分錢二"의 잘못이다.

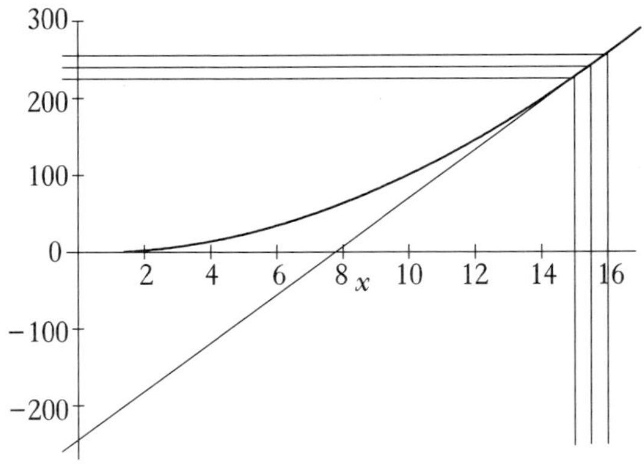

아무튼「산수서」의 저자는 $x^2=240$의 해가 15와 16 사이에 있다는 것을 염두에 두고 직선추정을 시도했던 것인데, 그래프로 그의 논리를 표시하면 다음과 같다. 이 그림에서 "ㄱ"자로 꺾어진 세 평행선들의 꼭지점들은 $f(x)=x^2$의 그래프 상에 놓이는데, 각각의 좌표는, 밑에서부터 차례대로, (15, 225), ($\sqrt{240}$, 240), (16, 256)을 가리키며, 그 가운데 첫 번째와 세 번째 꼭지점을 잇는 직선의 함수는 $g(x)=31x-240$으로 나타난다.

이제, 이 그래프를 특히 문제가 되는 15와 16 사이의 x 값과 관련하여 좀 더 집중적으로 살펴보기 위하여, 편의상 $14.9\leq x\leq 16.1$인 범위를 부각시키기로 하고, 아울러 $g(x)=240$을 만족시키는 $g(x)$ 상의 점, 즉 ($15\frac{15}{31}$, 240)에서 x축 쪽으로 수선을 덧붙이기로 하면, 다음과 같은 세밀도(detail)를 얻게 된다.

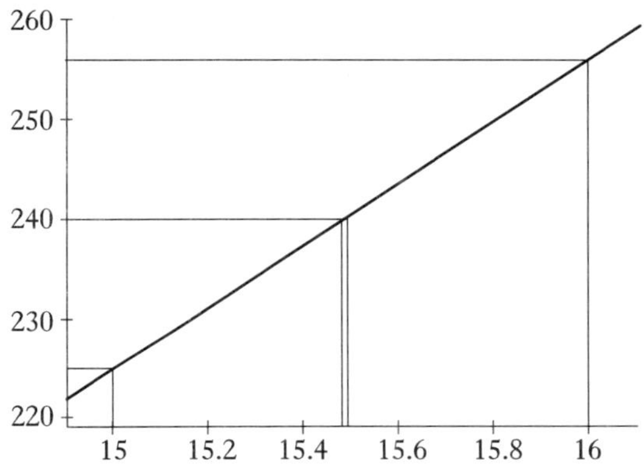

$y=240$을 나타내는 직선과 $g(x)$ 및 $f(x)$와의 교점들의 x 값들은 물론, 각각 $15\frac{15}{31}$와 $\sqrt{240}$이며, 그림 중앙의 두 평행 수직선들은 바로 그 값들을 나타낸다. 소수로 나타내면, $15\frac{15}{31}$는 15.4839, $\sqrt{240}$은 15.4919이다. 그러나 이와 같은 문제 풀이는「구장산술」"소광"장에 화려하게 전개되어 있는 개평방술과 비교할 때, 엄청난 격차를 실감케 한다는 점도 아울러 지적해둘 필요가 있을 것이다.

한편, 이 문제에 비춰보면, 남송의 성리학자 주희(朱熹, 1130-1200)가 자신의 철학적 경지를 빗댄 다음과 같은 시 "책 보다가 느낀 바가 있어서 두 수중 첫 번째(觀書有感二首(其一))"는 바로 그것의 유제에 해당한다는 것을 알 수 있다.

半畝方塘一鑒開　반 무 짜리 정사각형 연못이 거울같이 트여서는
天光雲影共徘徊　하늘빛 구름 그림자가 모두 어른거린다.
問渠那得淸如許　어쩌면 그다지 맑을 수 있느냐고 물었더니
爲有源頭活水來　수원지에서 생수가 흘러 들어오기 때문이라네.

즉, 이 시 가운데에는 다름 아닌 $\sqrt{120}$ 계산이 암암리에 들어 있기 때문이다.

方田 田一畝方幾何步? 曰, 方十五步三十一分步十五. 術曰, 方十五步不足十五步, 方十六步有徐(餘)十六步. 曰, 幷贏(盈), 不足以爲法, 不足子乘贏(盈)母, 贏(盈)子乘不足母, 幷以爲實, 復之, 如啓廣之術.

54. 선제(제)

선제의 가로가 1장, 높이가 1장 2자, 뺀 너비가 1장, 길이가 3장 9자이며, 한 쪽에는 높이가 없다면, 부피는 3,360자^{3}이다.

풀이법에 따라서, 너비의 적 30자에서 높이를 뺀 다음, 너비와 길이로 곱하면 된다.

주해 선제 문제는「구장산술」"상공"장의 17번째 예제에서도 발견되며, 그 경우에는 문제에 윗 너비, 아래 너비, 끝 너비, 깊이, 길이를 주고

$$\text{부피} = \frac{(\text{윗 너비} + \text{아래 너비} + \text{끝 너비}) \times \text{깊이} \times \text{길이}}{6}$$

라는 공식을 적용하여 부피를 구하라고 되어 있다.

除 美除[22]其定方丈, 高丈二尺, 其除廣丈, 袤三丈九尺, 其一旁毋高,積三千三百六十尺. 術曰, 廣積三十尺除高, 以其廣, 袤乘之, 卽定.

55. 참도(운도)

운도와 방궐의 아랫 너비가 1장 5자, 길이가 3장, 윗 너비가 2장, 길이가 4장이고, 높이가 1장 5자면, 부피는 9,250자^{3}이다.

풀이법에 따라서 윗 너비와 길이, 아랫 너비와 길이를 각각 제곱하고, 또한 윗 길이와 아랫 길이를 더한 것을 윗 너비와 곱하고, 아랫 길이와 윗 길이를 더한 것을 아랫 너비와 곱하여 모두 더한 다음, 곱해서 6으로 나눈다.

郫都 郫都及方闕下廣丈五尺, 袤三丈, 上廣二丈, 袤四丈, 高丈五尺, 積九千二百五十尺. 術曰, 上廣袤,下廣袤各自乘, 又上袤從下袤以乘上廣, 下袤從上袤以乘下廣, 皆并, 乘之, 六成一.

22) "美除"는 "羨除"의 잘못으로 여겨진다.

56. 추동(추)

추동과 방궐의 아랫 너비가 1장 5자, 길이가 3장, 윗 너비가 2장, 길이가 4장이고, 높이가 1장 5자면, 부피는 9,250자^{3}이다.

풀이법에 따라서 윗 너비와 길이, 아랫 너비와 길이를 각각 제곱하고, 또한 윗 길이와 아랫 길이를 더한 것을 윗 너비와 곱하고, 아랫 길이와 윗 길이를 더한 것을 아랫 너비와 곱하여 모두 더한 다음, 곱해서 6으로 나눈다.

주해 추동은 흡사 마야의 피라미드의 위아래를 뒤집어 놓은 것처럼 보이는 형태로서 다음 그림은 문제에서 말하는 추동을 그래프로 나타낸 것이다.

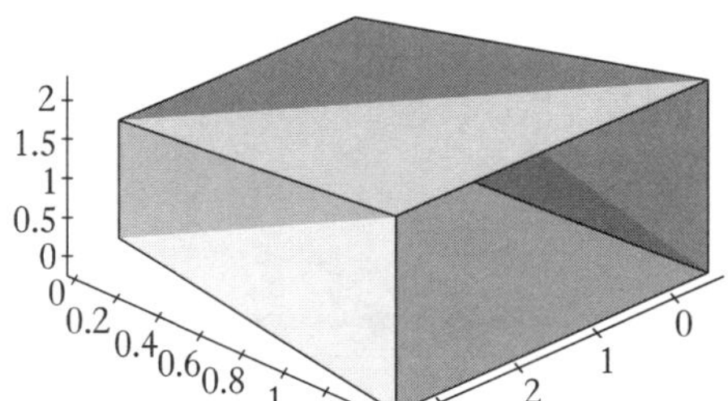

이와 유사한 추동 문제는「구장산술」“상공”장의 19번째 예제에서도 발견되며, 그 경우에는

$$\text{부피} = \frac{((2\times\text{윗 길이} + \text{아래 길이})\times\text{윗 너비} + (2\times\text{아래 길이} + \text{윗 길이})\times\text{아래 너비})\times\text{높이}}{6}$$

라는 공식을 적용하여 부피의 해를 구하라고 한 것을 볼 수 있다. 공식에 따라 부피를 계산하면 다음과 같다.

$$\frac{((2\times 40 + 30)\times 20 + (2\times 30 + 40)\times 15))\times 15}{6} = 9250.$$

> 芻　芻童及方闕下廣丈五尺,袤三丈,上廣二丈,袤四丈,高丈五尺,積九千二百五十尺. 術曰,上廣袤,下廣袤各自乘,又上袤從下袤以乘上廣,下袤從上袤以乘下廣,皆幷,乘之,六成一.

57. 둥글게 뿌려 쌓기(선속)

선속의 높이가 5자, 아래 둘레가 3장인데, 부피가 125자^{3}이다.

...2자 7치이면, 1섬이므로, 겉곡식 $46\frac{8}{27}$ 섬이 된다.

풀이법에 따라서, 아래 둘레를 제곱하고, 높이로 곱해서 36으로 나눠준다.

...크게 이어진 4,500자^3...

주해 이 문제의 내용은 기본적으로「구장산술」“상공”장 23번째 예제에서 다루어진 “평지위속” 문제와 동일하며, 1섬이 2.7자^{3}라는 것도 마찬가지로 나타나 있다. 이렇게 저장된 곡식은 원추형을 나타내며, 그 부피(V)는 공식에 따라 다음과 같이 계산된 것이다.

$$V = 30^2 \times 5 \div 36 = 125\text{ 자}^3 = 46\frac{8}{27}\text{ 섬}.$$

旋粟 旋粟高五尺, 下周三丈, 積百二十五尺. ・二尺七寸而一石, 爲粟四十六石二十七分石之八. 其述(術)曰, 下周自乘, 以高乘之, 三十六成一. ・大績四千五百尺.

58. 원추형 곳간(균개)

원추형 곳간(균개)의 아래 둘레가 6장, 높이가 2장이면, 부피는 2,000자^{3}이다. 제곱법에 따라서 둘레를 제곱하고, 또 높이를 곱한 다음, 36으로 나누면 된다.

주해 공식으로 미루어 볼 때, 균개는「구장산술」“상공”장의 마지막(28번째) 예제에 나오는 원통형의 곳간(원균)과는 달리 원추형으로 생긴 구조물로 여겨진다. 문제의 균개의 부피--V라고 하자--는

$$V = 60^2 \times 20 \div 36 = 2000$$

으로 계산된 것이며, 그 모양을 그래프로 나타내면, 다음과 같다.

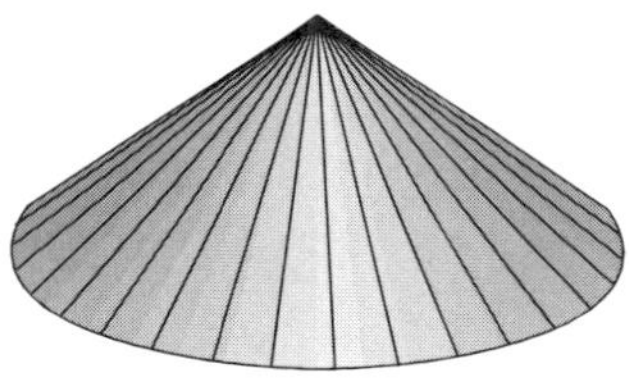

困盖 困盖下周六丈, 高二丈, 爲積尺二千尺. 乘之之述(術)曰, 直(置)如其周令相乘也, 有(又)以高乘之, 三十六成一.

59. 원형 정자(환정)

원형 정자(환정)의 윗 둘레가 3장, 큰 둘레가 4장, 높이가 2장이면, 부피는 $2,055\frac{20}{36}$ 자^{3}이다.

풀이법에 따라서, 아래 둘레와 윗 둘레를 곱하고, 둘레들을 제곱하여, 모두 합한 다음, 높이를 곱하고 36으로 나눠준다.

주해 이 문제의 내용은 「구장산술」 "상공"장의 11번째 예제에서 다루어진 것과 동일하며, 부피 계산에 있어서

$$\text{부피} = \frac{(\text{윗 둘레}^2 + \text{아래 둘레}^2 + \text{윗 둘레} \times \text{아래 둘레}) \times \text{높이}}{36}$$

이라는 마찬가지 공식이 적용된다. 문제의 원형 정자를 그래프로 나타내면 다음과 같다.

圜亭 圜亭上周三丈, 大周四丈, 高二丈, 積二千五十五尺三十六分尺二十. 術曰, 下周乘上周, 周自乘, 皆幷, 以高乘之, 三十六成. 今二千五十五尺分二十.

60. 원형 자재로 만든 우물(정재)

원형 자재로 우물...., 둘레가 2장 4자, 깊이가 1장 5자이면, 부피는 720자^{3}이다.

풀이법에 따라서, 둘레를 제곱하고, 높이로 곱한 다음, 12로 나눠준다. 다른 풀이법에 따르면, 둘레를 지름과 곱한 다음, 4로 나누게 된다.

...100반...지름...

주해 이 문제는 그림에서 보는 바와 같은 원통형 구조물의 부피를 구하는 것이며, 그 값은 공식에 따라

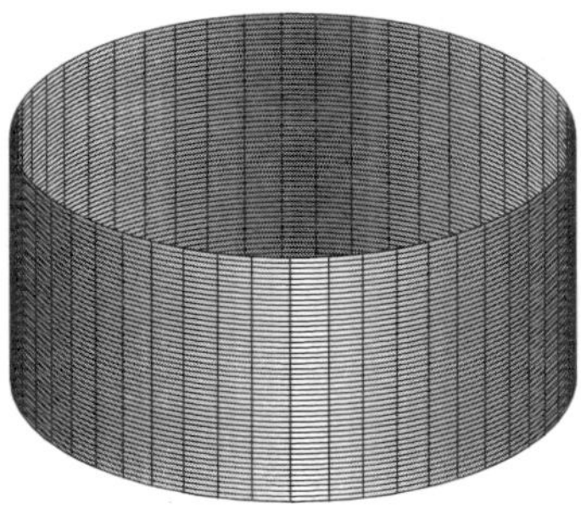

$$24^2 \times 15 \div 12 = 720$$

으로 계산된 것이다.

井材 圜材井()若它物, 周二丈四尺, 深丈五尺,積七百二十尺. 術曰,(藉-艹)(藉)周自乘, 以深乘之, 十二成一. 一曰以□[23]乘徑[24], 四成一. ・一百半問(?)徑□□.

61. 원형 자재로부터 정사각형 만들기(이환재방)

원형 자재(환재)로부터 정사각형 자재(방재)를 만들려고 하는데, 사위가 $2\frac{14}{25}$ 치라면, 얼마나 큰 정사각형 자재가 나오겠는가?

답 : 둘레가 $7\frac{3}{5}$ 치.

풀이법에 따라서, 5로 곱하여 나뉨수로 삼고, 7로 나눠준 다음, 4배 한다.

주해 이 문제나 바로 다음에 나오는 "이방재환" 문제는 서로 역산 관계에 놓여 있는데, 풀이법에서 정사각형의 대각선과 한 변의 비, 즉 $\sqrt{2}$ 값을 $\frac{7}{5}$로 잡고 있는 것을 받아들인다면, 정사각형의 둘레가 $7\frac{3}{5}$ 치일 때, 원지름, 즉 정사각형의 대각선은

23) □는 "周"자를 해독하지 못한 것이다.
24) 이 바로 다음에 "以深乘之"라는 구절이 잘못 누락되었다.

$$7\frac{3}{5} \times \frac{1}{4} \times \frac{7}{5} = 2\frac{66}{100}$$

으로 산출될 수 밖에 없으며, $2\frac{14}{25}$과는 차이를 드러낸다.

한편, 이런 문제와 관련된 「구장산술」 문제로는 “구고”장의 아홉번째 예제--특히 마찬가지로 원재를 다루고 있다는 점에서--를 꼽을 수 있다고 여겨진다. 그러나 구고술(Pythagorean Theorem)을 적극적으로 활용하고 있는 「구장산술」의 접근법에 따라서 풀이를 모색해보자면, 방재 둘레의 $\frac{1}{4}$에 해당하는 한 변의 길이를 x라고 할 때,

$$2x^2 = \left(2\frac{14}{25}\right)^2$$

이라는 식을 풀어야 한다는 말이 된다. 이 식을 풀면, 결국 $x = 1.8101933$으로 나타나고, 둘레는 그 4배인 7.2407734가 되는데, 문제에 제시된 답과는 역시 상당한 차이가 있다.

以圜材方 以圜材爲方材, 曰大四韋(圍)[25]二寸二十五分寸十四, 爲方材幾何? 曰, 方七寸五分寸三. 術曰, 因而五之爲實, 令七而一四[26].

25) “大四韋(圍)”는 원지름을 가리키는 것으로 간주한다.
26) “四”자 다음에 “之”자가 뒤따라야 되는데, 제대로 해독되지 못한 것 같다.

62. 정사각형 자재로부터 원 만들기(이방재환)

정사각형 자재로부터 원형 자재를 만들려고 하는데, 둘레가 $7\frac{3}{5}$ 치라면, 얼마나 큰 원형 자재가 나오겠는가?

답 : 사위가 $2\frac{14}{25}$ 치.

풀이법에 따르면, 정사각형 자재의 한 면(대각선)은 곧 원형 자재의 지름이므로, 7로 곱하여 나뉨수로 삼고, 5로 나눠준다.

주해 이 문제는 바로 앞에 나온 "이환재방" 문제와 서로 역산 관계에 놓여 있다.

以方材圜 以方爲圜材, 曰[27], 方七寸五分寸三爲圜材幾何? 曰, 四韋(圍)二寸二十五分寸十四. ・術曰, 方材之一面卽圜材之徑也, 因而七之[28]以爲實, 令五而成一.

27) 원문의 "圜曰材"는 어순이 잘못된 것으로 보인다.
28) 원문의 "四之"는 "七之"의 잘못이다.

63. 원형 자재(환재)

원형 자재의 한 (?)를 잘라서 만들려고 하는데, □□□□□□, 얼마나 되겠는가?

답 : 7(?)0(?)6(?) □□$4\frac{1}{2}$ 치.

풀이법에 따라서, □을 제곱하고 ...으로 나누도록 한다.

주해 이 문제는 탈자가 많아서 본래 모습을 짐작하기가 어려운데, 이것 역시 「구장산술」 "구고"장의 9번째인 "원재" 문제와 비슷한 내용을 다루었을 것으로 여겨진다.

圜材 有圜材一(?)斷之□市□□□□□□大幾何? 曰, 七(?)十(?)六(?)□□四寸半寸. 述(術)曰, □自乘以......一即成.

64. 넓이와 길이가 주어졌을 때의 너비 계산(계광)

밭의 길이가 30보인데, 너비를 얼마로 하면, 면적이 1무가 되는가?

답 : 8보.

풀이법에 따라서, 30보를 나눗수로, 240보^{2}를 나뉨수로 삼으면 되며, 길이를 구할 때도 마찬가지이다.

주해 1무, 즉 240보^{2}를 길이 30보로 나누면 너비 8보를 얻는다.

启廣 田從(縱)三十步, 爲启廣幾何而爲田一畝? 曰, 启八步. 術曰, 以三十步爲法, 以二百四十步爲實, 启從(縱)亦如此.

65. 넓이와 너비가 주어졌을 때의 길이 계산(계종)

밭의 너비가 23보인데, 길이를 적절히 하여 면적이 4무가 되게끔 하려고 한다.

풀이법에 따라서, 4무의 보수를 놓고, 너비의 보수로 나누면, 길이의 보수를 얻는데, 딱 떨어지지 않는 것은 너비 "분의 몇"이라고 부른다. 검산을 하려면, 서로 곱해주면 되는데, 분수로 된 보수가 있을 경우에는 너비와 분자를 곱한 것을 너비의 보수로 나눠주면 보수가 된다.

밭의 너비가 $\frac{6}{8}$보인데, 넓이가 $\frac{4}{7}$무가 되게끔 하려면, 길이는

$\frac{16}{21}$ 보가 된다.

밭의 너비가 $\frac{3}{7}$ 보인데, 넓이가 $\frac{2}{4}$ 무가 되게끔 하려면, 길이는 $1\frac{1}{6}$ 보가 된다.

풀이법(구종술)에 따라서, 너비의 분자를 넓이의 분모와 곱하여 나눗수르 삼고, 넓이의 분자를 너비의 분모와 곱하여 나뉨수로 삼아서, 나뉨수를 나눗수로 나눈다. 즉, 너비와 길이를 곱하는데 있어서 분모를 서로 곱한 것은 나눗수로 삼고, 분자를 서로 곱한 것은 나뉨수로 삼아서, 나뉨수를 나눗수로 나눈다.

주해 첫 번째 예제는 $(4 \times 240) \div 23 = 41\frac{17}{23}$ 과 같이 계산하라는 것이고, 두 번째 예제는 몫과 나눗수가 모두 분수일 때 적용하는 소위 '구종술'이라는 길이 계산법에 따라서 $\frac{4}{7} \div \frac{6}{8} = \frac{4 \times 8}{7 \times 6} = \frac{16}{21}$ 과 같이 계산하라는 것이다.

啓從(縱) 廣二十三步, 爲啓從(縱)求田四畝. 術曰, 直(置)四畝步數令如廣步數, 而得從(縱)一步, 不盈步者以廣命分. 復之, 令相乘也,有分步者, 以廣乘分子如廣步數得一步. 廣八分步之六, 求田七分之四[29], 其從(縱)二十一分之十六. 廣七分步之三, 求田四分步之二, 其從(縱)一步六分步之一. 求從(縱)術, 廣分子乘積分母爲法, 積分子乘廣分母爲實, 實如法一步. 節(卽)以廣, 從(縱)相乘, 凡凡令分母相乘爲法, 分子相乘爲實,實如法一.

66. 소광

소광을 구하는 풀이법(구소광지술)에 따라서, 먼저 너비를 놓고, 즉 그 밑에 약간 보가 있으면, 1을 약간으로 하고, $\frac{1}{2}$을 약간으로 하고, $\frac{1}{3}$을 약간으로 하고, 나누고자 하는 것이 다할 때까지 적분하여 하나로 합친 것을 나눗수로 삼는데, 곧 넓이 240보^{2}를 놓고, 역시 1을 약간으로 하는 적보를 삼아서, 적보를 나눗수로 나눠주면, 길이가 나온다. 보가 되는데, 그것을 곱하면, 1무가 된다. 나머지(채워지지 않은 보수)는 나눗수 "분의 몇"이라고 부른다. 그리고 그것의 역산으로 너비와 길이를 곱해서 다시 240보^2, 곧 1무가 되게 한다. 길이에 나눠지지 않는 것이 있을 때에는, 나눠지지 않는 것의 대분수(증불분)를 나눗수로 나눈 값을 놓고, 그것을 다시 곱해서 낮은 단위의 십 자리(소십)로 하며, 나눠지는 보수가 있을 때에는 너비와 분자를 곱하고, 너비로 나눠주면, 보수가 된다.

소광에서 너비가 $1\frac{1}{2}$보면, 1을 2로 하고, $\frac{1}{2}$을 1로 하여 하나로 합친 3을 나눗수로 삼고, 240보^{2}를 놓아서 반으로 나눈 다음, 나눗수로 나눠주면, 길이의 보수가 나오는데, 그 길이는 160보가 된다.

그 밑에 $\frac{1}{3}$이 있으면, 1을 6으로 하고, $\frac{1}{2}$을 3으로 하고, $\frac{1}{3}$을 1로 하여 하나로 합친 10을 나눗수로 삼아서 나눠주면, 길이는 $130\frac{10}{11}$보가 되는데, 그것을 곱하면, 1무가 된다.

그 밑에 $\frac{1}{4}$이 있으면, 1을 12로 하고, $\frac{1}{2}$을 6으로 하고, $\frac{1}{3}$을

---

29) 원래 "一分之四"라고 한 것은 잘못 해독된 것이므로 바로 잡았다.

4로 하고, $\frac{1}{4}$을 3으로 하여 하나로 합친 25를 나눗수로 삼아서 나눠주면, 길이는 $115\frac{5}{25}$보가 되는데, 그것을 곱하면, 1무가 된다.

그 밑에 $\frac{1}{5}$이 있으면, 1을 60으로 하고, $\frac{1}{2}$을 30으로 하고, $\frac{1}{3}$을 20으로 하고, $\frac{1}{4}$을 15로 하고, $\frac{1}{5}$을 12로 하여 하나로 합친 137을 나눗수로 삼아서 나눠주면, 길이는 $105\frac{15}{137}$보가 되는데, 그것을 곱하면, 1무가 된다.

그 밑에 $\frac{1}{6}$이 있으면, 1을 60으로 하고, $\frac{1}{2}$을 30으로 하고, $\frac{1}{3}$을 20으로 하고, $\frac{1}{4}$을 15로 하고, $\frac{1}{5}$을 12로 하고, $\frac{1}{6}$을 10으로 하여 하나로 합친 147을 나눗수로 삼아서 나눠주면, 길이는 $97\frac{141}{147}$보가 되는데, 그것을 곱하면, 1무가 된다.

그 밑에 $\frac{1}{7}$이 있으면, 1을 420으로 하고, $\frac{1}{2}$을 210으로 하고, $\frac{1}{3}$을 140으로 하고, $\frac{1}{4}$을 105로 하고, $\frac{1}{5}$을 84로 하고, $\frac{1}{6}$을 70으로 하고, $\frac{1}{7}$을 60으로 하여 하나로 합친 1098을 나눗수로 삼아서 나눠주면, 길이는 $92\frac{541}{1098}$보가 되는데, 그것을 곱하면, 1무가 된다.

그 밑에 $\frac{1}{8}$이 있으면, 1을 840으로 하고, $\frac{1}{2}$을 420으로 하고, $\frac{1}{3}$을 280으로 하고, $\frac{1}{4}$을 210으로 하고, $\frac{1}{5}$을 168로 하고, $\frac{1}{6}$을 140으로 하고, $\frac{1}{7}$을 120으로 하고, $\frac{1}{8}$을 105로 하여 하나로 합친 2283을 나눗수로 삼아서 나눠주면, 길이는 $88\frac{698}{2283}$보가 되는데, 그것을 곱하면, 1무가 된다.

그 밑에 $\frac{1}{9}$이 있으면, 1을 2520으로 하고, $\frac{1}{2}$을 1260으로 하고,

$\frac{1}{3}$ 을 840으로 하고, $\frac{1}{4}$ 을 630으로 하고, $\frac{1}{5}$ 을 504로 하고, $\frac{1}{6}$ 을 420으로 하고, $\frac{1}{7}$ 을 360으로 하고, $\frac{1}{8}$ 을 315로 하고, $\frac{1}{9}$ 을 280으로 하여 하나로 합친 7129를 나눗수로 삼아서 나눠주면, 길이는 $84\frac{5764}{7129}$ 보가 되는데, 그것을 곱하면, 1무가 된다.

그 밑에 $\frac{1}{10}$ 이 있으면, 1을 2520으로 하고, $\frac{1}{2}$ 을 1260으로 하고, $\frac{1}{3}$ 을 840으로 하고, $\frac{1}{4}$ 을 630으로 하고, $\frac{1}{5}$ 을 504로 하고, $\frac{1}{6}$ 을 420으로 하고, $\frac{1}{7}$ 을 360으로 하고, $\frac{1}{8}$ 을 315로 하고, $\frac{1}{9}$ 을 280으로 하고, $\frac{1}{10}$ 을 252로 하여 하나로 합친 7381을 나눗수로 삼아서 나눠주면, 길이는 $81\frac{6939}{7387}$ 보가 되는데, 그것을 곱하면, 1무가 된다.

□□$\frac{612}{1089}$ 보가 되는데, 그것을 곱하면, 1무가 된다.

주해 이 내용은「구장산술」"소광"장 첫 번째에서 9번째까지의 문제들의 그것과 기본적으로 동일하다.

少廣 救(求)少廣之術曰, 先直(置)廣,卽曰, 下有若干步, 以一爲若干, 以半爲若干, 以三分爲若干, 積分以盡所救(求)分同之以爲法, 卽(耤)(藉)直(置)田二百四十步亦以一爲若干, 以爲積步, 除積步如法得從一步. 不盈步者, 以法命其分. 有(又)曰, 復之, 卽以廣乘從(縱), 令復爲二百四十步田一畝. 其從(縱)有不分者, 直(置)如法熷(增)不分, 復乘之以爲小十, 有分步者, 以廣乘分子, 如廣步數, 得一步.

少廣. 廣一步半步, 以一爲二, 半爲一, 同之三以爲法, 卽値(置)二百四十步, 亦以一爲二除, 如法得從(縱)一步, 爲從(縱)百六十步. 因以一步, 半步乘.

下有三分, 以一爲六, 半爲三, 三分爲二, 同之十一得從(縱)百三十步有(又)十一分步之十, 乘之田一畝.

下有四分, 以一爲十二, 半爲六, 三分爲四, 四分爲三, 同之二十五得從(縱)百一十五步有(又)二十五分步之五, 乘之田一畝.

下有五分, 以一爲六十, 半爲三十, 三分爲二十, 四分爲十五, 五分爲十二,同之百三十七. 得從(縱)百五步有(又)百三十七分步之十五, 乘之田一畝.

下有六分, 以一爲六十, 半爲三十, 三分爲二十, 四分爲十五, 五分爲十二,六分爲十, 同之百四十七得從(縱)九十七步有(又)百四十七分.

下有七分, 以一爲四百二十, 半爲二百一十, 三分爲百四十, 四分爲百五,五分爲八十四, 六分爲七十, 七分爲六十, 同之千八十九. 得從(縱)九十二步五百四十一乘之田一畝.

下有八分, 以一爲八百四十, 半爲四百二十, 三分爲二百八十, 四分爲二百一十, 五分爲一百六十八, 六分爲百四十, 七分爲百二十, 八分爲百五,同之千二百□十三[30]以爲法, 得從(縱)八十八步有(又)二千二百八十三分步之六百九十六, 乘之田一畝.

下有九分, 以一爲二千五百二十, 半爲千二百六十, 三分爲八百三十[31], 四分爲六百三十, 五分爲五百四, 六分爲四百二十, 七分爲三百六十, 八分爲三百一十五, 九分爲二百八十, 同之七千一百二十九以爲法, 得從(縱)八十四步有(又)七千一百二十九分步之五千七百六十四,乘之成田一畝.

下有十分, 以一爲二千五百二十, 半爲千二百六十, 三分爲八百四十, 四分爲六百三十, 五分爲五百四, 六分爲四百二十, 七分爲三百六十, 八分爲三百十五, 九分爲二百八十, 十分爲二百五十二, 同之七千三百八十一以爲法, 得從(縱)八十一步有(又)七千三百八十一分步之六千八百□□□[32], 乘之成田一畝. 步有千八十九分步之六百一十二, 乘之田一畝.

67. 대광

너비가 $7\frac{□□}{49}$ 보, □□□□□□□□□□□□□□□□□ $64\frac{273}{343}$ 보^{2}가 된다.

대광술에 따라서, 너비와 길이를 놓아, 각각 분모로써 그 위의 정수(온전한 보수)를 곱해서 분자로 하여금 따르도록 하여, 서로 곱한 것을 나뉨수로 삼고, 또한 분모를 서로 곱한 것을 나눗수로 삼아서 나눠주면, 보수가 되고, 나머지(채워지지 않은 보수)는 나눗수 "분의 몇"이라고 부른다.

30) 이 값은 "二千二百八十三"이어야 맞는다.
31) 이 값은 "八百四十"의 잘못이다.
32) 이 값은 '六千九百三十九'이어야 맞는다.

주해 이 문제와 관련된 "대광술"을 「구장산술」 [1-24]에서는 "대광전술(大廣田術)"이라고 부르고 있고, 역시 대분수들 사이의 곱셈을 가리킨다. 문제에 빠진 글자들이 많으므로, 그것들을 복원해서 수수께끼를 풀고 싶어하는 독자들이 많을 것이다. 만일 너비와 길이를 곱한 값이 $64\frac{273}{343}$이 맞다면, 그 값은 $64\frac{39}{49}$ 내지 $\frac{9525}{49}$로 약분할 수 있다. 9525는 소인수분해하면 $5^2 \times 127$로 드러나지만, 사실상 너비와 길이 값은 무수한 조합을 가질 수 있다. 예를 들어, 너비를 가분수로 나타낸 것의 분자가 127의 배수가 된다고 가정했을 때의 너비가 $\frac{3\times127}{49}=\frac{381}{49}=7\frac{38}{49}$이 되고, 길이가 25가 되는 것은 그 많은 가능성 가운데 하나일 뿐이다.

大広 廣七步四十九分步之□□□□□□□□□□□□□□□□□爲□六十四步有(又)三百四十三分步之二百七十三. 大廣術曰, 直(置)廣從(縱)而各以其分母乘其上全步, 令分子從之, 令相乘也爲實, 有(又)各令分母相乘爲法, 如法得一步, 不盈步以法命之.

68. 리로 잰 밭의 넓이(이전)

이전술에 따르면, 리에 리를 곱하면, $리^2$인데, 너비와 길이가 각각 1리이면, 1인을 놓아 3을 곱하고, 또 5^3을 곱하면, 곧 3경 75무가 된다. 너비와 길이가 같지 않은 것은 먼저 리로 서로 곱하고, 이어서 인법을 써서 3을 곱하고, 또 5^3을 곱하면, 된다.

지금 너비가 220리이고 길이가 350리인 밭이 있다면, 넓이는 28만 8750경이다.

한 풀이법에 따르면, 리에 리를 곱하면, 리^{2}이고, 3을 곱한 다음, 5^3을 곱하면, 곧 경과 무의 값이 나온다고 한다. 다른 풀이법에 따르면, 리에 리를 곱하면, 리^{2}이고, 125를 곱한 다음, 3을 곱하면, 곧 경과 무의 값이 나온다고 한다. 그리고 너비가 1리, 길이가 1리인 밭의 넓이는 375무라고도 한다.

주해 이전술은 1 리^2 = 3× 5^3무 = 375무로 환산된다는 것을 말한다. 1리가 300보이고, 1무가 240보^{2}이기 때문에 90000÷240 = 375무 =3경 75무가 된다는 것인데, 그것을 소인수분해하고 5^3을 "三五之"라고 표시한 것은 크게 주목할 만하다. 너비가 220리, 길이가 350리인 밭의 넓이는

$$220 \times 350 \times 375 = 28,875,000\text{무} = 288,750\text{경}$$

으로 계산한 것이다.

里田 里田術曰, 里乘里, 里也, 廣, 從(縱)各一里, 卽直(置)一因而三之, 有(又)三五之, 卽爲田三頃七十五畝. 其廣, 從(縱)不等者, 先以里相乘, 已, 乃因而三之, 有(又)三五之, 乃成. 今有廣二百二十里, 從(縱)三百五十里. 爲田二十八萬八千七百五十頃. 直(置)提封以此爲之. 一曰, 里而乘里, 里也, 壹三而三五之, 卽頃畝數也. 有(又)曰, 里乘里, 里也, 以里之下卽予二十五因而三之, 亦其頃畝數也. 曰, 廣一里, 從(縱)一里爲田三頃七十五畝.

참고문헌

웨난(岳南), 2001, 「마왕퇴의 귀부인」, 이익희 역, 일빛.

유휘/조상, 2000, 「구장산술/주비산경」, 차종천 역, 범양사출판부.

차종천, 2001, "구장산술에도 유클리드 호제법 나온다." 「과학동아」 182 : 120-123.

江陵張家山漢簡整理小組, 2000, "江陵張家山漢簡「算數書」釋文." 「文物」 532 : 78-84.

連雲港市博物館・東海縣博物館・中國社會科學院簡帛研究中心・中國文物研究所 編, 1997, 「尹灣漢墓簡牘」, 中華書局.

李學勤, 2001, 「簡帛佚籍與學術史」, 江西教育出版社.

彭浩, 2000, "中國最早的數學著作「算數書」", 「文物」 532 : 85-90.

胡之 編, 1999a, 「漢簡書風(一)」, 重慶出版社.

------, 1999b, 「漢簡書風(二)」, 重慶出版社.

桓寬, 1992, 「鹽鐵論校注」, 王利器校注, 中華書局.

大庭 脩 編, 1993, 「漢簡研究現狀展望」, 關西大學出版部.

池田 溫, 1979, 「中國古代籍帳研究」, 東京大學東洋文化研究所.

Euclid, 1956, *The Thirteen Books of Euclid's Elements,* trans. by Thomas L. Heath. 2nd ed. New York : Dover.

한간 「산수서」와 「구장산술」의 비교[33)]

1. 문제 제기 : 「산수서」 발굴에 따른 동양 수학 기원 재검토의 필요성

지난 1983년 12월에서 다음 해 1월까지 사이에 중국 형주(荊州)시 소재 강릉(江陵) 장가산(張家山) 247호 묘에서 출토된 한간(漢簡) 「산수서(算數書)」는 유휘의 「구장산술」 (263 A.D.)보다 최소한 450년 가량이나 거슬러 올라간다는 점에서 동양수학사의 기원을 크게 앞당기게 하는 막중한 의의를 지닌다. 묘주(墓主)의 사망 시점이 서한 여후(呂后) 2년(186 B.C.)으로 추정되는데 「산수서」는 당연히 그 이전에 엮어졌을 것이기 때문이다. 이 문서의 발굴 이전에는 대체로 「구장산술」이나 「주비산경」을 "동양수학의 조종"으로 여겨왔던 터라 당연히 동양수학 내지 산학의 기원을 재검토할 필요성이 제기되는 것이다. 그러나 석문(釋文) 자체가 최근 들어와서야 겨우 공개되었을 뿐이어서 현재로서는 자료에 대한 평가와 내용 분석은 물론, 번역마저도 제대로 이루어지지 못한 상태에 있다. 이 글은 「산수서」와 「구장산술」의 내용을 비교하여 「산수서」의 내용적 구성과 특징을 밝히는 동시에 동양수학 여명기의 발달 궤적을 더듬어보려는 시도이다. 이 작업은 동양수학의 새로운 기원을 살펴본다는 점에서 수학사나 수학교육 연구를 위하여 결코 그 의미가 작다고는 할 수 없을 것이다.

---

33) 「한국수학교육학회지 시리즈 E: 수학교육논문집」 15(2003): 273-280쪽으로부터 재수록.

2. 「산수서」의 내용 : 구성과 특징

장가산 247호 묘에서는 [그림 1]의 입면도에 표시된 번호들이 가리켜주듯이, 많은 부장품들이 함께 출토되었다. 부장품들은 칠기, 도기, 동기로 제작된 다수의 그릇류들이 주종을 이루고 있으며, 그 밖에도 무기류, 수레바퀴, 목용(木俑), 문방구, 산주(算籌), 죽간 등이 들어 있다.

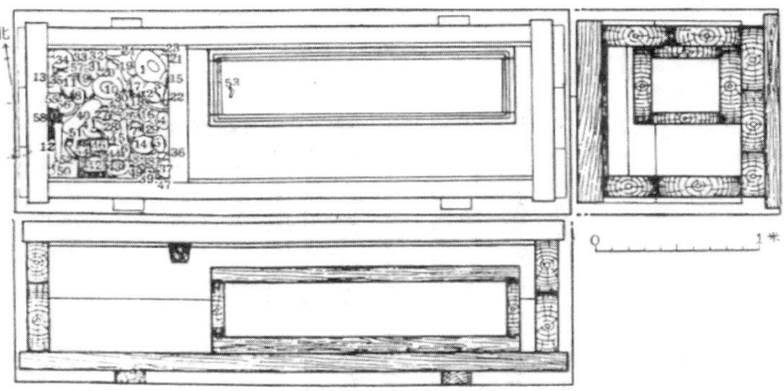

[그림 1] 강릉 장가산 247호묘 관곽의 평면도, 측면도 및 입면도

죽간들은 입면도 가운데 54와 58로 표시된 두 지점에서 발견된 것으로 보고되었는데(荊州地區博物館, 1985), 「산수서」 외에도 「한률(漢律)」, 「주열서(奏瀛書)」, 「개려(蓋廬)」, 「맥서(脉書)」, 「인서(引書)」, 「역보(歷譜)」, 「견책(遣冊)」이 포함되어 있다. 이 중 「한률」은 법률서, 「주열서」는 범죄사건 처리보고서, 「개려」[34]는 병법

34) 「개려」는 곧 오나라 왕 합려(闔閭)를 말하며 오자서(伍子胥)와 군사전략을 논한 내용을 담고 있다.(張家山漢墓竹簡整理小組, 1985 : 12)

서, 「맥서」[35]는 의서, 「인서」는 도인술(導引術)을 기록한 책이며, 「역보」는 묘주의 이력을 적은 글 내지 행장(行狀)이고, 「견책」은 부장품 목록이다. 「역보」 가운데 들어있는 "□降爲漢"이라는 잔간(殘簡)은 묘주가 일찍이 초(楚)로부터 한으로 투항하였으며, "病免"이라는 기술은 그가 관직에 종사하다가 병으로 인하여 은퇴했다는 것을 시사하고 있다. 소장도서를 비롯한 부장품들로 미루어 볼 때, 묘주는 해박한 법률지식을 갖추었을 뿐 아니라, 의학, 도인술, 병법에 두루 밝았으며, 수학에까지 조예가 깊었던 다재다능한 인물이었음을 알 수 있다(張家山漢墓竹簡整理小組, 1985).

[그림 2] 「산수서」 (중국 문화부 고문헌연구실 소장)

35) 이와 유사한 내용을 담고 있는 「맥법」 등을 포함한 마왕퇴(馬王堆) 의서에 관해서는 周一謀(2000), 웨난(2001)을 참조할 것.

「산수서」는 [그림 2]와 같은 형태의 죽간으로 이루어져 있으며, 모두 68개에 달하는 제명(題名) 하에 서술되어 있는데, 제명들은 주제를 나타내는 것과 산법을 나타내는 것이 혼재하는 것으로 드러난다. 내용 가운데에는 "여직(女織)," "우시(羽矢)," "소광(少廣)" 등의 문제처럼 「구장산술」의 그것들과 기본적으로 같거나 유사한 것들이 다수 발견되어 고대수학 전통의 연속성을 엿볼 수 있게 한다. 예를 들어, "소광" 문제는 「구장산술」 소광장 앞부분의 열 한 문제나 마찬가지로 $\sum_{n=1}^{N}\frac{1}{n}$을 구하는 조화급수(harmonic series) 계산을 다룬 것으로서 다만 「산수서」는 N의 값이 10이 될 때까지 되풀이한 데 비해, 「구장산술」은 12가 될 때까지 되풀이한 점에서 차이가 있을 뿐이다.

두 저작 사이의 유사성은 다음과 같은 「산수서」의 "약분" 제명 하의 서술에서도 찾아볼 수가 있다.

약분술에 따라서, 분자로 분모를 덜고, 분모로도 분자를 덜어서, 분자와 분모의 수가 같아지면, 곧 그것으로 나누도록 한다. 또한, 약분술에 따라서, 반으로 나눌 수 있는 것은 반으로 나누고, 몇 분의 1로 할 수 있는 것은 몇 분의 1로 하도록 한다. 또 하나의 방법은 분자로 분모를 덜고, 작아진 분모로 분자를 덜어서, 분자와 분모가 같아진 것을 나눗수로 삼아 분자와 분모 각각을 나눗수로 나누라는 것이다. 덜기에 마땅치 않은 것이 반으로 나눠지면, 분모를 반으로 나누고 분자도 반으로 나눈다. $\frac{162}{2016}$를 약분하면 $\frac{9}{112}$가 된다.

約分術曰, 以子除母, 母亦除子, 子母數交等者, 卽約之矣. 有(又)曰, 約分術曰, 可半, 半之, 可令若干一,若干一. 其一術曰, 以分子除母, 少(小)以母除子, 子母等以爲法, 子母各如法而成一. 不足除者可半, 半母亦半子. 二千一十六分之百六十二, 約之百一十二分之九.

여기서 우리가 확인할 수 있는 것은 약분술 가운데 "유클리드 호제법(Euclidean algorithm)"이 뚜렷이 명시되어 있다는 점이다. 약분술을 서술한 문장들 가운데 "子母數交等者", "子母等以爲法"이라고 한 것은 모두 최대공약수를 가리키는 것이다. 사실 유클리드 호제법에 해당되는 내용이 「구장산술」 방전장에서 발견된다는 점은 필자(2001)에 의해 이미 지적된 바 있으나 동일한 내용이 그보다 4, 5세기나 앞선 「산수서」에서도 확인된 이상, 이제는 좀더 분명히 그것을 고대동양사회 나름대로의 독자적인 과학 성취의 하나로 간주해도 좋다고 여겨진다. 호제법을 둘러싼 문화전파의 가능성은 유클리드가 기원전 300년경 알렉산드리아를 무대로 활동했고(cf. Euclid, 1956 : 2), 「산수서」는 기원전 186년 이전에 성립된 것으로 추정되는데, 특히 수학과 같은 순수과학 분야에서의 고대문명권간 교류가 1세기 남짓밖에 되지 않는 단기간 내에 이루어지기는 좀처럼 쉽지 않았으리라는 점을 감안할 때 그만큼 희박하다고 판단되는 것이다.

이상과 같이 하여 우리는 일단 두 저술을 잇는 공통점과 연속성을 확인한 셈이다. 사실상 「산수서」의 출토는 무엇보다도 「구장산술」 유휘 서문 등에서 강하게 시사되어온 「구장산술」의 원형의 모습을 구체적으로 드러내 보여준다는 점에서 획기적인 의의가 있다(李學勤, 2001 : 226-229 ; 張家山漢墓竹簡整理小組, 1985 ; 彭浩, 2000). 그러나 동시에 우리는 의료수가 문제인 "의(醫)"처럼 「산수서」에서만 발견되는 것들을 앞으로 심각하게 검토해야 할 필요성을 절감하게 된다.

그리고 여기서 잠시 짚고 넘어갈 점은「산수서」석문의 '자료의 질(data quality)'과 관련되는 문제이다. 우선, 석문의 순서가 명백히 어긋난 부분이 발견되는 등 전체적으로 체제를 바로 잡아야할 과제가 대두된다. 또한, 서술 가운데 모호한 표현들이나 오독된 부분들이 심심지 않게 눈에 띄는 것도 철저한 비판적 검토를 거쳐야 할 것이다. 일례로「산수서」첫머리에 나오는 "상승(相乘)" 제명 하의 서술을 다음과 같이 a) - j)까지 번호를 매겨 살펴보도록 하자.

a) 치에 치를 곱하면 치^{2}이고, 자를 곱하면 $\frac{1}{10}$ 자^{2}이고, 10자를 곱하던 1자^{2}이고, 100자를 곱하면 10자^{2}이며, 1,000자를 곱하면 100자^{2}이다.

b) $\frac{1}{2}$ (치)에 자를 곱하면 $\frac{1}{20}$ 자^{2}이고, $\frac{1}{3}$ 치에 자를 곱하면, $\frac{1}{30}$ 자^{2}이며, $\frac{1}{8}$ 치에 자를 곱하면 $\frac{1}{80}$ 자^{2}이다.

c) $\frac{1}{2}$ 에 1을 곱하면 $\frac{1}{2}$ 이고, $\frac{1}{2}$ 을 곱하면, $\frac{1}{4}$ 이다.

d) $\frac{1}{3}$ 에 1을 곱하면 $\frac{1}{3}$ 이고, $\frac{1}{2}$ 을 곱하면, $\frac{1}{6}$ 이며, $\frac{1}{3}$ 을 곱하면, $\frac{1}{9}$ 이다.

e) $\frac{1}{4}$ 에 1을 곱하면 $\frac{1}{4}$ 이고, $\frac{1}{2}$ 을 곱하면, ($\frac{1}{8}$ 이며, ...)

f) ($\frac{2}{3}$ 치에 $\frac{1}{2}$ 자를 곱하면) $\frac{1}{30}$ 자^{2}이다.

g) $\frac{1}{4}$ (치)에 자를 곱하면 $\frac{1}{40}$ 자^{2}이고, $\frac{1}{5}$ 치에 자를 곱하면, $\frac{1}{50}$ 자^{2}이고, $\frac{1}{6}$ 치에 자를 곱하면, $\frac{1}{60}$ 자^{2}이며, $\frac{1}{7}$ 치에 자를 곱하면, $\frac{1}{70}$ 자^{2}이다.

h) ($\frac{1}{4}$ 에) $\frac{1}{3}$ 을 곱하면, $\frac{1}{12}$ 이고, $\frac{1}{4}$ 을 곱하면, $\frac{1}{16}$ 이다.
i) $\frac{1}{5}$ 에 1을 곱하면, $\frac{1}{5}$ 이고, $\frac{1}{2}$ 을 곱하면, $\frac{1}{10}$ 이고, $\frac{1}{3}$ 을 곱하면, $\frac{1}{15}$ 이고, $\frac{1}{4}$ 을 곱하면, $\frac{1}{20}$ 이며, $\frac{1}{5}$ 을 곱하면, $\frac{1}{25}$ 이다.
j) 분수의 곱셈술에 따라서 분모와 분모를 곱해서 나눗수로 하고 분자를 서로 곱해서 나뉨수로 한다.

寸而乘寸, 寸也;乘尺, 十分尺一也；乘十尺, 一尺也;乘百尺, 十尺也；乘千尺, 百尺也. 半乘尺, 二十分尺一也；楊三分寸乘尺, 三十分尺一也；八分寸乘尺, 八十分尺一也. 一半乘一, 半也；乘半, 四分一也. 三分而乘一, 三分一也；乘半, 六分一也；乘三分, 九分一也. 四分而乘一也, 楊四分一也；乘半, 三十分尺一也. 四分寸乘尺, 四十分尺一也；五分寸乘尺,五十分尺一也.；六分寸乘尺, 六十分尺一也；七分寸乘尺, 七十分一也. 乘三分, 十二分一也；乘四分, 十六分一也. 五分而乘一, 五分一也；乘半, 十分一也；乘三分, 十五分一也；乘四分, 二十分一也；乘五分, 二十五分一也. 乘分之術曰, 母乘母爲法, 子相乘爲實.

이 글에서 g) 부분은 b)의 "八分寸乘尺, 八十分尺一也" 부분과 그 앞 부분 사이로부터 떨어져나가 잘못 연결되었다고 봐야 할 것이다. 또한 e)의 '乘半' 다음에는 원래 "八分一也"라는 부분이 나타나야 되지만, 일실되어 있으며, 그 다음 부분은 h)로 떨어져 나갔다. 그러나 만일 '乘半'이 "三十分尺一也" 앞에 오는 것이 맞다면, 半이 半尺을 가리킨다고 볼 때, "乘半" 앞에는 "三分寸二"가 떨어져나갔다고 해야 할 것이다. g)에서 원래 "七分乘尺,七十八分一"이라고 한 것은 "七分寸乘尺, 七十分尺一"의 잘못이다.

3. 「산수서」와 「구장산술」 사이에 이루어진 초창기의 수학 발달

「산수서」와 「구장산술」 사이에 이루어진 수학상의 기술 혁신(innovation)에 대해서는 이를테면, 제곱근 계산에 있어서 전자의 경우 다음과 같은 "방전(方田)" 제명 하의 문제가 보여주듯이 보간법에 의존하는 반면, 후자의 경우에는 수월하게 완답을 제시하고 있는 점이나 호시(弧矢)나 완전(宛田)과 같은 난제(難題)가 전자에서 발견되지 않는다는 점 등이 지적될 수 있을 것이다.

그러면 먼저 「산수서」의 제곱근 계산방식에 초점을 맞춰보기로 하자.

정사각형 밭 1무의 한 변은 몇 보인가?

답 : $15\frac{15}{31}$ 보.

풀이법에 따르면, 한 변이 15보일 때는 15보가 부족하고, 16보일 때는 16보가 남는다. 남는 것과 부족한 것을 더하여 나눗수로 삼고, 부족한 것을 제곱하여 남는 것의 분모로, 그리고 남는 것을 제곱하여 부족한 것의 분모로 삼아서 더한 것을 나뉨수로 삼는데, 그것의 역산은 계광술에서와 마찬가지이다.

> 田一畝方幾何步? 曰, 方十五步三十一分步十五. 術曰, 方十五步不足十五步, 方十六步有徐(餘)十六步. 曰, 并贏(盈), 不足以爲法, 不足子乘贏(盈)母, 贏(盈)子乘不足母, 并以爲實, 復之, 如啓廣之術.

이 풀이법은 $\sqrt{240}$을 구하는 데 있어서 $240 - 15^2 = 15$이고 $16^2 - 240 = 16$이라는 점에 착안하여 소박한 보간법을 적용하자고 제안한 것이며, 그런 대로 고대 수학자들의 재치가 드러나는 대목이다. 그러나 그 답의 역산을 취해보면, $15\frac{15}{31}$의 제곱이

$$\left(15\frac{15}{31}\right)^2 = \left(\frac{480}{31}\right)^2 = \frac{230400}{961} = 239.7502601$$

로서 240에 미치지 못한다는 것을 과연 그들이 깨닫고 있었는지에 대해서는 의심이 간다. 아무튼 「산수서」의 저자는 $x^2 = 240$의 해가 15와 16 사이에 있다는 것을 염두에 두고 직선추정을 시도했던 것인데, 그래프로 그의 논리를 표시하면 [그림 3]과 같다. 이 그림에서 "ㄱ"자로 꺾어진 세 평행선들의 꼭지점들은 $f(x) = x^2$의 그래프 상에 놓이는데, 각각의 좌표는, 밑에서부터 차례대로, $(15, 225)$, $(\sqrt{240}, 240)$, $(16, 256)$을 가리키며, 그 가운데 첫 번째와 세 번째 꼭지점을 잇는 직선의 함수는 $g(x) = 31x - 240$이다.

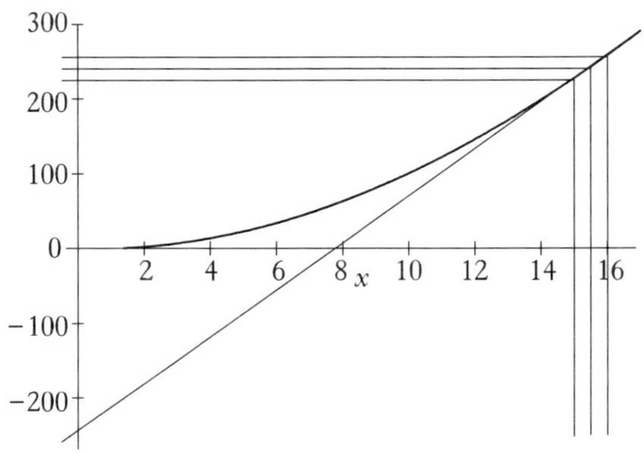

[그림 3] $f(x) = x^2$, $g(x) = 31x - 240$의 교점과 $\sqrt{240}$

이제, 이 그래프를 특히 문제가 되는 15와 16 사이의 x 값과 관련하여 좀더 집중적으로 살펴보기 위하여, 편의상 $14.9 \leq x \leq 16.1$ 인 범위를 부각시키기로 하고, 아울러 $g(x)=240$을 만족시키는 $g(x)$ 상의 점, 즉 $(15\frac{15}{31}, 240)$에서 x축 쪽으로 수선을 덧붙이기로 하면, [그림 4]와 같은 보다 세밀한 그래프를 얻게 된다.

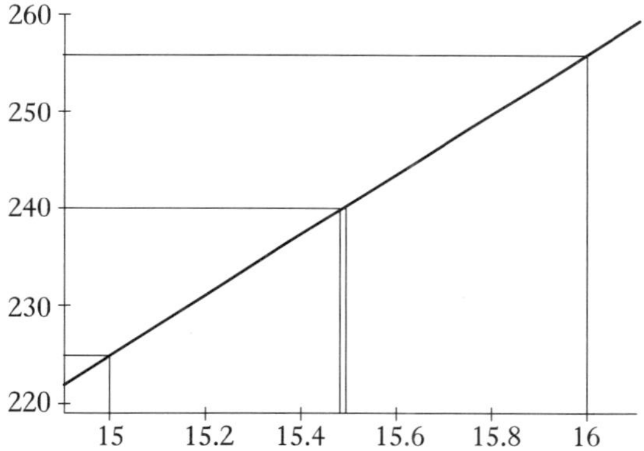

[그림 4] $f(x)=x^2$, $g(x)=31x-240$ 그래프와 $\sqrt{240}$, $15\frac{15}{31}$의 관계

$y=240$를 나타내는 직선과 $g(x)$ 및 $f(x)$와의 교점들의 x 값들은, 물론, 각각 $15\frac{15}{31}$와 $\sqrt{240}$이며, 그림 중앙의 두 평행 수직선들은 바로 그 값들을 나타낸다. 소수로 나타내면, $15\frac{15}{31}$는 15.4839, $\sqrt{240}$은 15.4919이다. 그러나 보간법을 이용한 이 같은「산수서」의 제곱근 계산은「구장산술」소광장에 제시된 개방술(開方術)과 비교할 때, 엄청난 격차를 실감케 하는 것이 아닐 수 없다.[36]

36)「구장산술」의 개방술에 관해서는 일련의 졸고--차종천(2000a), 차종천(2000b)--를 참조.

한편, 「구장산술」에 들어 있는 호시나 완전과 같은 비교적 수준 높은 문제들이 「산수서」에서 발견되지 않는다는 점도 두 저술 사이에 이루어진 수학 발달과 관련해서 주목해야 할 점으로 여겨진다.

4. 결론

지금까지 우리는 최근 중국 형주시에서 발굴된 한간 「산수서」의 내용 구성과 특징을 검토하고, 「구장산술」과의 비교를 통해서 동양수학 여명기의 학문적 전통과 발달에 대해서 살펴보았다. 「산수서」는 70개에 달하는 제명 하에 서술되어 있으며, 내용 가운데에는 조화급수나 "유클리드 호제법"과 같이 「구장산술」의 그것들과 기본적으로 동일하거나 유사한 것들이 다수 발견되어 고대수학 전통의 연속성을 구체적으로 확인할 수 있게 한다. 또한, 제곱근 계산 방식의 차이라든가 호시나 완전과 같이 전자에서 발견되지 않는 문제들을 통해서 「산수서」와 유휘의 「구장산술」 사이에 이루어진 수학 발달을 가늠할 수 있었다. 그러나 「산수서」 석문의 현재 상태는 서술 순서에 문제가 많고, 모호한 표현, 오독된 부분들도 상당수 있어서 앞으로 철저한 비판적 검토를 거쳐야 할 것으로 여겨진다. 이러한 자료 편집은 고고학(특히 간백연구(簡帛硏究)), 문헌학 등의 도움을 필요로 하는 만치 앞으로 관련분야 연구의 진척과 더불어 정리되어 동양 최초의 수학서인 「산수서」의 의의가 보다 본격적으로 파헤쳐지기를 기대해본다.

참고문헌

웨난(岳南) (2001), 마왕퇴의 귀부인, 이익희 역, 일빛.

周一謀 (2000), 고대중국의학의 재발견, 김남일·인창식 역, 법인문화사.

차종천 (2000a), "중·고교 수학교육을 위한 산학 개방술의 효용성." 수학교육학술지 5: 211-219.

차종천 역 (2000b), 九章算術·周髀算經, 범양사출판부.

차종천 (2001), "구장산술에도 유클리드 호제법 나온다." 과학동아 182: 120-123.

江陵張家山漢簡整理小組 (2000), "江陵張家山漢簡「算數書」釋文." 文物 532: 78-84.

李學勤 (2001), 簡帛佚籍與學術史, 江西教育出版社.

張家山漢墓竹簡整理小組 (1985), "江陵張家山漢簡概述." 文物 344: 9-15.

彭浩 (2000), "中國最早的數學著作「算數書」." 文物 532: 85-90.

荊州地區博物館 (1985), "江陵張家山三座漢墓出土大批竹." 文物 344: 1-8.

Euclid (1956), *The Thirteen Books of Euclid's Elements,* Trans. by Thomas L. Heath. 2nd ed. New York: Dover.

구장산술 九章算術

[위] 유휘 주(魏 劉徽 注)

유휘의「구장산술주」원서(劉徽九章算術注原序)

옛날에 포희씨는 처음으로 팔괘를 그려, 신명스러운 덕을 체득하고 만물의 실정을 헤아렸으며, 구구 곱셈법을 만들어 육효의 변화에 부합되었다. 황제에 이르러서는 그것을 더욱 신통하게 발달시켜서, 적용하고 확대하여 역법을 세우고, 음률을 조화롭게 하고, 도의 근본을 논하는데 썼으니, 그런 다음에야 비로소 음양과 사상의 오묘한 현상을 이해하고 배울 수 있었던 것이다. 기록에는 예수가 수를 만들었다고도 하나, 그 자세한 것은 알 길이 없다. 돌이켜 보면, 주공이 예를 제정하면서 구수를 두었는데, 구수를 계승·발전시킨 것이 바로 이 구장이다.

지난날 포악한 진시황이 분서갱유를 일으켜 경서와 술서들이 흩어지고 파괴되었다. 그 후 한나라 북평후 장창과 대사농중승 경수창이 모두 산술을 잘해서 세상에 이름이 드높았다. 장창 등은 옛 글가운데 남은 것들에 의거하여 각각 헤아려서 첨삭을 가했다. 그러므로 그들이 교열한 항목들은 간혹 옛 것과 다를 수는 있어도, 가깝다고 말하는 논자들이 많다.

나는 소시 적에 구장을 배웠고, 장성해서는 다시금 자세히 정독하게 되었는데, 음양의 갈라짐을 관찰하고, 산술의 근원을 종합하여, 함축적 의미를 탐색하던 끝에 마침내 그 뜻을 터득하였다. 이로써 감히 완고하고 노둔함을 무릅쓰고 본 것들을 모아서 주를 달았는데, 사물들을 분류하고 서로 따져보니, 각각 귀결점이 있다. 그러므로 나뭇가지가 비록 나뉘어져 있어도 뿌리와 줄기가 같듯이 지식도 같은 곳에서 나올 뿐이다. 또한 말로써 이치를 분석하면서, 원리, 응용,

밑그림을 파헤쳤으므로, 역시 간략하면서도 두루 적용되고, 널리 통용되면서도 지저분하지 않다고 이를 읽는 많은 사람들이 생각해주기를 바라게 된다. 또 산술은 육예에 들어 있어서, 옛날에는 손님을 접대하고, 능력있는 자를 발탁하며, 나라 안 자제들을 가르치는데 쓰였다. 비록 구수라고 할지라도, 미세한 데까지 파고 들어가 탐구하고 측정하기는 어렵다. 심지어 풀이법으로 전해 내려오는 것들조차도 오히려 컴퍼스, 곡척, 자, 되를 갖추어 함께 제시해야 되는 만큼 여간 어려운 게 아니다. 이제 와서는 이것을 좋아하는 사람도 드무니, 비록 재능과 학식이 통달한 사람들이 세상에 많더라도, 반드시 이것까지 잘할 수는 없다.

주나라 관직인 대사도는 하지에 해가 남중할 때 8자 짜리 막대를 세워서, 그 그림자가 1자 5치가 되면, 그것을 "지중"이라고 불렀다. 「주비산경」은 남쪽으로 해를 곧바로 인 곳까지의 거리가 15,000리라고 했는데, 그렇게 말한 것은 산술로 추정한 것이다. 구장이 네 개의 막대(사표)를 세워서 먼 곳을 바라보고, 나무를 이용해 산을 바라보는 방법으로서 끝과 경계가 모두 서로 드러난다는 점을 상기하면, 이와 같이 막연할 것은 없다. 그러나 장창 등의 산술은 아직 모든 숫자들을 철저히 활용하기에는 미흡하다. 나는 구수에 중차라는 개념이 있음을 찾아내어, 그 취지를 살려 바로 이 문제에 적용해보았다. "무릇 지극히 높은 것을 바라보고, 아주 깊은 것을 측량해서 그 거리를 알아내려면, 반드시 중차를 이용해야 한다. 직각삼각형은 반드시 중차를 비율로 삼아야만 하므로, 중차라고 하는 것이다. 낙양성에 막대 두 개를 세워서, 높이는 8자가 되게 하고, 남북 양쪽 평지 끝에 두어 같은 날 해가 남중할 때의 그림자를 재도록 한다. 그림자의 차이를 나눗수, 막대 높이와 막대간 거리의 곱을 나뉨수로 삼아서 나눴을 때 얻어진 값에 막대 높이를 더하면, 곧 해에서 땅까지의 거리가 된다. 남쪽 막대 그림자와 막대간 거리의 곱을 나뉨수로 삼아서 나눠주면, 곧 남쪽 막대로부터 남쪽의 해를 곧바로 인 곳(남대일하)까지의 거리가 된다." 남쪽으로 해를 곧바로 인 곳까지의 거리와 해에서 땅까지의 거리를 각각 밑변과 높이라고 하여, 빗변을 구하면, 곧 해로부터 사람까지의 거리가 된다. 지름이 1치인 대나무통으로 해를 바라보아서 해가 통 내부에 꽉 들이찰 때, 대통의 길이를 높이의 비율, 대통의 지름을 밑변의 비율, 그리고 해에서 사람까지의 거리를 큰 삼각형의 높이로 삼으면, 큰 삼각형의 밑변이 곧 해의 지름이 된다. 비록 하늘의 궁륭 모양도 잴 수 있을 정도인데, 하물며 태산의 높이와 강이나 바다의 넓이쯤이야 더 말할 나위가 있겠는가? 나는 오늘날 남아있는 역사기록들을 참조하고, 또한 천지간의 사물들을 대략이나마 예시하면서, 그 수치들을 고찰·논의하여, 그것들을 기록에 실어 산술의 묘미를 세상에 밝히려고 한다. 급작스레 중차에 관한 부분을 지어서 주해를 붙이고, 옛 사람의 뜻을 연구하여, 구고장 아래에 덧붙였다. 높이를 재려면 중표, 깊이를 측량하려면 누구를 쓰면 되고, 외떨어진 것은 세 군데서 바라보고, 떨어진 데다 드넓기까지 한 걸 알아내려면 네 군데서 바라보면 된다. 경험적으로 유추하여 확장시켜 나가노라면, 제아무리 깊고, 멀고, 괴이하고, 숨겨져 있다한들 파고들지 못할 곳이 없으리라. 박물군자들이시여, 자세히 살피시라.

[그림 1] 당대의 복희-여와 부부 그림(중국 신강성 위글자치구박물관 소장)

주해 "지름이 1치인 대나무 통으로 해를 바라보아서 해가 통 내부에 꽉 들이찰 때, 대통의 길이를 높이의 비율, 대통의 지름을 밑변의 비율, 그리고 해에서 사람까지의 거리를 큰 삼각형의 높이로 삼으면, 큰 삼각형의 밑변이 곧 해의 지름이 된다."는 말은 「주비산경」(周髀算經) 속에서 진자(陳子)가 영방(榮方)에게 한 말과 일치하며,

$$\frac{\text{대통의 지름}(=1\text{치})}{\text{대통의 길이}}=\frac{\text{해의 지름}}{\text{해에서 사람까지의 거리}}$$

라는 비례관계를 이용하여 해의 지름을 구하려고 한 것을 나타낸다. 즉,

$$\text{해의 지름} = \frac{\text{해에서 사람까지의 거리}}{\text{대통의 길이(단위 : 치)}}$$

이다.

昔在包犧[37]氏始畫八卦[38], 以通神明之德, 以類萬物之情, 作九九之術[39]以合六爻之變[40]. 暨於黃帝神面化之, 引而伸之, 於是建曆紀, 協律呂, 用稽道原, 然後兩儀四象[41]精微之氣可得而效焉. 記稱隷首[42]作數,其詳未之聞也. 按周公制禮而有九數[43], 九數之流, 則九章是矣.

---

37) "포희(包犧)"는 흔히 복희(伏羲)로도 불리는 전설적인 인물로서 결승(結繩), 구구(九九), 컴퍼스와 곡척(規矩), 팔괘를 만들었다고 전한다.

38) "팔괘(八卦)"는 건(乾), 곤(坤), 진(震), 손(巽), 감(坎), 이(离), 간(艮), 태(兌)를 말하며, 각괘는 양효(陽爻)와 음효(陰爻) 중 셋으로 이루어진 서로 다른 조합을 가리킨다.

39) "구구"는 구구 곱셈을 말함.

40) 한 괘가 6개의 효로 이루어져 있으므로 경우의 수는 모두 $2^6 = 64$가지이다. 주역(周易) 계사(繫辭)에서 "爻者,言乎變者也."라고 한 것처럼, 효는 변동 또는 변화의 뜻을 나타낸다.

41) 「주역」 "계사(繫辭)"에서 "易有太極,是生兩儀."라고 하고, 또 "兩儀生四象."이라고 한 것처럼, 양의는 음양(陰陽)을 가리키는 것으로, 그리고 사상은 그것이 노소(老少)에 의해 추가적으로 나눠진 것으로 볼 수 있다.

42) "예수(隷首)"는 황제(黃帝)때 숫자를 만들었다고 일컬어지는 인물이지만, 정작 출처는 저자미상의 「世本」 뿐이다.

43) 「주례(周禮)」는 "養國子以道,乃教之六藝,...,六曰九數."라고 하였으나, "구수"가 구체적으로 무엇을 가리키는지는 밝히지 않았다. 한(漢)나라 정현(鄭玄)이 「주례」에 주를 달면서, "九數: 方田,粟米,差分,少廣,商功,均輸,方程,贏不足,旁要 今有重差, 夕桀, 句股也."라고 풀이하였지만, "균수"가 한 무제(武帝)때 부세(賦稅)제도라는 반론을 감안한다면, 「구수(九數)」와 「구장산술」의 장명(章名)이 반드시 일치한다고 보기는 어렵다.

往者暴秦焚書, 經術散壞. 自時厥後, 漢北平侯張蒼, 大司農中丞耿壽昌皆以善算命世. 蒼等因舊文之遺殘, 各稱刪補[44]. 故校其目則與古或異,而所論者多近語也.

徽幼習九章, 長再詳覽. 觀陰陽之割裂, 總算術之根源, 探賾[45]之暇,遂悟其意. 是以敢竭頑魯, 采其所見, 爲之作注. 事類相推, 各有攸歸, 故枝條雖分而同 本榦者, 知發其一端而已. 又所析理以辭, 解體用圖, 庶亦約而能周, 通而不黷, 覽之者思過半矣. 且算在六藝[46], 古者以賓興賢能,教習國子. 雖曰九數, 其能窮纖入微, 探測無方. 至於以法相傳, 亦猶規矩度量可得而共, 非特難爲也. 當今好之者寡,故世雖多通才達學, 而未必能綜於此耳.

周官大司徒職, 夏至日中立八尺之表, 其景尺有五寸, 謂之地中[47]. 說云, 南戴日下萬五千里[48]. 夫云爾者,以術推之. 按九章立四表望遠及因木望山之術, 皆端旁互見, 無有超邈若斯之類. 然

44) 장창(張蒼)은 한 고조(高祖) 6년(B.C. 201년)에 전공을 세워 북평후(北平侯)에 봉해지고, 고후(高后) 8년(B.C. 180년) 어사대부가 되었다가, 문제(文帝) 4년(B.C. 176년) 승상이 되었으며, 음양, 율력, 산술에 밝았다. 경수창(耿壽昌)은 한 선제(宣帝)때(B.C. 73-49년) 대사농을 지냈으며, 산술과 경제에 능했으며, 천문에도 정통하여 혼천설을 주장했다.

45) "색(賾)"은 "함축"을 가리키며, "탐색(探賾)"은 「주역」 계사전 상(繫辭傳上)에 나오는 말로서 "함축을 찾으면, (그것에) 도달할 수 있다(含蓄者,探之可及)"는 뜻이다. 이 말은 조상(趙爽)의 「주비산경」 서문에도 등장한다.

46) "육예"는 예(禮), 악(樂), 사(射), 어(御), 서(書), 수(數)를 말한다.

47) "지중(地中)"은 지리적으로 나라의 중심지라는 뜻으로서 주(周)왕조 때는 낙읍(洛邑 또는 洛陽)을 가리켰다. 「주례(周禮)」에는 "以土圭之法,測土深,正日景,以求地中." "日至之景,尺有五寸,謂之地中."이라는 구절이 보인다.

48) 「주비산경」은 "周髀長八尺,句之損益寸千里."라고 했는데, "구(句)"는 바로 막대의 그림자를 가리킨다. 따라서 8자 막대의 그림자 길이가 1자 5치가 되면, 태양 바로 아래 지점이 낙양으로부터 15,000리 떨어진 곳에 있다는 말이 된다.

則蒼等爲術猶未足以博盡羣數也. 徽尋九數有重差之名, 原其指趣乃所以施於此也.「凡望極高, 測絶深而兼知其遠者必用重差, 句股則必以重差爲率, 故曰重差也. 立兩表於洛陽之城, 令高八尺. 南北各盡平地, 同日度其正中之景. 以景差爲法, 表高乘表間爲實, 實如法而一, 所得加表高, 卽日去地也. 以南表之景乘表間爲實, 實如法而一, 卽爲從南表至南戴日下也.」以南戴日下及日去地爲句, 股, 爲之求弦, 卽日去人也. 以徑寸之筩南望日, 日滿筩空,則定筩之長短以爲股率, 以筩徑爲句率, 日去人之數爲大股, 大股之句卽日徑也. 雖天圓穹之象猶曰可度, 又況泰山之高與江海之廣哉. 徽以爲今之史籍且略擧天地之物, 考論厥數,載之於志, 以闡世術之美. 輒造重差, 幷爲注解, 以究古人之意,綴於句股之下. 度高者重表,測深者累矩[49], 孤離者三望[50], 離而又旁求者四望[51]. 觸類而長之,則雖幽遐詭伏,靡所不入. 博物君子,詳而覽焉.

제 1 권 방전(方田)

"방전"으로써 전답의 경계와 넓이를 다룬다.

49) "중표"와 "누구"는 중차술 목적으로 여러 개의 막대와 곡척을 사용하는 것을 가리킨다.

50) 이른 바 "삼차측망(三次測望)"을 가리킨다.「海島算經」의 2번 문제를 참조.

51) 이른 바 "사차측망(四次測望)"을 가리킨다.「海島算經」의 7번 문제를 참조.

方田[52], 以御[53]田疇界域

[1-1] 지금 밭이 있는데, 가로가 15보, 세로가 16보이다. 밭의 넓이는 얼마인가?

답 : 1무

주해 $15 \times 16 = 240$ 보$^2 = 1$무.

今有[54]田廣十五步, 從十六步. 問爲田幾何?

答曰, 一畝.

[1-2] 또 다른 밭이 있는데, 가로가 12보, 세로가 14보이다. 밭의 넓이는 얼마인가?

답 : 168 보^2

---

52) "방전"은 고대에 정사각형과 직사각형 밭을 두루 가리켰던 말이다. 그 말 속에는 또한, 당나라때 이적(李籍)이 「九章算術音義」에서 "方田者,田之正也. 諸田不等,以方爲正,故曰方田."이라고 한 것처럼, 경지정리적인 뜻이 담겨져 있다.

53) "以御"는 "다스리다, 처리하다(理)"의 뜻으로 쓰였다.

54) 문제마다 "지금...이 있다(今有...)"고 시작하고, 유제를 덧붙일 경우에는 "또...이 있다(又有...)"고 하고 있는데, 이하의 번역에서 "지금"이라는 말은 생략하기로 한다.

풀이법(방전술)에 따라서, 가로와 세로의 보수를 서로 곱하면, 넓이의 보(보^2)가 되고, 무의 환산율 240 보^{2}로 그것을 나눠주면, 곧 무수가 된다. 100무는 1경이다.

주해 $12 \times 14 = 168$ 보^2.

又有田廣十二步, 從十四步. 問爲田幾何?

百六十八步[55].

方田術曰, 廣從步數相乘得積步[56]. 以畝法[57]二百四十步除之, 卽畝數. 百畝爲一頃.

[1-3] 밭이 있는데, 가로가 1리, 세로가 1리이다. 밭의 넓이는 얼마인가?

답 : 3경 75무.

주해 1리=300보, 1무=240 보^2, 1경=100무이므로, 다음의 계산이 성립된다.

$$1 \times 1 \text{ 리}^2 = 300 \times 300 \text{ 보}^2 = \frac{90000}{240} \text{ 무} = 375\text{무} = 3\text{경 } 75\text{무}.$$

---

55) 고대에는 길이, 넓이, 부피 단위간의 구분이 뚜렷하지 않았으므로, 이와 같은 제곱보도 그냥 “보”라고 지칭되기 일쑤였다.

56) “적보(積步)”는 고대에도 제곱보의 관념이 없지 않았음을 보여준다.

57) 「광운(廣韻)」에 “畝,司馬法, 六尺爲步, 步百爲畝. 秦孝公之制, 二百四十步爲一畝.”라는 기록이 보이며, 「염철론(鹽鐵論)」에서는 “古者制田百步爲畝, 先帝哀憐百姓之愁苦, 衣食不足, 制田二百四十步而一畝.”라고 하였다.

今有田廣一里, 從一里. 問爲田幾何?
答曰, 三頃七十五畝.

[1-4] 또 다른 밭이 있는데, 가로가 2리, 세로가 3리이다. 밭의 넓이는 얼마인가?
답 : 22경 50무.

풀이법(리전술)에 따라서, 가로와 세로의 리 수를 서로 곱하면, 넓이의 리(리^2)를 얻고, 375로 그것을 곱하면, 곧 무수를 얻는다.

주해 풀이법에서 말하는 375라는 값은, 앞 문제([1-3])에서 이미 확인한 바와 같이, 리^{2}을 무로 환산할 때의 비율을 가리킨다.

$$\frac{(2\times300)\times(3\times300)}{240}=2\times3\times\frac{90000}{240}$$
$$=2\times3\times375=2250\text{무}=22\text{경 }50\text{무}.$$

又有田廣二里, 從三里. 問爲田幾何?
答曰, 二十二頃五十畝.
里田術曰, 廣從里數相乘, 得積里, 以三百七十五乘之, 卽畝數.

[1-5] $\frac{12}{18}$가 있다. 그것을 약분하면, 얼마인가?

답 : $\frac{2}{3}$.

주해 $\frac{12}{18}=\frac{6\times2}{6\times3}=\frac{2}{3}$.

今有十八分之十二. 問約之得幾何?
答曰, 三分之二.

[1-6] 또한 $\frac{49}{91}$가 있다. 그것을 약분하면, 얼마인가?

답 : $\frac{7}{13}$.

풀이법(약분술)에 따라서, 반으로 나눌 수 있는 것은 반으로 나누면 되고, 반으로 나뉘어지지 않는 것은 분모·분자의 수를 다른 곳에 놓고, 큰 것에서 작은 것을 빼고 나서, 다시 서로 서로 빼주는 일을 되풀이하여 그것들이 같아지는 것을 구하여 같은 수(등수)로써 그것들을 나눈다.

주해 $\frac{49}{91}=\frac{7\times7}{7\times13}=\frac{7}{13}$.

한편, 풀이법에서는 최대공약수를 이른 바 "유클리드 호제법"에 의

해서 구하고 있으며, 그것을 "등수"라고 부르고 있는데, 이와 같이 최대공약수를 "등수"라고 부른 것은 「손자산경」 [中-1]과 「장구건산경」의 서문에서도 찾아볼 수 있다.

又有九十一分之四十九. 問約之得幾何?
答曰, 十三分之七.
約分術曰, 可半者半之, 不可半者, 副置分母子之數, 以少減多, 更相減損, 求其等也. 以等數約之.

[1-7] $\frac{1}{3}$과 $\frac{2}{5}$가 있다. 그것들을 더하면, 얼마인가?

답 : $\frac{11}{15}$.

주해 $\frac{1}{3}+\frac{2}{5}=\frac{5+6}{15}=\frac{11}{15}$.

今有三分之一, 五分之二. 問合之得幾何?
答曰, 十五分之十一.

[1-8] 또한 $\frac{2}{3}$, $\frac{4}{7}$, $\frac{5}{9}$가 있다. 그것들을 더하면, 얼마인가?

답 : $1\frac{50}{63}$.

주해 $\frac{2}{3}+\frac{4}{7}+\frac{5}{9}=\frac{42+36+35}{63}=\frac{113}{63}=1\frac{50}{63}$.

又有三分之二, 七分之四, 九分之五. 問合之得幾何?
答曰, 得一, 六十三分之五十.

[1-9] 또한 $\frac{1}{2}$, $\frac{2}{3}$, $\frac{3}{4}$, $\frac{4}{5}$가 있다. 그것들을 더하면, 얼마인가?

답 : $2\frac{43}{60}$.

풀이법(합분술)에 따라서, 분모와 분자를 서로 곱해서 더한 것을 나뉨수로 삼고 분모들끼리 서로 곱한 것을 나눗수로 삼아서 나뉨수를 나눗수로 나눈다. 더 이상 나뉘어지지 않는 것은 나눗수로 이름을 붙인다. 분모가 같은 것들은 그대로 서로 더하면 된다.

주해
$$\frac{1}{2}+\frac{2}{3}+\frac{3}{4}+\frac{4}{5}=\frac{30+40+45+48}{60}=\frac{163}{60}=2\frac{43}{60}.$$

又有二分之一, 三分之二, 四分之三, 五分之四. 問合之得幾何?
答曰, 得二, 六十分之四十三.
合分術曰, 母互乘子, 幷以爲實, 母相乘爲法, 實如法而一. 不滿法者, 以法命之[58]. 其母同者, 直相從之.

[1-10] $\frac{8}{9}$ 이 있는데, 그것에서 $\frac{1}{5}$ 을 빼려고 한다. 나머지는 얼마인가?

답 : $\frac{31}{45}$.

주해 $\frac{8}{9} - \frac{1}{5} = \frac{40-9}{45} = \frac{31}{45}$.

> 今有九分之八, 減其五分之一. 問餘幾何?
> 答曰, 四十五分之三十一.

[1-11] 또 $\frac{3}{4}$ 이 있는데, 그것에서 $\frac{1}{3}$ 을 빼려고 한다. 나머지는 얼마인가?

답 : $\frac{5}{12}$.

풀이법(감분술)에 따라서, 분모와 분자를 서로 곱해서 큰 것에서 작은 것을 뺀 나머지를 나뉨수로 삼고 분모들끼리 서로 곱한 것을 나눗수로 삼아서 나뉨수를 나눗수로 나눈다.

주해 $\frac{3}{4} - \frac{1}{3} = \frac{9-4}{12} = \frac{5}{12}$.

58) "不滿法者"는 나뉨수가 나눗수보다 작은 경우를 가리킨다. "以法命之"는, 이를테면, $\frac{43}{60}$ 을 "60분의 43"이라고 하듯이, "나눗수 분의 몇"이라고 부른다는 뜻이다.

又有四分之三, 減其三分之一. 問餘幾何?

答曰, 十二分之五.

減 分術曰, 母互乘子, 以少減多, 餘爲實, 母相乘爲法, 實如法而一.

[1-12] $\frac{5}{8}$ 와 $\frac{16}{25}$ 이 있다. 어느 쪽이 크며, 얼마나 큰가?

답 : $\frac{16}{25}$ 이 크고, $\frac{3}{200}$ 만큼 크다.

주해 $\frac{16}{25}-\frac{5}{8}=\frac{128-125}{200}=\frac{3}{200}$.

今有八分之五, 二十五分之十六. 問孰多, 多幾何?

答曰, 二十五分之十六多, 多二百分之三.

[1-13] 또 $\frac{8}{9}$ 과 $\frac{6}{7}$ 이 있다. 어느 쪽이 크며, 얼마나 큰가?

답 : $\frac{8}{9}$ 이 크고, $\frac{2}{63}$ 만큼 크다.

주해 $\frac{8}{9}-\frac{6}{7}=\frac{56-54}{63}=\frac{2}{63}$.

又有九分之八, 七分之六. 問孰多, 多幾何?

答曰, 九分之八多, 多六十三分之二.

[1-14] 또 $\frac{8}{21}$ 과 $\frac{17}{50}$ 이 있다. 어느 쪽이 크며, 얼마나 큰가?

답 : $\frac{8}{21}$ 이 크고, $\frac{43}{1050}$ 만큼 크다.

풀이법(과분술)에 따라서, 분모와 분자를 서로 곱해서 큰 것에서 작은 것을 뺀 나머지를 나뉨수로 삼고 분모들끼리 서로 곱한 것을 나눗수로 삼아서 나뉨수를 나눗수로 나눠주면, 곧 서로의 차이가 나온다.

주해 $\frac{8}{21} - \frac{17}{50} = \frac{400-357}{1050} = \frac{43}{1050}$.

又有二十一分之八, 五十分之十七. 問孰多, 多幾何?

答曰, 二十一分之八多, 多一千五十分之四十三.

課分[59]術曰, 母互乘子, 以少減多, 餘爲實, 母相乘爲法, 實如法而一, 卽相多也.

59) "과분(課分)"은 분수들의 크기를 비교한다는 뜻이다.

[1-15] $\frac{1}{3}$, $\frac{2}{3}$, $\frac{3}{4}$이 있다. 큰 쪽에서 빼서 작은 쪽을 덧붙이면 각각 얼마가 되어서 고르게 되는가?

답 : $\frac{3}{4}$으로부터 $\frac{2}{12}$, $\frac{2}{3}$로부터 $\frac{1}{12}$을 빼서 합하여 $\frac{1}{3}$에 덧붙이면 각각 $\frac{7}{12}$로 고르게 된다.

주해 이 문제와 다음 문제([1-16])는 분수들의 산술평균($\overline{X}$)을 "평분술"로 구하라는 것이지만, 동시에 개별 관찰값과 평균 사이의 편차들(deviations from the mean)의 합이 0이 된다는 점에 주목한 것이다.

$$\overline{X}=\frac{\frac{1}{3}+\frac{2}{3}+\frac{3}{4}}{3}=\frac{\frac{4+8+9}{12}}{3}=\frac{7}{12},$$

$$\frac{1}{3}-\frac{7}{12}=-\frac{3}{12},$$

$$\frac{2}{3}-\frac{7}{12}=\frac{1}{12},$$

$$\frac{3}{4}-\frac{7}{12}=\frac{2}{12}.$$

$$\begin{aligned}\sum(X_i-\overline{X})&=\left(\frac{1}{3}-\frac{7}{12}\right)+\left(\frac{2}{3}-\frac{7}{12}\right)+\left(\frac{3}{4}-\frac{7}{12}\right)\\&=-\frac{3}{12}+\frac{1}{12}+\frac{2}{12}=0\end{aligned}$$

이 문제는 「손자산경」 [中-4]에서도 찾아볼 수 있다.

今有三分之一, 三分之二, 四分之三. 問減多益少, 各幾何而平?
答曰, 減四分之三者二, 三分之二者一, 幷以益三分之一, 而各平於十二分之七.

[1-16] 또 $\frac{1}{2}$, $\frac{2}{3}$, $\frac{3}{4}$이 있다. 큰 쪽에서 빼서 작은 쪽을 덧붙이면 각각 얼마가 되어서 고르게 되는가?

답 : $\frac{2}{3}$로부터 1, $\frac{3}{4}$으로부터 4를 빼서 합하여 $\frac{1}{2}$에 덧붙이면 각각 $\frac{23}{36}$으로 고르게 된다.

풀이법(평분술)에 따라서, 분모와 분자를 서로 곱해서, 따로 합한 것을 평실로, 분모들끼리 서로 곱한 것을 나눗수로 삼고, 더하기 이전의 것을 각각 열수로 곱해서 열실로 삼는다. 또한 열수로 나눗수를 곱하고, 평실로 열실을 덜어낸 나머지를 약분하여 덜어낸 바로 삼는다. 덜어낸 바들을 더한 것과 (평실)보다 적은 것을 더하여 나눗수로 평실을 부르면, 각각 그것의 평균값이 된다.

주해

$$\frac{1}{2}-\frac{23}{36}=-\frac{5}{36},$$

$$\frac{2}{3}-\frac{23}{36}=\frac{1}{36},$$

$$\frac{3}{4}-\frac{23}{36}=\frac{4}{36}.$$

又有二分之一, 三分之二, 四分之三. 問減多益少, 各幾何而平?
答曰, 三分之二者一, 減四分之三者四, 并以益二分之一, 而各平於三十六分之二十三.
平分[60]術曰, 母互乘子, 副并[61]爲平實, 母相乘爲法, 以列數乘未并者各自爲列實. 亦以列數乘法, 以平實減列實, 餘, 約之爲所減. 并所減以益於少, 以法命平實, 各得其平.

[1-17] $8\frac{1}{3}$ 전을 나누는 일곱 사람이 있다. 각자 얼마씩 얻겠는가?
답 : 각자 $1\frac{4}{21}$ 전씩을 얻는다.

주해 이 문제와 다음 문제([1-18])는 분수가 포함되어 있는 돈이나 물건을 사람 수대로 나누어 1인당 몫을 구하는 이른 바 "경분술"에 관한 것인데, 이와 같은 개념은 「산수서」에서도 찾아볼 수 있다.

$$\frac{8\frac{1}{3}}{7} = \frac{25}{21} = 1\frac{4}{21}.$$

今有七人,分八錢三分錢之一. 問人得幾何?
答曰,人得一錢,二十一分錢之四.

60) "평분(平分)"은 분수들의 평균을 구한다는 뜻이다.
61) "副并"은 "따로 자리를 만들어 합한다(別兼算位,有所合也)"는 뜻이다.

[1-18] 또 $6\frac{1}{3}$ 전과 $\frac{3}{4}$ 전을 나누는 $3\frac{1}{3}$ 인이 있다. 각자 얼마씩 얻겠는가?

답 : 각자 $2\frac{1}{8}$ 전씩을 얻는다.

풀이법(경분술)에 따라서, 사람 수를 나눗수, 돈의 양을 나뉨수로 하여 나뉨수를 나눗수로 나누고, 통분이 되면 그렇게 한다.

주해

$$\frac{6\frac{1}{3}+\frac{3}{4}}{3\frac{1}{3}}=\frac{\frac{19}{3}+\frac{3}{4}}{\frac{10}{3}}=\frac{\frac{76+9}{12}}{\frac{10}{3}}=\frac{85}{40}=2\frac{1}{8}.$$

今有三人, 三分人之一, 分六錢三分錢之一, 四分錢之三. 問人得幾何?
答曰, 人得二錢, 八分錢之一.
經分[62]術曰, 以人數爲法, 錢數爲實, 實如法而一. 有分者通之, 重有分者同而通之.

[1-19] 밭이 있는데, 가로가 $\frac{4}{7}$ 보, 세로가 $\frac{3}{5}$ 보이다. 밭의 넓이는 얼마인가?

62) "경분(經分)"은 한 사람에게 돌아가는 몫을 구한다는 뜻이다. 「산수서」에서는 "經分"을 "徑分"으로 표기하고 있다.

답 : $\frac{12}{35}$ 보^2.

주해 $\frac{4}{7}\times\frac{3}{5}=\frac{12}{35}$.

> 今有田廣七分步之四, 從五分步之三. 問爲田幾何?
> 答曰, 三十五分步之十二.

[1-20] 또 다른 밭이 있는데, 가로가 $\frac{7}{9}$ 보, 세로가 $\frac{9}{11}$ 보이다. 밭의 넓이는 얼마인가?
답 : $\frac{7}{11}$ 보^2.

주해 $\frac{7}{9}\times\frac{9}{11}=\frac{7}{11}$.

> 又有田廣九分步之七, 從十一分步之九. 問爲田幾何?
> 答曰, 十一分步之七.

[1-21] 또 다른 밭이 있는데, 가로가 $\frac{4}{5}$ 보, 세로가 $\frac{5}{9}$ 보이다. 밭

의 넓이는 얼마인가?

답 : $\frac{4}{9}$보^2.

풀이법(승분술)에 따라서, 분모들끼리 서로 곱한 것을 나눗수로 하고 분자들끼리 서로 곱한 것을 나뉨수로 하여 나뉨수를 나눗수로 나눈다.

주해 $\frac{4}{5}\times\frac{5}{9}=\frac{4}{9}$.

> 又有田廣五分步之四, 從九分步之五. 問爲田幾何?
> 答曰, 九分步之四.
> 乘分術曰, 母相乘爲法, 子相乘爲實, 實如法而一.

[1-22] 밭이 있는데, 가로가 $3\frac{1}{3}$보, 세로가 $5\frac{2}{5}$보이다. 밭의 넓이는 얼마인가?

답 : 18보^2.

주해 이 문제와 다음 두 문제는 모두 이른 바 "대광전술"에 관련된 것들이다. "대광전술"은 「산수서」에서는 "대광술(大廣術)"이라고 지칭되었는데, 역시 대분수들 사이의 곱셈을 가리킨다.

$$3\frac{1}{3}\times5\frac{2}{5}=\frac{10}{3}\times\frac{27}{5}=18.$$

今有田廣三步, 三分步之一, 從五步, 五分步之二. 問爲田幾何?
答曰, 十八步.

[1-23] 또 다른 밭이 있는데, 가로가 $7\frac{3}{4}$ 보, 세로가 $15\frac{5}{9}$ 보이다. 밭의 넓이는 얼마인가?
답 : $120\frac{5}{9}$ 보^2.

주해 $7\frac{3}{4}\times 15\frac{5}{9}=\frac{31}{4}\times\frac{140}{9}=\frac{1085}{9}=120\frac{5}{9}$.

又有田廣七步, 四分步之三, 從十五步, 九分步之五. 問爲田幾何?
答曰, 一百二十步, 九分步之五.

[1-24] 또 다른 밭이 있는데, 가로가 $18\frac{5}{7}$ 보, 세로가 $23\frac{6}{11}$ 보이다. 밭의 넓이는 얼마인가?
답 : 1무 $200\frac{7}{11}$ 보^2.

풀이법(대광전술)에 따라서, 분모들을 각각 그의 몫과 곱하고 분자를 더한 다음, 서로 곱한 것을 나뉨수로 삼는다. 분모들끼리 서로 곱한 것을 나눗수로 삼아서, 나뉨수를 나눗수로 나눈다.

주해 $18\frac{5}{7}\times 23\frac{6}{11} = \frac{131}{7}\times\frac{259}{11} = \frac{33939}{77}$

$= 440\frac{7}{11}$ 보^2 $=$ 1무 $200\frac{7}{11}$ 보^2.

又有田, 廣十八步, 七分步之五, 從二十三步, 十一分步之六. 問爲田幾何?

答曰, 一畝二百步, 十一分步之七.

大廣田[63]術曰, 分母各乘其全, 分子從之, 相乘爲實. 分母相乘爲法. 實如法而一.

[1-25] 이등변삼각형 밭(규전)이 있는데, 밑변이 12보, 높이가 21보이다. 밭의 넓이는 얼마인가?

답 : 126 보^2.

주해 $\frac{12\times 21}{2} = 126$. 이것을 그래프로 나타내면, 다음과 같다.

---

63) "대광전"에 대해, 이순풍(李淳風)은 "大廣田者,初術直有全步而無餘分,次術空有餘分而無全步,次術先見全步復有餘分,可以廣兼三術,故曰大廣."이라는 주석을 덧붙이고 있는데, 이런 문제를 푸는 데 방전술과 승분술 두 종류--도합 세 가지 방법--가 동원되는 셈이라서 그렇게 부른다는 지적이다.

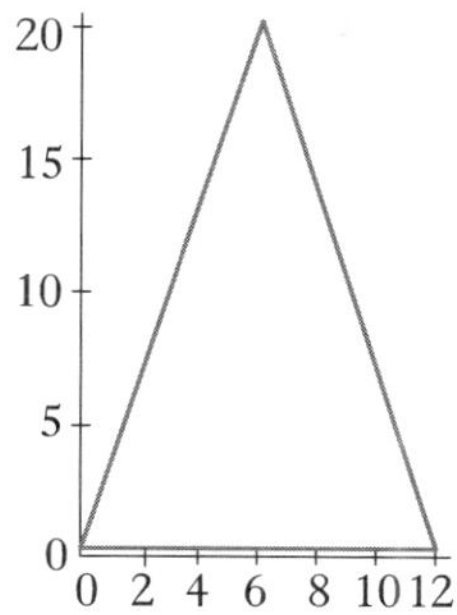

今有圭田[64]廣十二步, 正從二十一步. 問爲田幾何?

答曰: 一百二十六步.

[1-26] 또 다른 이등변삼각형 밭이 있는데, 밑변이 $5\frac{1}{2}$ 보, 높이가 $8\frac{2}{3}$ 보이다. 밭의 넓이는 얼마인가?

답 : $23\frac{5}{6}$ 보^2.

풀이법에 따라서, 밑변의 반을 높이와 곱한다.

주해 $$\frac{5\frac{1}{2}\times 8\frac{2}{3}}{2} = \frac{\frac{11}{2}\times\frac{26}{3}}{2} = \frac{286}{12} = 23\frac{5}{6}.$$

64) "규전"은 이등변삼각형을 가리킨다. 현대중국어로는 "兩等邊三角形" 또는 "等腰三角形"이다.

又有圭田廣五步, 二分步之一, 從八步, 三分步之二. 問爲田幾何?

答曰, 二十三步, 六分步之五.

術曰, 半廣以乘正從[65].

[1-27] 직각사다리꼴의 밭(사전)이 있는데, 한 쪽 너비(윗변)가 30보, 다른 쪽 너비(아래 변)가 42보, 높이가 64보이다. 밭의 넓이는 얼마인가?

답 : 9무 144 보^2.

주해 이 도형의 넓이는

$$\frac{(30+42)\times 64}{2} = 2304\text{보}^2 = 9\text{무}\ 144\text{보}^2$$

로 계산되며, 그래프로 나타내면, 다음과 같다.

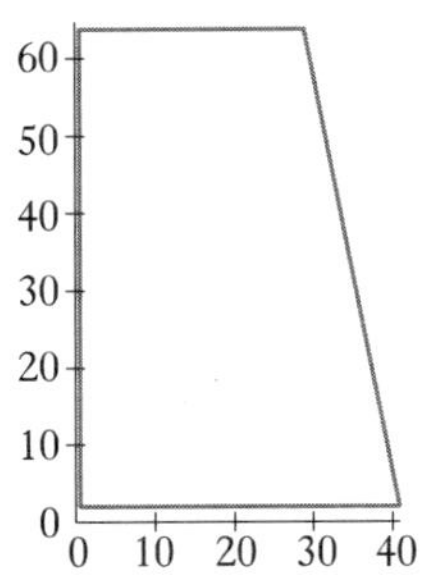

65) 이순풍은 이 풀이법의 의미를 “남는 것으로 빈 곳을 채워 직사각형을 만드는 것(半廣者,以盈補虛爲直田也.)”이라고 설명하면서, 높이를 반으로 나눠 가로를 곱해도 마찬가지라고 지적한다.

今有邪田[66], 一頭廣三十步, 一頭廣四十二步, 正從六十四步. 問爲田幾何?

答曰, 九畝一百四十四步.

[1-28] 또 다른 직각사다리꼴의 밭이 있는데, 너비가 65보, 한 쪽 높이(아래 변)가 100보, 다른 쪽 높이(윗변)가 72보이다. 밭의 넓이는 얼마인가?

답 : 23무 70 보^2.

풀이법에 따라서, (위아래) 양변을 더하여 반으로 나눈 것으로써 높이 내지 너비를 곱한다. 또한 높이 내지 너비를 반으로 나눌 수 있으면, 그것으로 더한 것을 곱하여, 무로 환산하는 나눗수로 나눈다.

주해 $\frac{(100+72)\times 65}{2} = 5590$보^2 = 23무 70보^2.

66) "사전"은 직각사다리꼴을 말하며, 정대위(程大位)의 「산법통종(算法統宗)」에서도 마찬가지 뜻으로 쓰였다. 이황(李潢)의 「구장산술세초도설」은 그것을 일반적인 사다리꼴로 간주하지만, 백상서(白尙恕, 1983 : 32)는 「구장산술」의 원 뜻에는 어긋난다고 비판한다.

又有邪田, 正廣六十五步, 一畔從一百步, 一畔從七十二步. 問爲田幾何?

答曰, 二十三畝七十步.

術曰, 幷兩邪[67]而半之, 以乘正從若廣[68]. 又可半正從若廣, 以乘幷, 畝法而一.

[1-29] 체 모양(등변사다리꼴)의 밭(기전)이 있는데, 혀 너비(아래변)가 20보, 무릎 너비(윗변)가 5보, 높이가 30보이다. 밭의 넓이는 얼마인가?

답 : 1무 135 보^2.

주해 $\frac{(20+5)\times 30}{2}=375$보^2$=1$무 135보^2. 이것을 그래프로 나타내면, 다음과 같다.

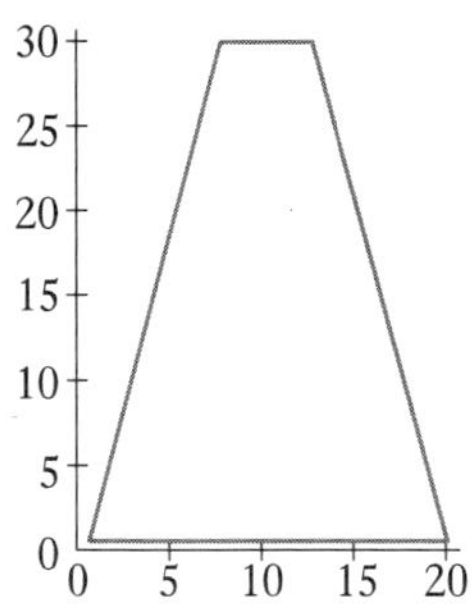

67) "양사(兩邪)"는 "양저(兩底)", 즉, 위・아래 두 변을 가리킨다.

68) "正從若廣"은 사다리꼴의 높이를 너비로 볼 수도 있다는 점에서 "같다"고 한 것이다.

> 今有箕田[69], 舌廣二十步, 踵廣五步, 正從三十步. 問爲田幾何? 答曰, 一畝一百三十五步.

[1-30] 또 다른 체 모양의 밭이 있는데, 혀 너비(아래 변)가 117보, 무릎 너비(윗변)가 50보, 높이가 135보이다. 밭의 넓이는 얼마인가?

답 : 46무 $232\frac{1}{2}$ 보^2.

풀이법에 따라서, 무릎 너비와 혀 너비를 더하여 반으로 나누고, 높이를 곱한 다음, 무로 나타낸다.

주해

$$\frac{(117+50)\times 135}{2} = 11272.5\text{보}^2$$
$$= 46\text{무 } 232.5\text{보}^2.$$

> 又有箕田, 舌廣一百一十七步, 踵廣五十步, 正從一百三十五步. 問爲田幾何?
>
> 答曰, 四十六畝二百三十二步半.
>
> 術曰, 幷踵舌而半之, 以乘正從. 畝法而一.

---

69) "기전(箕田)"은 등변사다리꼴을 가리킨다. 현대중국어로는 "等腰梯形"에 해당한다. 여기서는 이것의 넓게 펼쳐진 부분(아래 변)을 "혀(舌)," 좁게 줄여진 부분(윗변)을 "무릎(踵)"으로 각각 부르고 있으나, 「오조산경」 [田曹-13]에서는 모두 "머리(頭廣)"로 지칭하고 있어서 대조가 된다.

[1-31] 원 모양의 밭(원전)이 있는데, 둘레가 30보, 지름이 10보이다. 밭의 넓이는 얼마인가?

답 : 75 보^2.

주해 $\pi r^2 \simeq 3 \times 5^2 = 75$보^2.

> 今有圓田, 周三十步, 徑十步. 問爲田幾何?
> 答曰, 七十五步[70].

[1-32] 또 다른 원 모양의 밭이 있는데, 둘레가 181보, 지름이 $60\frac{1}{3}$ 보이다. 밭의 넓이는 얼마인가?

답 : 11무 $90\frac{1}{12}$ 보^2.

풀이법에 따라서, 둘레의 반과 지름의 반을 서로 곱하면 넓이를 얻는다. 또한 풀이법에 따라서, 둘레와 지름을 서로 곱하고, 4로 나눈다. 또한 풀이법에 따라서, 지름을 제곱하고, 3을 곱하고 4로 나눈다. 또한 풀이법에 따라서, 둘레를 제곱하고, 12로 나눈다.

---

70) 이 문제는 π 값으로 "古率"인 3이 사용되고 있음을 잘 보여준다. 유휘의 "徽率"은 $\frac{157}{50}$ 을 말하며, 祖冲之(429-500)는 $\frac{22}{7}$ 을 "約率," $\frac{355}{113}$ 을 "密率"이라고 부른 바 있다.

주해 지름 $= R = 2r$, 둘레 $= 2\pi r = 6r$, 넓이 $= S$라고 하면, 위의 풀이법들은, 그 순서대로, 다음과 같이 나타낼 수 있다.

$$\begin{aligned} S &= \frac{\text{둘레}}{2} \times \frac{\text{지름}}{2} = \frac{6r}{2} \cdot \frac{2r}{2} \\ &= \frac{\text{둘레} \times \text{지름}}{4} = \frac{6r \cdot 2r}{4} \\ &= \frac{\text{지름}^2 \times 3}{4} = \frac{(2r)^2 \cdot 3}{4} \\ &= \frac{\text{둘레}^2}{12} = \frac{(6r)^2}{12} \end{aligned}$$

이라는 공식들로 나타낼 수 있으며, 그 값은 물론 모두 $3r^2$, 곧, πr^2으로 귀결된다.

又有圓田, 周一百八十一步, 徑六十步, 三分步之一. 問爲田幾何?
答曰, 一畝九十步, 十二分步之一.
術曰, 半周半徑相乘得積步.
又術曰, 周徑相乘, 四而一.
又術曰, 徑自相乘, 三之, 四而一.
又術曰, 周自相乘, 十二而一.

[1-33] 둥근 언덕 모양의 밭(완전)이 있는데, 아래 둘레가 30보, 정점을 지나는 호가 16보이다. 밭의 넓이는 얼마인가?

답 : 120 보^2.

주해 풀이법에 따라 계산하면,

$$S=\frac{\text{둘레}\times\text{지름}}{4}=\frac{30\times16}{4}=120\text{보}^2$$

가 된다. 이 문제와 유사한 것들은「손자산경」[中-21],「오조산경」[田曹-12] 등에서 찾아볼 수 있다.

> 今有宛田[71], 下周三十步, 徑[72]十六步. 問爲田幾何? 答曰, 一百二十步.

[1-34] 또 다른 둥근 언덕 모양의 밭이 있는데, 아래 둘레가 99보, 정점을 지나는 호가 51보이다. 밭의 넓이는 얼마인가?

답 : 5무 $62\frac{1}{4}$ 보^2.

풀이법에 따라서, 지름과 둘레를 곱하고, 4로 나눈다.

---

71) "완전"의 "宛"은 둥근 언덕 모양을 가리키며, 현대중국어에서 "球冠形"이라고 부르는 것이다. "形如覆半彈丸."이라고 한「하후양산경(夏侯陽算經)」의 환전(丸田)도 바로 이것에 해당한다.

72) 이 문제와 다음의 [1-34]와 같은 완전의 맥락에서 "지름(徑)"이라고 표현된 것은 실제로는 정점을 지나는 호를 가리킨다.

주해 이 풀이법은 둥근 언덕 모양의 밭 넓이를 구하는 공식이 기본적으로 원의 넓이를 구하는 것과 같음을 시사한다.

$$S=\frac{\text{지름}\times\text{둘레}}{4}=\frac{2r\times 6r}{4}=3r^2\simeq\pi r^2$$

이 공식에 따라 계산하면 다음과 같은 결과가 나온다.

$$S=\frac{99\times 51}{4}=1262\frac{1}{4}\text{ 보}^2=5\text{무 }62\frac{1}{4}\text{ 보}^2.$$

그런데 앞서의 [1-33]과 이 문제에 제시된 둘레와 지름간의 관계를 살펴보면, 둘 다 지름이 둘레의 반 이상을 차지하므로, 반구보다도 큰 모양이라는 것을 알 수 있다. 그러나 구의 표면의 넓이를 $S=4\pi r^2$이라는 공식으로 나타낼 수 있고, 그에 따라 반구의 표면적만 하더라도 $2\pi r^2$이 된다는 점에 비춰보면, "완전술"에 따른 계산 결과는 실제 넓이에 크게 미달한다는 인상을 준다.

실제 넓이를 구하려면, 아래 둘레가 99보, 지름이 51보인 "완전"이 구의 상부를 이룬다고 할 때, 그 구의 반지름 r이 몇 보나 되며, 밑면이 반구 아래로 몇 보-- x라고 하자--나 내려갔는지를 먼저 알아내야 한다. 이것은 곧

$$2\pi\sqrt{r^2-x^2}=99,$$

$$2r(\pi-\arccos\frac{x}{r})=51$$

라는 연립방정식을 푸는 것을 의미하며, 그 근은 각각 $r=15.7729486$, $x=.723656$으로 드러난다. 이제, 이 값들을 사용해서, "완전"의 표면적 S'를 구하면,

$$S'=2\pi\int_0^{16.4966}15.7729486\ dx=1634.88544\text{보}^2$$
$$=6\text{무}\ 194.88544\text{보}^2$$

이 된다. 이 값과 "완전술"로 구한 추정치와의 차이를 $\delta=\dfrac{S'-S}{S'}$라는 비교오차로 나타내면, 그 값은 $\delta=.22793$이다. 이것은 곧 「구장산술」의 추정치가 22.8%의 오차를 드러냈음을 의미한다.

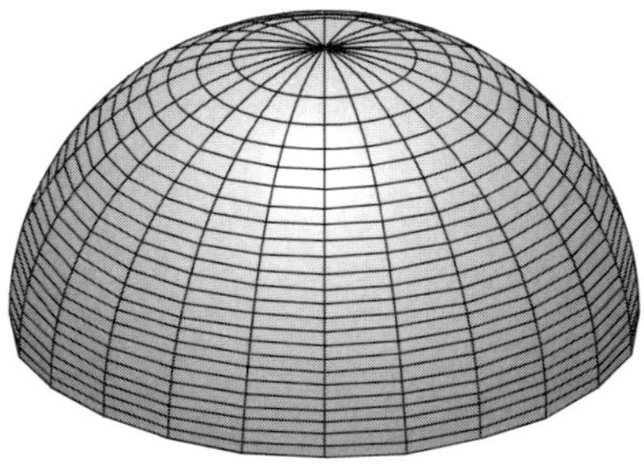

又有宛田, 下周九十九步, 徑五十一步. 問爲田幾何?
答曰, 五畝六十二步, 四分步之一.
術曰, 以徑乘周, 四而一.

[1-35] 호 모양의 밭(호전 또는 호시)이 있는데, 현이 30보, 화살이 15보이다. 밭의 넓이는 얼마인가?

답 : 1무 $97\frac{1}{2}$ 보^2.

주해 풀이법에 따라 계산하면,

$$\frac{15\times(15+30)}{2}=337\frac{1}{2}\text{보}^2=1\text{무 }97\frac{1}{2}\text{보}^2$$

가 나오는데, 이 답은, π를 3이라고 할 때, 반지름이 15보인 반원의 넓이와 일치하는 값이다.

> 今有弧田, 弦三十步, 矢十五步. 問爲田幾何? 答曰, 一畝九十七步半.

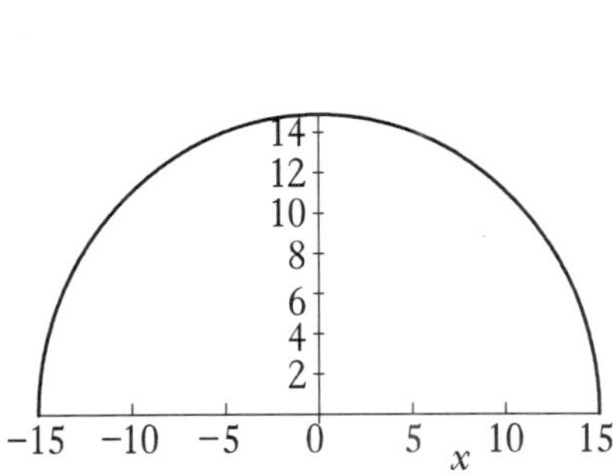

[1-36] 또 다른 호 모양의 밭이 있는데, 현이 $78\frac{1}{2}$ 보, 화살이 $13\frac{7}{9}$ 보이다. 밭의 넓이는 얼마인가?

답 : 2무 $155\frac{56}{81}$ 보^2.

풀이법에 따라서, 현과 화살의 곱과 화살의 제곱을 더하여, 2로 나눈다.

주해 이 풀이법은, 호시의 화살을 b, 현을 c, 그리고 넓이를 S라고 하면, 일단

$$S=\frac{(bc+\ b^{2})}{2}=\frac{b(b+c)}{2}$$

라는 공식으로 나타낼 수 있다(李儼, 1937 : 143과 李兆華, 1992 : 45를 참조). 그리고 그에 따라 계산하면, 다음의 결과를 얻는다.

$$S=\frac{\frac{124}{9}\left(\frac{124}{9}+\frac{157}{2}\right)}{2\times 240}=2.6487139\text{無}.$$

그러나 이와 같은 구장산술의 풀이법은 엄밀한 값을 구하려고 하기보다는 근사적 접근(approximation)을 위한 일종의 고육지책(苦肉之策)에 지나지 않는다. 호전 문제에 대한 보다 자세한 논의는 이 책에 권말 논문으로 덧붙여진 졸고 “조선시대의 중국산학 수용 검토 : 호시론을 중심으로”에 별도로 제시되어 있으므로 여기서는 중복을 피하기로 한다.

又有弧田, 弦七十八步二分步之一, 矢十三步九分步之七.
問爲田幾何?
答曰, 二畝一百五十五步八十一分步之五十六.
術曰, 以弦乘矢, 矢又自乘, 幷之, 二而一.

[1-37] 고리 모양의 밭(환전)이 있는데, 가운데 둘레가 92보, 바깥 둘레가 122보, 둘 사이의 간격이 5보이다. 밭의 넓이는 얼마인가?

답 : 2무 55 보^2.

주해 풀이법에 따라서 계산하면 다음과 같다.

$$S = \frac{(92+122)}{2} \times 5 = 535\text{보}^2 = 2\text{무}\ 55\text{보}^2.$$

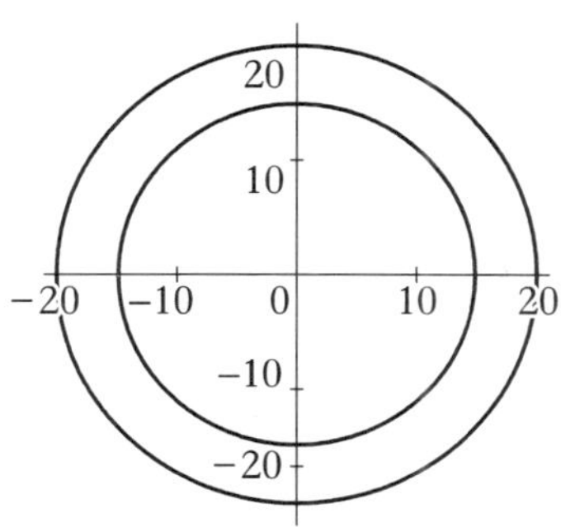

今有環田, 中周九十二步, 外周一百二十二步, 徑五步. 問爲田幾何? 荅曰, 二畝五十五步.

[1-38] 또 다른 고리 모양의 밭이 있는데, 가운데 둘레가 $62\frac{3}{4}$ 보, 바깥 둘레가 $113\frac{1}{2}$ 보, 둘 사이의 간격이 $12\frac{2}{3}$ 보이다. 밭의 넓이는 얼마인가?

답 : 4무 $156\frac{1}{4}$ 보^2.

풀이법에 따라서, 가운데 둘레와 바깥 둘레를 합해서 반으로 나눈 다음, 둘 사이의 간격을 곱하면, 넓이 보수가 된다.

주해 위의 풀이법은, 둘레를 이용해서 원의 넓이를 구하는 공식을 이용하면, 바깥 둘레$=6r_1$, 가운데 둘레$=6r_2$, 넓이$=S$라고 할 때,

$$S=\frac{\text{둘레}_1{}^2-\text{둘레}_2{}^2}{12}$$
$$=\frac{(6r_1)^2-(6r_2)^2}{12}=\frac{(6r_1-6r_2)(6r_1+6r_2)}{12}$$
$$=\frac{(r_1-r_2)(6r_1+6r_2)}{2}$$

라는 공식으로 나타낼 수 있다는 것을 보여준다.

$$S=\frac{(62\frac{3}{4}+113\frac{1}{2})}{2}\times 12\frac{2}{3}=1116.25보^2$$

$$=4무\ \ 156.25보^2$$

又有環田, 中周六十二步, 四分步之三, 外周一百一十三步, 二分步之一, 徑十二步, 三分步之二. 問爲田幾何?
答曰, 四畝一百五十六步, 四分步之一.
術曰, 并中外周而半之, 以徑乘之爲積步.

풀이법(밀률술)에 따라서, 가운데 둘레와 바깥 둘레의 보수를 분모·분자로 놓아 각각을 그 아래에 두고, 분자들을 서로 곱해서 통분한 다음, 바깥 둘레에서 가운데 둘레를 뺀 나머지를 반으로 나누고, 지름도 역시 통분하여 둘레를 곱해서 나뉨수(밀실)로 삼고, 분모를 서로 곱하여 나눗수로 삼아서, 나눠주면, 넓이의 보수가 되는데, 나머지는 넓이 보수의 분수이다. 그것을 무로 환산하는 나눗수로 나누면, 곧, 무수가 된다.

密率術曰, 置中外周步數, 分母子, 各居其下. 母互乘子, 通全步, 內分子. 以中周減外周, 餘半之, 以益中周. 徑亦通分內子, 以乘周爲密實. 分母相乘爲法, 除之爲積步, 餘積步之分. 以畝法除之, 卽畝數也.

제 2 권 속미(粟米)

"속미"로써 (물건의) 질을 바꾸고, 거래하는 것을 다룬다.

粟米[73], 以御交質變易

속미 교환비율

겉곡식 비율 50
여미(궂은 쌀) 30
패미(정한 쌀) 27
착미(희게 쓿은 쌀) 24
어미(진상미) 21
고운 가루 $13\frac{1}{2}$
굵은 가루 54
여반(궂은 쌀밥) 75
패반(정한 쌀밥) 54
착반(희게 쓿은 쌀밥) 48
어반(진상미 밥) 42
콩·팥·깨·보리 각 45
벼 60

73) 여기서 "속(粟)"은 찧지 않은 벼, 즉, 겉곡식을 가리키며, "米"는 껍질을 제거한 쌀을 가리키는데, "粟米"는 정미 정도에 따라서 쌀의 등급이 차이가 있으므로, 겉곡식을 기준으로 삼는다는 뜻이다.

메주 63
물만 밥 90
삶은 콩 $103\frac{1}{2}$
엿기름 175

粟米之法[74]

粟率五十
糲米三十
粺米二十七
鑿米[75]二十四
御米二十一
小䵂十三半
大䵂五十四
糲飯七十五
粺飯五十四
鑿飯四十八
御飯四十二
菽, 荅, 麻, 麥各四十五
稻六十
豉六十三
飧九十
熟菽一百三半
糵一百七十五

---

74) 이 표는 겉곡식의 양을 50으로 했을 때 다른 주요 농산물의 교환비율을 나타낸 것이다. 알곡 형태일 때의 교환비율은 여미 : 패미 : 착미 : 어미 = 30 : 27 : 24 : 21 = 10 : 9 : 8 : 7로서, 일찍이 李籍의 「九章算術音義」에서도 "鄭康成箋,米之率, 糲十, 粺九, 鑿八, 侍御七."이라고 지적된 바 있다. 그 비율이--여반을 제외하면--밥 형태일 때에도 패반 : 착반 : 어반 = 54 : 48 : 42 = 9 : 8 : 7로 일관적으로 유지된다는 점도 주목할 만하다.

풀이법에 따라서, 주어진 수량(소유수)을 구하는 비율(소구율)과 곱하여 나뉨수로 삼고, 주어진 비율(소유율)을 나눗수로 삼아서 나뉨수를 나눗수로 나눈다.

주해 이 풀이법은 물자들 사이의 교환 비율과 수량의 관계가

$$\text{구하려는 수량} = \frac{\text{주어진 수량} \times \text{구하는 비율}}{\text{주어진 비율}}$$

이라는 공식으로 나타낼 수 있다는 것이다.

今有術曰, 以所有數乘所求率爲實, 以所有率爲法, 實如法而一.

[2-1] 겉곡식 1말이 있는데, 궂은 쌀로 바꾸려고 한다. 얼마나 얻겠는가?

답 : 궂은 쌀 6되.

풀이법에 따라서, 겉곡식에서 궂은 쌀을 구하는 데에는 3을 곱하고 5로 나눈다.

75) 李籍의 「九章算術音義」는 "糳"자에 대해서"세간에서는 鑿으로도 쓴다(俗作鑿)"고 지적한 바 있다.

주해 $10\times\frac{3}{5}=6$되.

今有粟一斗, 欲爲糲米. 問得幾何?
答曰, 爲糲米六升.
術曰, 以粟求糲米, 三之, 五而一.

[2-2] 겉곡식 2말 1되가 있는데, 정한 쌀로 바꾸려고 한다. 얼마나 얻겠는가?

답 : 1말 $1\frac{17}{50}$ 되.

풀이법에 따라서, 겉곡식에서 정한 쌀을 구하는 데에는 27을 곱하고 50으로 나눈다.

주해 $21\times\frac{27}{50}=\frac{567}{50}=11\frac{17}{50}$.

今有粟二斗一升, 欲爲粺米. 問得幾何?
答曰, 爲粺米一斗一升, 五十分升之十七.
術曰, 以粟求粺米, 二十七之, 五十而一.

[2-3] 겉곡식 4말 5되가 있는데, 희게 쓿은 쌀로 바꾸려고 한다. 얼마나 얻겠는가?

답 : 2말 $1\frac{3}{5}$ 되.

풀이법에 따라서, 겉곡식에서 희게 쓿은 쌀을 구하는 데에는 12를 곱하고 25로 나눈다.

주해 $45\times\frac{24}{50}=\frac{1080}{50}=21\frac{3}{5}$.

今有粟四斗五升, 欲爲糳米. 問得幾何?

答曰, 爲糳米二斗一升, 五分升之三.

術曰, 以粟求糳米, 十二之,二十五而一.

[2-4] 겉곡식 7말 9되가 있는데, 진상미로 바꾸려고 한다. 얼마나 얻겠는가?

답 : 3말 $3\frac{9}{50}$ 되.

풀이법에 따라서, 겉곡식에서 진상미를 구하는 데에는 21을 곱하고 50으로 나눈다.

주해 $79\times\frac{21}{50}=33\frac{9}{50}$.

今有粟七斗九升, 欲爲御米. 問得幾何?
答曰, 爲御米三斗三升, 五十分升之九.
術曰, 以粟求御米, 二十一之, 五十而一.

[2-5] 겉곡식 1말이 있는데, 고운 가루로 바꾸려고 한다. 얼마나 얻겠는가?

답 : 고운 가루 $2\frac{7}{10}$ 되를 만든다.

풀이법에 따라서, 겉곡식에서 고운 가루를 구하는 데에는 27을 곱하고 100으로 나눈다.

주해 $1 \times 27 \div 100$말 $= 2\frac{7}{10}$ 되.

今有粟一斗, 欲爲小䵂. 問得幾何?
答曰, 爲小䵂二升, 一十分升之七.
術曰, 以粟求小䵂, 二十七之, 百而一.

[2-6] 겉곡식 9말 8되가 있는데, 굵은 가루로 바꾸려고 한다. 얼마나 얻겠는가?

답 : 굵은 가루 10말 $5\frac{21}{25}$ 되를 만든다.

풀이법에 따라서, 겉곡식에서 굵은 가루를 구하는 데에는 27을 곱하고 25로 나눈다.

주해 $9.8 \times 27 \div 25$말 $= 10$말 $5\frac{21}{25}$되.

> 今有粟九斗八升, 欲爲大䊪. 問得幾何?
> 答曰, 爲大䊪一十斗五升, 二十五分升之二十一.
> 術曰, 以粟求大䊪, 二十七之, 二十五而一.

[2-7] 겉곡식 2말 3되가 있는데, 궂은 밥으로 바꾸려고 한다. 얼마나 얻겠는가?

답 : 궂은 밥 3말 $4\frac{1}{2}$되를 만든다.

풀이법에 따라서, 겉곡식에서 궂은 밥을 구하는 데에는 3을 곱하고 2로 나눈다.

주해 $2.3 \times 3 \div 2$말 $= 3$말 $4\frac{1}{2}$되.

> 今有粟二斗三升, 欲爲糲飯. 問得幾何?
> 答曰, 爲糲飯三斗四升半.
> 術曰, 以粟求糲飯, 三之, 二而一.

[2-8] 겉곡식 3말 6되가 있는데, 정한 밥으로 바꾸려고 한다. 얼마나 얻겠는가?

답 : 정한 밥 3말 $8\frac{22}{25}$되를 만든다.

풀이법에 따라서, 겉곡식에서 정한 밥을 구하는 데에는 27을 곱하고 25로 나눈다.

주해 $3.6\times27\div25$말 $=$ 3말 $8\frac{22}{25}$되.

今有粟三斗六升, 欲爲粺飯. 問得幾何?

答曰, 爲粺飯三斗八升, 二十五分升之二十二.

術曰, 以粟求粺飯, 二十七之, 二十五而一.

[2-9] 겉곡식 8말 6되가 있는데, 희게 쓿은 쌀밥으로 바꾸려고 한다. 얼마나 얻겠는가?

답 : 희게 쓿은 쌀밥 8말 $2\frac{14}{25}$되를 만든다.

풀이법에 따라서, 겉곡식에서 희게 쓿은 쌀밥을 구하는 데에는 24를 곱하고 25로 나눈다.

주해 $8.6\times24\div25$말 $=$ 8말 $2\frac{14}{25}$되.

> 今有粟八斗六升, 欲爲糳飯. 問得幾何?
> 答曰, 爲糳飯八斗二升, 二十五分升之一十四.
> 術曰, 以粟米求糳飯, 二十四之, 二十五而一.

[2-10] 겉곡식 9말 8되가 있는데, 어반으로 바꾸려고 한다. 얼마나 얻겠는가?

답 : 어반 8말 $2\frac{8}{25}$ 되를 만든다.

풀이법에 따라서, 겉곡식에서 어반을 구하는 데에는 21을 곱하고 25로 나눈다.

주해 $9.8 \times 21 \div 25$말 $=8$말 $2\frac{8}{25}$ 되.

> 今有粟九斗八升, 欲爲御飯. 問得幾何?
> 答曰, 爲御飯八斗二升, 二十五分升之八.
> 術曰, 以粟求御飯, 二十一之, 二十五而一.

[2-11] 겉곡식 3말 $\frac{1}{3}$ 되가 있는데, 콩으로 바꾸려고 한다. 얼마나 얻겠는가?

답 : 콩 2말 $7\frac{3}{10}$ 되가 된다.

주해 $\frac{91}{3} \times 9 \div 10 = 27\frac{3}{10}$ 되.

今有粟三斗少半[76]升, 欲爲菽. 問得幾何?
答曰, 爲菽二斗七升, 一十分升之三.

[2-12] 겉곡식 4말 $1\frac{2}{3}$ 되가 있는데, 팥으로 바꾸려고 한다. 얼마나 얻겠는가?

답 : 팥 3말 $7\frac{1}{2}$ 되가 된다.

주해 $41\frac{2}{3} \times 9 \div 10 = \frac{125\times9}{3\times10} = 37\frac{1}{2}$ 되.

今有粟四斗一升, 太半升, 欲爲荅. 問得幾何?
答曰, 爲荅三斗七升半.

---

76) "소반(少半)"은 $\frac{1}{3}$, "태반(太半)"은 $\frac{2}{3}$ 를 가리킨다.

[2-13] 겉곡식 5말 $\frac{2}{3}$ 되가 있는데, 깨로 바꾸려고 한다. 얼마나 얻겠는가?

답 : 깨 4말 $5\frac{3}{5}$ 되가 된다.

주해 $\frac{152}{3} \times 9 \div 10 = 45\frac{3}{5}$ 되.

今有粟五斗, 太半升, 欲爲麻. 問得幾何?
答曰, 爲麻四斗五升, 五分升之三.

[2-14] 겉곡식 10말 $8\frac{2}{5}$ 되가 있는데, 보리로 바꾸려고 한다. 얼마나 얻겠는가?

답 : 보리 9말 $7\frac{14}{25}$ 되가 된다.

풀이법에 따라서, 겉곡식에서 콩·팥·깨·보리를 구하는 데에는 모두 9를 곱하고 10으로 나눈다.

주해 $108\frac{2}{5} \times 9 \div 10 = 97\frac{14}{25}$ 되.

今有粟一十斗八升, 五分升之二, 欲爲麥. 問得幾何?
答曰, 爲麥九斗七升, 二十五分升之一十四.
術曰, 以粟求菽, 荅, 麻, 麥, 皆九之, 十而一.

[2-15] 겉곡식 7말 $5\frac{4}{7}$ 되가 있는데, 벼로 바꾸려고 한다. 얼마나 얻겠는가?

답 : 벼 9말 $\frac{24}{35}$ 되가 된다.

풀이법에 따라서, 겉곡식에서 벼를 구하는 데에는 6을 곱하고 5로 나눈다.

주해 $75\frac{4}{7} \times 6 \div 5 = 90\frac{24}{35} = 90.68571428$되.

> 今有粟七斗五升, 七分升之四, 欲爲稻. 問得幾何?
> 答曰, 爲稻九斗, 三十五分升之二十四.
> 術曰, 以粟求稻, 六之, 五而一.

[2-16] 겉곡식 7말 8되가 있는데, 메주로 바꾸려고 한다. 얼마나 얻겠는가?

답 : 메주 9말 $8\frac{7}{25}$ 되가 된다.

풀이법에 따라서, 겉곡식에서 메주를 구하는 데에는 63을 곱하고 50으로 나눈다.

주해 $7.8 \times 63 \div 50$말 $= 9$말 $8\frac{7}{25}$ 되.

> 今有粟七斗八升, 欲爲豉. 問得幾何?
> 答曰, 爲豉九斗八升, 二十五分升之七.
> 術曰, 以粟求豉, 六十三之, 五十而一.

[2-17] 겉곡식 5말 5되가 있는데, 물만 밥으로 바꾸려고 한다. 얼마나 얻겠는가?

답 : 물만 밥 9말 9되가 된다.

풀이법에 따라서, 겉곡식에서 물만 밥을 구하는 데에는 9을 곱하고 5로 나눈다.

주해 $5.5\times 9\div 5=9.9$말.

> 今有粟五斗五升, 欲爲飱. 問得幾何?
> 答曰, 爲飱九斗九升.
> 術曰, 以粟求飱, 九之, 五而一.

[2-18] 겉곡식 4말이 있는데, 삶은 콩으로 바꾸려고 한다. 얼마나 얻겠는가?

답 : 삶은 콩 8말 $2\frac{4}{5}$되가 된다.

풀이법에 따라서, 겉곡식에서 삶은 콩을 구하는 데에는 207을 곱하고 100으로 나눈다.

주해 $4 \times 207 \div 100 = 8.28$말 $= 8$말 $2\frac{4}{5}$ 되.

> 今有粟四斗, 欲爲熟菽. 問得幾何?
> 答曰, 爲熟菽八斗二升, 五分升之四.
> 術曰, 以粟求熟菽, 二百七之, 百而一.

[2-19] 겉곡식 2말이 있는데, 엿기름으로 바꾸려고 한다. 얼마나 얻겠는가?

답 : 엿기름 7말이 된다.

풀이법에 따라서, 겉곡식에서 엿기름을 구하는 데에는 7을 곱하고 2로 나눈다.

> 今有粟二斗, 欲爲蘗. 問得幾何?
> 答曰, 爲蘗七斗.
> 術曰, 以粟求蘗, 七之, 二而一.

[2-20] 여미 15말 $5\frac{2}{5}$ 되가 있는데, 겉곡식으로 바꾸려고 한다.

얼마나 얻겠는가?

답 : 걷곡식 25말 9되가 된다.

풀이법에 따라서, 여미에서 걷곡식을 구하는 데에는 5를 곱하고 3으로 나눈다.

주해 $155\frac{2}{5} \times 5 \div 3 = 259$되.

> 今有糲米十五斗五升, 五分升之二, 欲爲粟. 問得幾何?
> 答曰, 爲粟二十五斗九升.
> 術曰, 以糲米求粟, 五之, 三而一.

[2-21] 패미 2말이 있는데, 걷곡식으로 바꾸려고 한다. 얼마나 얻겠는가?

답 : 걷곡식 3말 $7\frac{1}{27}$되가 된다.

풀이법에 따라서, 패미에서 걷곡식을 구하는 데에는 50을 곱하고 27로 나눈다.

주해 $2 \times 50 \div 27$말 $=3$말 $7\frac{1}{27}$되 $= 3.7037037$말.

今有粺米二斗, 欲爲粟. 問得幾何?
答曰, 爲粟三斗七升, 二十七分升之一.
術曰, 以粺米求粟, 五十之, 二十七而一.

[2-22] 희게 쓿은 쌀 3말 $\frac{1}{3}$ 되가 있는데, 겉곡식으로 바꾸려고 한다. 얼마나 얻겠는가?

답 : 겉곡식 6말 $3\frac{7}{36}$ 되가 된다.

풀이법에 따라서, 희게 쓿은 쌀에서 겉곡식을 구하는 데에는 25를 곱하고 12로 나눈다.

주해 $30\frac{1}{3}\times 25\div 12 = 63\frac{7}{36} = 63.194444$되.

今有糳米三斗, 少半升, 欲爲粟. 問得幾何?
答曰. 爲粟六斗三升, 三十六分升之七.
術曰. 以糳米求粟, 二十五之, 十二而一.

[2-23] 어미 14말이 있는데, 겉곡식으로 바꾸려고 한다. 얼마나 얻겠는가?

답 : 겉곡식 33말 $3\frac{1}{3}$ 되가 된다.

풀이법에 따라서, 어미에서 겉곡식을 구하는 데에는 50을 곱하고 21로 나눈다.

주해 $14 \times 50 \div 21$말 $= \frac{100}{3}$ 말 $=33$말 $3\frac{1}{3}$ 되.

今有御米十四斗, 欲爲粟. 問得幾何?

答曰, 爲粟三十三斗三升, 小半升.

術曰, 以御米求粟, 五十之, 二十一而一.

[2-24] 벼 12말 $6\frac{14}{15}$ 되가 있는데, 겉곡식으로 바꾸려고 한다. 얼마나 얻겠는가?

답 : 겉곡식 10말 $5\frac{7}{9}$ 되가 된다.

풀이법에 따라서, 벼에서 겉곡식을 구하는 데에는 5를 곱하고 6으로 나눈다.

주해 $126\frac{14}{15} \times 5 \div 6 = 105\frac{7}{9}$ 되.

> 今有稻一十二斗六升, 一十五分升之一十四, 欲爲粟. 問得幾何?
> 答曰, 爲粟一十斗五升, 九分升之七.
> 術曰, 以稻求粟, 五之, 六而一.

[2-25] 여미 19말 $2\frac{1}{7}$ 되가 있는데, 패미로 바꾸려고 한다. 얼마나 얻겠는가?

답 : 패미 17말 $2\frac{13}{14}$ 되가 된다.

풀이법에 따라서, 여미에서 패미를 구하는 데에는 9를 곱하고 10으로 나눈다.

주해 $192\frac{1}{7} \times 9 \div 10 = 172\frac{13}{14}$ 되.

> 今有糲米一十九斗二升, 七分升之一, 欲爲粺米. 問得幾何?
> 答曰, 爲粺米一十七斗二升, 一十四分升之一十三.
> 術曰, 以糲米求粺米, 九之, 十而一.

[2-26] 여미 6말 $4\frac{3}{5}$ 되가 있는데, 여반으로 바꾸려고 한다. 얼마나 얻겠는가?

답 : 여반 16말 $1\frac{1}{2}$ 되가 된다.

풀이법에 따라서, 여미에서 여반을 구하는 데에는 5를 곱하고 2로 나눈다.

주해 $64\frac{3}{5}\times 5\div 2=\frac{323}{2}=161\frac{1}{2}$ 되.

今有糲米六斗四升, 五分升之三, 欲爲糲飯. 問得幾何?
答曰, 爲糲飯一十六斗一升半.
術曰, 以糲米求糲飯, 五之, 二而一.

[2-27] 여반 7말 $6\frac{4}{7}$ 되가 있는데, 물만 밥으로 바꾸려고 한다. 얼마나 얻겠는가?

답 : 물만 밥 9말 $1\frac{31}{35}$ 되를 만든다.

풀이법에 따라서, 여반에서 물만 밥을 구하는 데에는 6을 곱하고 5로 나눈다.

今有糲飯七斗六升, 七分升之四, 欲爲飧. 問得幾何?
答曰, 爲飧九斗一升, 三十五分升之三十一.
術曰, 以糲飯求飧, 六之, 五而一.

[2-28] 콩 1말이 있는데, 삶은 콩으로 바꾸려고 한다. 얼마나 얻겠는가?

답 : 삶은 콩 2말 3되를 만든다.

풀이법에 따라서, 콩에서 삶은 콩을 구하는 데에는 23을 곱하고 10으로 나눈다.

> 今有菽一斗, 欲爲熟菽. 問得幾何?
> 答曰, 爲熟菽二斗三升.
> 術曰, 以菽求熟菽, 二十三之, 十而一.

[2-29] 콩 2말이 있는데, 메주로 바꾸려고 한다. 얼마나 얻겠는가?

답 : 삶은 콩 2말 3되를 만든다.

풀이법에 따라서, 콩에서 메주를 구하는 데에는 7을 곱하고 5로 나눈다.

> 今有菽二斗, 欲爲豉. 問得幾何?
> 答曰, 爲豉二斗八升.
> 術曰, 以菽求豉, 七之, 五而一.

[2-30] 보리 8말 $6\frac{3}{7}$되가 있는데, 고운 가루로 바꾸려고 한다. 얼마나 얻겠는가?

답 : 고운 가루 2말 $5\frac{13}{14}$ 되를 만든다.

풀이법에 따라서, 보리에서 고운 가루를 구하는 데에는 3을 곱하고 10으로 나눈다.

> 今有麥八斗六升, 七分升之三, 欲爲小(䵂). 問得幾何?
> 答曰, 爲小(䵂)二斗五升, 一十四分升之一十三.
> 術曰, 以麥求小(䵂), 三之, 十而一.

[2-31] 보리 1말이 있는데, 굵은 가루로 바꾸려고 한다. 얼마나 얻겠는가?

답 : 굵은 가루 1말 2되를 만든다.

풀이법에 따라서, 보리에서 굵은 가루를 구하는 데에는 6을 곱하고 5로 나눈다.

> 今有麥一斗, 欲爲大(䵂). 問得幾何?
> 答曰, 爲大(䵂)一斗二升.
> 術曰, 以麥求大(䵂), 六之, 五而一.

[2-32] 160전을 내서 벽돌 18장을 샀다. 1장에 얼마인가?

답 : 1장에 $8\frac{8}{9}$ 전.

今有出錢一百六十, 買瓴甓十八枚. 問枚幾何?

答曰, 一枚, 八錢, 九分錢之八.

[2-33] 13,500전을 내서 대나무 2,350그루를 샀다. 1그루에 얼마인가?

답 : 1그루에 $5\frac{35}{47}$ 전.

풀이법(경율술)에 따라서, 산 물건의 양을 나눗수로 삼고, 낸 금액을 나뉨수로 삼아서, 나뉨수를 나눗수로 나눈다.

今有出錢一萬三千五百, 買竹二千三百五十箇. 問箇幾何?

答曰, 一箇, 五錢, 四十七分錢之三十五.

經率[77]術曰, 以所買率爲法, 所出錢數爲實, 實如法得一錢.

[2-34] 5,785전을 내서 칠 1섬 6말 $7\frac{2}{3}$ 되를 샀다. 말 단위로 하면, 1말에 얼마인가?

답 : 1말에 $345\frac{15}{502}$ 전.

77) "경율(經率)"은 단가를 뜻한다.

今有出錢五千七百八十五, 買漆一斛六斗七升, 太半升. 欲斗率之,問斗幾何?
答曰, 一斗, 三百四十五錢, 五百二分錢之一十五.

[2-35] 720전을 내서 합사 비단 1필 2장 1자를 샀다. 장 단위로 하면, 1장에 얼마인가?

답 : 1장에 $118\frac{2}{61}$ 전.

今有出錢七百二十, 買縑[78]一匹[79]二丈一尺. 欲丈率之, 問丈幾何?
答曰, 一丈, 一百一十八錢, 六十一分錢之二.

[2-36] 2,370전을 내서 베 9필 2장 7자를 샀다. 필 단위로 하면, 1필에 얼마인가?

답 : 1말에 $244\frac{124}{129}$ 전.

---

78) "겸(縑)"이란 합사 비단(braid silk)을 말한다.
79) 「한서(漢書)」 "식화지(食貨志)"에 따르면, 포목의 넓이가 2자 2치인 것이 "폭"이고 길이가 4장인 것이 "필"이다(布帛廣二尺二寸爲幅,長四丈爲匹).

今有出錢二千三百七十, 買布九匹二丈七尺. 欲匹率之, 問匹幾何?
答曰, 一匹, 二百四十四錢, 一百二十九分錢之一百二十四.

[2-37] 13,670전을 내서 실 1섬 2균 17근을 샀다. 섬 단위로 하면, 1섬에 얼마인가?

답 : 1섬에 $8,326\frac{178}{197}$ 전.

풀이법(경술술)에 따라서, 구하려는 단위로 낸 금액을 곱하여 나뉨수로 삼고, 산 물건의 양을 나눗수로 삼아서, 나뉨수를 나눗수로 나눈다.

주해 1섬=4균, 1균=30근이므로, 1섬 2균 17근= $1\frac{77}{120}$ 섬이다. 그러므로 1섬 값은 $\frac{13670}{1\frac{77}{120}} = 8,326.9035$ 전이다.

今有出錢一萬三千六百七十, 買絲一石二鈞一十七斤[80]. 欲石率之, 問石幾何?
答曰, 一石, 八千三百二十六錢, 一百九十七分錢之百七十八.
經術[81]術曰, 以求所率乘錢數爲實, 以所買率爲法, 實如法得一.

[2-38] 576전을 내서 대나무 78그루를 샀다. 큰 것과 작은 것의 단가를 구하면, 각각 얼마인가?

답 : 48그루는 1그루에 7전, 30그루는 1그루에 8전.

주해 이 문제부터 [2-43]까지는 "기율술"에 관한 것들이다. 기율은 상·하급품의 단가가 서로 인접한 두 정수일 때를 가리킨다. 이제, 큰 대의 그루 수를 x, 그것의 단가를 a라고 하면,

$$576 = ax + (a-1)(78-x) = x + 78(a-1)$$

로 나타난다. 그런데 x와 a는 각각 $0 < x < 78$, $a > 1$이라는 조건을 만족시켜야 하므로, 결국, $a = 8$, $x = 30$이 된다.

今有出錢五百七十六, 買竹七十八箇. 欲其大小率之, 問各幾何?
答曰, 其四十八箇, 箇七錢. 其三十箇, 箇八錢.

[2-39] 1,120전을 내서 실 1섬 2균 18근을 샀다. 상급품과 하급품을 근 값에 따라 알아보면, 각각 얼마인가?

80) 「한서(漢書)」 "식화지(食貨志)"에 따르면, 무게 단위 가운데 1섬=4균, 1균=30근, 1근=16냥, 1냥=24수인데, 1수는 기장 100알 무게에 해당한다고 하였다(權者, 銖兩斤鈞石也. 所以稱物平知輕重也. 本起於黃鐘之重, 一龠容千二百黍, 重十二銖, 兩之爲兩. 二十四銖爲兩, 十六兩爲斤, 三十斤爲鈞, 四鈞爲石.).

81) 이순풍은 "경술(經術)"이 "경분(經分)"을 가리킨다고 지적한다.

답 : 2균 8근은 1근에 5전, 1섬 10근은 1근에 6전.

주해 상급품의 근수를 x, 그것의 단가를 a라고 하면,

$$1120 = x + 198(a - 1)$$

이다. 이 때, x와 a는 각각 $0 < x < 198$, $a > 1$이라는 조건을 만족시켜야 하므로 결국, $a = 5$, $x = 130$이 된다.

> 今有出錢一千一百二十, 買絲一石二鈞一十八斤. 欲其貴賤斤率之, 問各幾何?
> 答曰. 其二 鈞八斤, 斤五錢. 其一石一十斤, 斤六錢.

[2-40] 13,970전을 내서 실 1섬 2균 28근 3냥 5수를 샀다. 상급품과 하급품을 섬 값에 따라 알아보면, 각각 얼마인가?
답 : 1균 9냥 16수는 1섬에 8,051전, 1섬 1균 27근 9냥 17수는 1섬에 8,052전.

주해 1섬 2균 28근 3냥 5수 $= 46080 + 2 \times 11520 + 28 \times 384 + 3 \times 24 + 5$수 $= 79{,}949$수로서, 곧 $\frac{79949}{46080}$섬에 해당한다. 상급품의 섬수를 x, 그것의 단가를 a라고 하면,

$$13970 = x + \frac{79949}{46080}(a-1)$$

라는 관계가 성립되며, 이 때, $0 < x < \frac{79949}{46080}$ 이고 a는 1보다 큰 정수이므로, $a = 8052$, $x = 68201$수, 즉, 1섬 1균 27근 9냥 17수가 된다.

今有出錢一萬三千九百七十, 買絲一石二鈞二十八斤三兩五銖. 欲其貴賤石率之, 問各幾何?

答曰, 其一鈞九兩一十六銖, 石八千五十一錢. 其一石一鈞二十七斤九兩一十七銖, 石八千五十二錢.

[2-41] 13,970전을 내서 실 1섬 2균 28근 3냥 5수를 샀다. 상급품과 하급품을 균 값에 따라 알아보면, 각각 얼마인가?

답 : 7근 10냥 9수는 1균에 2,012전, 1섬 2균 20근 8냥 20수는 1균에 2,013전.

주해 반복에서 오는 번거로움을 피하기 위하여 풀이는 생략키로 한다. 풀이가 필요한 독자는 [2-43]의 주해를 참조하면 될 것이다.

今有出錢一萬三千九百七十, 買絲一石二鈞二十八斤三兩五銖. 欲其貴賤鈞率之, 問各幾何?

答曰, 其七斤一十兩九銖, 鈞二千一十二錢. 其一石二鈞二十斤八兩二十銖, 鈞二千一十三錢.

[2-42] 13,970전을 내서 실 1섬 2균 28근 3냥 5수를 샀다. 상급품과 하급품을 근 값에 따라 알아보면, 각각 얼마인가?

답 : 1섬 2균 7근 10냥 4수는 1근에 67전, 20근 9냥 1수는 1근에 68전.

주해 역시 다음에 오는 [2-43]의 주해를 참조할 것.

今有出錢一萬三千九百七十, 買絲一石二鈞二十八斤三兩五銖. 欲其貴賤斤率之, 問各幾何?
答曰, 其一石二鈞七斤十兩四銖, 斤六十七錢. 其二十斤九兩一銖, 斤六十八錢.

[2-43] 13,970전을 내서 실 1섬 2균 28근 3냥 5수를 샀다. 상급품과 하급품을 양 값에 따라 알아보면, 각각 얼마인가?

답 : 1섬 1균 17근 14냥 1수는 1냥에 4전, 1균 10근 5냥 4수는 1냥에 5전.

풀이법(기율술)에 따라서, 각각 사고자 하는 섬, 균, 근, 냥을 나눗수로 삼고, 물건의 수량을 금액과 곱하여 나뉨수로 삼아서, 나뉨수를 나눗수로 나눈다. 나눗수를 채우지 못하는 것은 거꾸로 나뉨수로부터 나눗수를 빼며, 나눗수를 작고, 나뉨수를 크게 한다. (섬, 균, 근, 냥을 구하는 것은 수를 곱한 것에서 각각의 나눗수, 나뉨수를 빼면, 각각 그 곱한 값을 얻으며, 나머지는 각각 수로 나타낸다.)

주해 1섬 2균 28근 3냥 5수 $= \frac{79949}{24}$ 냥 $= 3331\frac{5}{24}$ 냥이므로, 상급품의 양수를 x, 그것의 단가를 a라고 하면,

$$13970 = x + \frac{79949}{24}(a-1)$$

라는 관계가 성립되며, 이 때, $0 < x < \frac{79949}{24}$ 이고 a는 1보다 큰 정수이므로, $a=5$, $x=\frac{3871}{6}$ 냥 $=$ 1균 10근 5냥 4수가 된다.

今有出錢一萬三千九百七十, 買絲一石二鈞二十八斤三兩五銖. 欲其貴賤兩率之, 問各幾何?
答曰, 其一石一鈞一十七斤一十四兩一銖, 兩四錢. 其一鈞一十斤五兩四銖, 兩五錢.
其率[82]術曰, 各置所買石, 鈞, 斤, 兩以爲法, 以所率乘錢數爲實, 實如法而一. 不滿法者反以實減法, 法賤實貴. (其求石鈞斤兩, 以積銖各除法實, 各得其積數, 餘各爲銖.)

[2-44] 13,970전을 내서 실 1섬 2균 28근 3냥 5수를 샀다. 상급품과 하급품을 근수 값에 따라 알아보면, 각각 얼마인가?

답 : 1균 20근 6냥 11수는 5수에 1전, 1섬 1균 7근 12냥 18수는 6수에 1전.

82) "기율(其率)"은 상급품과 하급품의 단가가 서로 인접한 두 정수일 때, 각각의 수량과 단가를 구하려는 것이다.

주해 1섬 2균 28근 3냥 5수 = 79,949수인데, 상급품을 사는데 지출한 전수를 x, 1전으로 살 수 있는 수량을 a수라고 하면,

$$79949 = ax + (a-1)(13970 - x) = x + 13970(a-1)$$

라는 관계가 성립되며, 이 때, $0 < x < 13{,}970$이고 a는 1보다 큰 정수이므로, $a = 6$, $x = 10{,}099$전이 된다. 따라서 상급품의 수량은 $6 \times 10099 = 60594$수 =1섬 1균 7근 12냥 18수, 하급품의 수량은 $5(13970 - 10099) = 19355$수 =1균 20근 6냥 11수로 각각 드러난다.

今有出錢一萬三千九百七十, 買絲一石二鈞二十八斤三兩五銖. 欲其貴賤斤銖率之, 問各幾何?
答曰, 其一鈞二十斤六兩十一銖, 五銖一錢. 其一石一鈞七斤一十二兩一十八銖, 六銖一錢.

[2-45] 620전을 내서 깃털 2,100개를 샀다. 상급품과 하급품을 양값에 따라 알아보면, 각각 얼마인가?
답 : 1,140개는 3개에 1전, 960개는 4개에 1전.

今有出錢六百二十, 買羽二千一百翭. 欲其貴賤兩率之, 問各幾何?
答曰, 其一千一百四十翭[83], 三翭一錢. 其九百六十翭, 四翭一錢.

[2-46] 980전을 내서 화살대 5,820개를 샀다. 상급품과 하급품을 양 값에 따라 알아보면, 각각 얼마인가?

답 : 300개는 5개에 1전, 5,520개는 6개에 1전.

풀이법(반기율술)에 따라서, 금액을 나눗수로 삼고, 물건의 수량을 나뉨수로 삼아서, 나뉨수를 나눗수로 나눈다. 나눗수를 채우지 못하는 것은 거꾸로 나뉨수로부터 나눗수를 빼며, 나눗수가 적고, 나뉨수가 많게 하여, 두 물건 각각을 얻으려는 양의 많고 적은 수를 나눗수, 나뉨수와 곱하면, 곧 물건의 수량이 된다.

今有出錢九百八十, 買矢簳[84]五千八百二十枚. 欲其貴賤兩率之,問各幾何?
答曰, 其三百枚, 五枚一錢. 其五千五百二十枚,六枚一錢.
反其率[85]術曰, 以錢數爲法, 所率爲實, 實如法而一. 不滿法者反以實減法, 法少, 實多. 二物各以所得多少之數乘法實, 卽物數.

---

83) "후(翭)"는 깃 밑둥(羽根) 또는 깃털 뿌리(羽本)를 일컫는다.
84) "간(簳)"은 줄기, 대(幹, 莖)를 가리킨다.
85) "반기율(反其率)"은 화폐 1단위당 살 수 있는 상급품과 하급품의 수량이 인접한 두 정수일 때, 각각의 수량과 단가를 알아보려는 것이다.

제 3 권 쇠분(衰分)

"쇠분"으로써 크기 차이가 있는 봉록이나 세금을 다룬다.

> 衰分[86], 以御貴賤稟[87]稅

풀이법(쇠분술)에 따라서, 일련의 일정하게 줄어드는 비율(列衰)을 합하여 나눗수로 삼고, 나눌 것을 합하기 이전 비율과 곱하여 각자의 나뉨수로 삼아서, 나뉨수를 나눗수로 나눈다. 더 이상 나뉘어지지 않는 것은 나눗수로 이름을 붙인다.

> 衰分術曰, 各置列衰, 副幷爲法, 以所分乘未幷者各自爲實, 實如法而一. 不滿法者, 以法命之.

[3-1] 대부, 불경, 잠뇨, 상조, 공사 모두 5인이 함께 사냥을 하여, 사슴 5가리를 잡았는데, 작위의 서열에 따라 분배하려고 한다. 각각의 몫은 얼마인가?

---

86) "쇠(衰)"는 차이라는 뜻이며, "衰分"은 "차이를 반영하여--다시 말해서, 가중치를 부여하여--나눈다(以差而平分)"는 뜻이다.

87) "늠(稟)"은 (봉록으로) 곡식을 주는 것(供穀)을 가리킨다.

답 : 대부는 사슴 $1\frac{2}{3}$마리, 불경은 $1\frac{1}{3}$마리, 잠뇨는 1마리, 상조는 $\frac{2}{3}$마리, 공사는 $\frac{1}{3}$마리를 얻는다.

풀이법에 따라서, "작수"를 각각의 비율로 삼아서 더하여 나눗수로 삼고, 사슴 5마리를 합하기 이전 비율과 곱하여 각자의 나뉨수로 삼아서, 나뉨수를 나눗수로 나누면 마리 수를 얻는다.

今有大夫, 不更, 簪裹, 上造, 公士, 凡五人, 共獵得五鹿. 欲以爵次[88]分之, 問各得幾何?

答曰, 大夫得一鹿, 三分鹿之二. 不更得一鹿, 三分鹿之一. 簪裹得一鹿. 上造得三分鹿之二. 公士得三分鹿之一.

術曰, 列置爵數[89], 各自爲衰, 副幷爲法, 以五鹿乘未幷者, 各自爲實. 實如法得一鹿.

[3-2] 소, 말, 양이 남의 모종을 먹어치웠다. 모종 주인이 조 5말을 변상하라고 하는데, 양 주인은 "내 양은 말의 반만 먹었다"고 하고, 말 주인은 "내 말은 소의 반만 먹었다"고 하므로, 그런 차이에 따라서 변상하려고 한다. 각자 얼마를 내야 하는가?

88) "작차(爵次)"는 작위 서열을 가리키는데,「한서(漢書)」백관공경표(百官公卿表)에는 "爵一級曰公士, 二上造, 三簪裹, 四不更, 五大夫,..., 二十徹侯. 皆秦制." 라는 기록이 보인다.

89) 여기서 "작수(爵數)"는 대부 5, 불경 4, 잠뇨 3, 상조 2, 공사 1의 값들을 말한다. 이것은,「묵자(墨子)」"호령(號令)"편에 "以爵級爲賜"라는 구절이 보이듯이, 전국시대 초에 쓰이던 제도이다. 이 문제 등으로부터 우리는 작수가 흔히 등차수열을 이루는 것처럼 취급되었던 것을 엿볼 수 있다.

답 : 소 주인은 2말 $8\frac{4}{7}$ 되, 말 주인은 1말 $4\frac{2}{7}$ 되, 양 주인은 $7\frac{1}{7}$ 되를 낸다.

풀이법에 따라서, 소 4, 말 2, 양 1을 일련의 비율로 삼아서 더하여 나눗수로 삼고, 5말을 합하기 이전 비율과 곱하여 각자의 나뉨수로 삼아서, 나뉨수를 나눗수로 나누면 말수를 얻는다.

今有牛, 馬, 羊食人苗. 苗主責之粟五斗. 羊主曰, 我羊食半馬. 馬主曰, 我馬食半牛. 今欲衰償之, 問各出幾何?
答曰. 牛主出二斗八升, 七分升之四. 馬主出一斗四升, 七分升之二. 羊主出七升, 七分升之一.
術曰, 置牛四, 馬二, 羊一, 各自爲列衰, 副幷爲法. 以五斗乘未幷者各自爲實. 實如法得一斗.

[3-3] 갑이 560전, 을이 350전, 병이 180전을 갖고 있는데, 세 사람이 함께 관문을 나서게 되었다. 관세는 100전인데, 가진 돈의 다소에 따라 차등적으로 내려고 한다. 각각 얼마씩 되는가?

답 : 갑은 $51\frac{41}{109}$ 전, 을은 $32\frac{12}{109}$ 전, 병은 $16\frac{56}{109}$ 전을 낸다.

풀이법에 따라서, 가진 돈을 일련의 비율로 삼아서 더하여 나눗수로 삼고, 100전을 합하기 이전 비율과 곱하여 각자의 나뉨수로 삼아서, 나뉨수를 나눗수로 나눈다.

今有甲持錢五百六十, 乙持錢三百五十, 丙持錢一百八十, 凡三人俱出關, 關稅百錢. 欲以錢數多少衰出之, 問各幾何?
答曰, 甲出五十一錢, 一百九分錢之四十一. 乙出三十二錢, 一百九分錢之一十二. 丙出一十六錢, 一百九分錢之五十六.
術曰, 各置錢數爲列衰, 副并爲法, 以百錢乘未并者, 各自爲實, 實如法得一.

[3-4] 베 짜기를 잘하는 여자가 있는데, 매일 2배씩 증가되어 닷새 동안에 5자를 짰다. 매일 얼마씩 짠 것인가?

답 : 첫째 날 $1\frac{19}{31}$치, 둘째 날 $3\frac{7}{31}$치, 셋째 날 $6\frac{14}{31}$치, 넷째 날 1자 $2\frac{28}{31}$치, 다섯째 날 2자 $5\frac{25}{31}$치.

풀이법에 따라서, 1, 2, 4, 8, 16을 일련의 비율로 삼아서 더하여 나눗수로 삼고, 5자를 합하기 이전 비율과 곱하여 각자의 나뉨수로 삼아서, 나뉨수를 나눗수로 나누면 자수를 얻는다.

주해 이 문제는 「산수서(算數書)」의 "여직(女織)" 문제, 「손자산경」 [中-27] 문제와 실질적으로 동일하다는 점에서 눈길을 끈다. 한편, 등차수열/급수와 관련된 "베 짜기를 잘하는 여자" 문제들은 「장구건산경」의 [上-22], [上-23]에서 찾아볼 수 있다. 그리고 이 문제와 유사한 소박한 등비수열/급수 문제는 「장구건산경」의 [中-3] "점점 느리게 가는 말(馬行轉遲)" 문제에서도 발견된다.

그러나 전통사회에서 여인네들이 과연 어느 정도나 짜야 잘 짠다는 대접을 받았을까? 이런 의문과 관련해서, 한말 건안(建安) 연간에 쓰여진 "초중경의 처를 위해 지은 고시(古詩爲焦仲卿妻作)"와 같이 며느리에게 심지어 사흘에 5필, 즉 무려 200자씩이나 짜게 하고도 그녀의 직조 노동력을 더 착취하지 못해 안달하던 잔인한 시에미까지 등장하는 것을 무심코 지나치기는 어렵다. 워낙 장시인지라, 여기서는 그 일부만 옮겨보기로 한다(汪榕培 等, 1998: 104-107).

十三能織素　열 셋에 능히 명주를 짰고
十四學裁衣　열 넷에 옷 짓기를 배웠으며
…
十七爲君婦　열 일곱에 이 댁 며느리가 되었으나
…
鷄鳴入機織　닭 울음 들리면 물레 잣고 짜기 시작하여
夜夜不得息　한밤중이 되도록 쉬지를 못하고
三日斷五疋　사흘에 다섯 필을 마쳐도
大人故嫌遲　시어머니는 게으르다고 싫어하시기만 하나
非爲織作遲　한번도 짜기를 멈추거나 지연한 적이 없건만
君家婦難爲　이 댁 며느리 노릇하기는 정말 어렵고
妾不堪驅使　나로서는 그 기준을 맞출 도리도 없으니
徒留無所施　더 이상 머무를 수는 없는 노릇이라
…

今有女子善織, 日自倍, 五日織五尺. 問日織幾何?
答曰, 初日織一寸, 三十一分寸之十九. 次日織三寸, 三十一分寸之七. 次日織六寸, 三十一分寸之十四. 次日織一尺二寸, 三十一分寸之二十八. 次日織二尺五寸, 三十一分寸之二十五.
術曰, 置一, 二, 四, 八, 十六爲列衰, 副并爲法, 以五尺乘未并者, 各自爲實, 實如法得一尺.

[3-5] 인구가 북쪽 고을은 8,758명, 서쪽 고을은 7,236명, 남쪽 고을은 8,356명이다. 세 고을로부터 378명을 요역에 징발하려는데, 인구수의 많고 적음에 따라 계산하기로 하면, 각각 몇 명씩이나 되는가?
답 : 북쪽 고을은 $135\frac{11637}{12175}$ 명, 서쪽 고을은 $112\frac{4004}{12175}$ 명, 남쪽 고을은 $129\frac{8709}{12175}$ 명을 보낸다.

풀이법에 따라서, 인구수를 일련의 비율로 삼아서 더하여 나눗수로 삼고, 요역에 동원하려는 인원수를 합하기 이전 비율과 곱하여 각자의 나뉨수로 삼아서, 나뉨수를 나눗수로 나누면 사람 수를 얻는다.

今有北鄕算[90]八千七百五十八, 西鄕算七千二百三十六, 南鄕算八千三百五十六, 凡三鄕, 發傜三百七十八人. 欲以算數多少衰出之, 問各幾何?
答曰, 北鄕遣一百三十五人, 一萬二千一百七十五分人之一萬一千六百三十七. 西鄕遣一百一十二人, 一萬二千一百七十五分人之四千四. 南鄕遣一百二十九人, 一萬二千一百七十五分人之八千七百九.
術曰, 各置算數爲列衰, 副并爲法, 以所發傜人數乘未并者, 各自爲實, 實如法得一人.

[3-6] 대부, 불경, 잠뇨, 상조, 공사 모두 5인에게 봉록으로 줄 곡식 15말이 있다. 이제 대부 1인이 나중에 왔는데, 5말을 받아야 하지만, 창고에 더 이상의 봉록 곡식이 없어서 작위 차이에 따라 내놓기로 하였다. 각각의 몫은 얼마인가?

답 : 대부는 $1\frac{1}{4}$말, 불경은 1말, 잠뇨는 $\frac{3}{4}$말, 상조는 $\frac{2}{4}$말, 공사는 $\frac{1}{4}$말을 내놓는다.

풀이법에 따라서, 봉록 곡식의 섬·말수를 놓고, 봉록 수를 작위 서열에 따라 나눠 일련의 비율로 삼아서 더한 다음, 나중에 온 대부의 5말까지 더하면, 20이 되는데, 그것을 나눗수로 삼는다. 5말을 합하기 이전 비율과 곱하여 각자의 나뉨수로 삼아서, 나뉨수를 나눗수로 나누면 말수를 얻는다.

今有稟粟, 大夫, 不更, 簪褭, 上造, 公士, 凡五人, 一十五斗. 今有大夫一人後來, 亦當稟五斗. 倉無稟, 欲以衰出之, 問各幾何?

答曰, 大夫出一斗, 四分斗之一. 不更出一斗. 簪褭出四分斗之三. 上造出四分斗之二. 公士出四分斗之一.

術曰, 各置所稟粟斛斗數, 爵次均之, 以爲列衰, 副幷而加後來大夫亦五斗, 得二十以爲法. 以五斗乘未幷者各自爲實. 實如法得一斗.

90) "산(算)"은 한대에 인구수에 따라 세금을 바치던 것을 말하며, 15-56세의 성인이 낸 120전을 1산으로 삼았다. 상인과 노비에게는 배를 물렸으며, 7-14세는 23전을 부담했다고 한다(李籍, 「九章算術音義」와 李儼, 1937c : 5를 참조).

[3-7] 봉록 곡식 5섬이 있는데, 다섯 사람이 나누게 되었다. 세 사람은 3을 얻고, 두 사람은 2를 얻게 하려고 한다. 각각의 몫은 얼마인가?

답 : 세 사람은 한 사람당 1섬 1말 $5\frac{5}{13}$ 되를 얻으며, 두 사람은 한 사람당 7말 $6\frac{12}{13}$ 되를 얻는다.

풀이법에 따라서, 세 사람의 사람당 3과 두 사람의 사람당 2를 일련의 비율로 삼아서 더하여 나눗수로 삼고, 5섬을 합하기 이전 비율과 곱하여 각자의 나뉨수로 삼아서, 나뉨수를 나눗수로 나누면 섬 수를 얻는다.

今有禀粟五斛, 五人分之, 欲令三人得三, 二人得二. 問各幾何?
答曰, 三人, 人得一斛一斗五升, 十三分升之五. 二人, 人得七斗六升,十三分升之十二.
術曰, 置三人, 人三, 二人, 人二, 爲列衰. 副幷爲法, 以五斛乘未幷者, 各自爲實. 實如法得一斛.

[3-8] 대부, 불경, 잠뇨, 상조, 공사 모두 5인이 100전을 내놓게 되었다. 작위가 높으면, 조금 내놓고, 순서대로 점점 많게 하려고 한다. 각각의 몫은 얼마인가?

답 : 대부는 $8\frac{104}{137}$ 전, 불경은 $10\frac{130}{137}$ 전, 잠뇨는 $14\frac{82}{137}$ 전, 상조는 $21\frac{123}{137}$ 전, 공사는 $43\frac{109}{137}$ 전을 내놓는다.

풀이법(반쇠술)에 따라서, 작수를 각자의 비율로 삼아서 역순으로 부여한 다음, 더하여 나눗수로 삼는다. 100전을 합하기 이전 비율과 곱하여 각자의 나뉨수로 삼아서, 나뉨수를 나눗수로 나누면 전수를 얻는다.

今有大夫, 不更, 簪裹, 上造, 公士, 凡五人, 共出百錢. 欲令高爵出少, 以次漸多, 問各幾何?
答曰, 大夫出八錢, 一百三十七分錢之一百四. 不更出一十錢, 一百三十七分錢之一百三十. 簪裹出一十四錢, 一百三十七分錢之八十二. 上造出二十一錢, 一百三十七分錢之一百二十三. 公士出四十三錢, 一百三十七分錢之一百九.
反衰術曰, (列置衰而令相乘動者爲不動者), 置爵數各自爲衰, 而反衰之,副幷爲法. 以百錢乘未幷者各自爲實. 實如法得一錢.

[3-9] 갑은 조 3되를 갖고 있고, 을은 여미 3되를 갖고 있으며, 병은 여반을 3되 갖고 있는데, 그것들을 모두 합한 뒤에 나누려고 한다. 각자의 몫은 얼마인가?

답 : 갑 $2\frac{7}{10}$ 되, 을 $4\frac{5}{10}$ 되, 병 $1\frac{8}{10}$ 되.

풀이법에 따라서, 속률 50, 여미율 30, 여반율 75를 일련의 비율로 삼아서 역순으로 부여한 다음, 더하여 나눗수로 삼고, 9말을 합하기 이전 비율과 곱하여 각자의 나뉨수로 삼아서, 나뉨수를 나눗수로 나누면 되수를 얻는다.

주해 조, 여미, 여반의 비율이 각각 50 : 30 : 75이므로, 그 역수의 비율은 $\frac{1}{50} : \frac{1}{30} : \frac{1}{75} = 3:5:2$이다. 따라서, 갑, 을, 병의 몫 x, y, z는

$$x = 9 \times \frac{3}{(3+5+2)} = 2\frac{7}{10}$$
$$y = 9 \times \frac{5}{10} = 4\frac{1}{2}$$
$$z = 9 \times \frac{2}{10} = 1\frac{4}{5}$$

로 드러난다.

今有甲持粟三升, 乙持糲米三升, 丙持糲飯三升, 欲令合而分之, 問各幾何?
答曰, 甲二升, 一十分升之七. 乙四升, 一十分升之五. 丙一升, 一十分升之八.
術曰, 以粟率五十, 糲米率三十, 糲飯率七十五爲衰, 而反衰之, 副幷爲法. 以九升乘未幷者各自爲實. 實如法得一升.

[3-10] 실 1근의 가격이 240전이다. 이제 1,228전이 있는데, 실을 얼마나 얻겠는가?

답 : 5근 8냥 $12\frac{4}{5}$ 수.

풀이법에 따라서, 1근 값을 나눗수로 삼고, 1근을 갖고 있는 금액

과 곱하여 나뉨수로 삼아서, 나뉨수를 나눗수로 나누면 실의 양을 얻는다.

주해 이 문제부터 이 장 끝까지는 간비례, 복비례에 관한 문제들로서, 李潢, 白尙恕(1983 : 91) 등에 의해서, 이 장보다는 오히려 "속미"장에 포함되어야 마땅할 내용이라는 지적을 받아왔다.

> 今有絲一斤, 價直二百四十. 今有錢一千二百二十八, 問得絲幾何?
> 答曰, 五斤八兩一十二銖, 五分銖之四.
> 術曰, 以一斤價數爲法, 以一斤乘今有錢數爲實, 實如法得絲數.

[3-11] 실 1근의 가격이 345전이다. 이제 7냥 12수의 실이 있는데, 얼마나 나가겠는가?

답 : $161\frac{23}{32}$ 전.

풀이법에 따라서, 1근 무게를 나눗수로 삼고, 1근 값을 7냥 12수와 곱하여 나뉨수로 삼아서, 나뉨수를 나눗수로 나누면 액수를 얻는다.

> 今有絲一斤價直三百四十五. 今有絲七兩一十二銖,問得錢幾何?
> 答曰, 一百六十一錢, 三十二分錢之二十三.
> 術曰, 以一斤銖數爲法, 以一斤價數, 乘七兩一十二銖爲實. 實如法得錢數.

[3-12] 합사 비단 1장의 가격이 128전이다. 이제 합사 비단 1필 9자 5치가 있는데, 얼마나 나가겠는가?

답 : $633\frac{3}{5}$ 전.

풀이법에 따라서, 1장 길이를 나눗수로 삼고, 단가를 갖고 있는 합사 비단의 길이와 곱하여 나뉨수로 삼아서, 나뉨수를 나눗수로 나누면 액수를 얻는다.

주해 1필 = 40자,

$$\frac{49.5}{10}\times 128 = 633.6\text{전}.$$

今有縑一丈價直一百二十八. 今有縑一匹九尺五寸, 問得錢幾何?

答曰, 六百三十三錢, 五分錢之三.

術曰, 以一丈寸數爲法, 以價錢數乘爲今有縑寸數爲實, 實如法得錢數.

[3-13] 베 1필의 가격이 125전이다. 이제 베 2장 7자가 있는데, 얼마나 나가겠는가?

답 : $84\frac{3}{8}$ 전.

풀이법에 따라서, 1필 길이를 나눗수로 삼고, 갖고 있는 베의 길이를 단가와 곱하여 나뉨수로 삼아서, 나뉨수를 나눗수로 나누면 액수를 얻는다.

今有布一匹, 價直一百二十五. 今有布二丈七尺, 問得錢幾何?
答曰, 八十四錢, 八分錢之三.
術曰, 以一匹尺數爲法, 今有布尺數乘價錢爲實, 實如法得錢數.

[3-14] 명주 1필 1장의 가격이 625전이다. 이제 500전이 있는데, 얼마나 얻겠는가?

답 : 1필.

풀이법에 따라서, 가격을 나눗수로 삼고, 1필 1장을 갖고 있는 액수와 곱하여 나뉨수로 삼아서, 나뉨수를 나눗수로 나누면 명주의 양을 얻는다.

주해 $x = 1\frac{1}{4} \times \frac{500}{625} = 1$필.

今有素一匹一丈, 價直六百二十五. 今有錢五百, 問得素幾何?
答曰, 得素一匹.
術曰, 以價直爲法, 以一匹一丈尺數乘今有錢數爲實. 實如法得素數.

[3-15] 어떤 사람에게 실 14근을 주고, 합사 비단 10근을 받기로 계약을 맺었다. 이제 그에게 실 45근 8냥을 주었다면, 합사 비단을 얼마나 받겠는가?

답 : 32근 8냥.

풀이법에 따라서, 14근을 나눗수로 삼고, 10근을 갖고 있는 실의 양과 곱하여 나뉨수로 삼아서, 나뉨수를 나눗수로 나누면 합사비단의 양을 얻는다.

주해 1근 = 16냥이므로, 45근 8냥은 45.5근이다.

$$\therefore\ x = 45.5 \times \frac{10}{14} = 32.5\text{근} = 32\text{근 } 8\text{냥}.$$

今有與人絲一十四斤, 約得縑一十斤. 今與人絲四十五斤八兩, 問得縑幾何?
答曰, 三十二斤八兩.
術曰, 以一十四斤兩數爲法, 以十斤乘今有絲兩數爲實, 實如法得縑數.

[3-16] 실 1근당 7냥이 소모된다. 이제 실 23근 5냥이 있다면, 소모량은 얼마나 되는가?

답 : 163냥 $4\frac{1}{2}$수.

풀이법에 따라서, 1근을 양으로 바꾼 16냥을 나눗수로 삼고, 7냥을 갖고 있는 실의 무게와 곱하여 나뉨수로 삼아서, 나뉨수를 나눗수로 나느면 소모된 무게를 얻는다.

> 今有絲一斤, 耗七兩. 今有絲二十三斤五兩,問耗幾何?
> 答曰, 一百六十三兩四銖半.
> 術曰, 以一斤展十六兩爲法, 以七兩乘今有絲兩數爲實, 實如法得耗數.

[3-17] 생사 30근을 말리면, 3근 12냥이 소모된다. 이제 말린 실 12근이 있다면, 생사는 얼마나 되었던가?

답 : 13근 11냥 $10\frac{2}{7}$수.

풀이컵에 따라서, 생사의 무게에서 소모된 무게를 뺀 나머지를 나눗수토 삼고, 30근을 말린 실의 무게와 곱하여 나뉨수로 삼아서, 나뉨수를 나눗수로 나누면 생사의 무게를 얻는다.

> 今有生絲三十斤, 乾之, 耗三斤十二兩. 今有乾絲一十二斤,問生絲幾何?
> 答曰, 一十三斤一十一兩十銖, 七分銖之二.
> 術曰, 置生絲兩數, 除耗數, 餘, 以爲法. 三十斤乘乾絲兩數爲實. 實如法得生絲數.

[3-18] 밭 1무가 있는데, 조 $6\frac{2}{3}$ 되를 수확한다. 이제 밭 1경 26무 159보가 있다. 거두게 될 조는 얼마나 되는가?

답 : 8섬 4말 $4\frac{5}{12}$ 되.

풀이법에 따라서, 1무 240보를 나눗수로 삼고, $6\frac{2}{3}$ 되를 지금의 밭 넓이와 곱하여 나뉨수로 삼아서, 나뉨수를 나눗수로 나누면 조의 양을 얻는다.

주해 $\frac{6\frac{2}{3}\times(126\times240+159)}{240}=\frac{202660}{240}=844.41666.$

今有田一畝, 收粟六升, 太半升. 今有田一頃二十六畝一百五十九步, 問收粟幾何?
答曰, 八斛四斗四升, 一十二分升之五.
術曰, 以畝二百四十步爲法, 以六升, 太半升乘今有田積步爲實, 實如法得粟數.

[3-19] 일꾼의 1년 임금이 2,500전이다. 이제 1,200전을 미리 받게 되었다. 며칠 치에 해당되는가?

답 : $169\frac{23}{25}$ 일.

풀이법에 따라서, 임금을 나눗수로 삼고, 1년 354일을 미리 받은 금액과 곱하여 나뉨수로 삼아서, 나뉨수를 나눗수로 나누면 날수를 얻는다.

주해 $354 \times 1200 \div 2500 = 169\frac{23}{25} = 169.92$일.

今有取保[91]一歲, 價錢二千五百. 今先取一千二百, 問當作日幾何?
答曰, 一百六十九日, 二十五分日之二十三.
術曰, 以價錢爲法, 以一歲三百五十四日[92]乘先取錢數爲實, 實如法得日數.

[3-20] 남에게 1,000전을 대여하게 되면, 한달 이자가 30전이다. 이제 어떤 사람에게 750전을 빌려주었는데, 9일만에 갚았다. 이자는 얼마나 되는가?

답 : $6\frac{3}{4}$전.

풀이법에 따라서, 한달 30일을 1,000전과 곱해서 나눗수로 삼고, 이자 30전을 빌려준 금액과 곱하여 나뉨수로 삼아서, 나뉨수를 나눗수로 나누면 액수를 얻는다.

주해 $750 \times 9 \times \left(\frac{30}{1000 \times 30}\right) = 6.75$전.

---

91) "보(保)"는 「사기(史記)」 "난포전(欒布傳)"의 "窮困,賃傭於齊,爲酒家保."라는 구절에서 보듯이, "고용살이"라는 뜻이다.

92) 1년을 354일로 간주한 것은 한달을 평균 29.5일로 잡았기 때문이다.

今有貸人千錢, 月息三十. 今有貸人七百五十錢, 九日歸之, 問息幾何?

答曰,六錢, 四分錢之三.

術曰, 以月三十日, 乘千錢爲法. 以息三十乘今所貸錢數, 又以九日乘之,爲實. 實如法得一錢.

제 4 권 소광(少廣)

"소광"으로써 정사각형 및 원과 관련된 넓이와 (제곱 또는 세제곱)근을 구하는 것을 다룬다.

> 少廣[93], 以御積冪[94]方圓

풀이법(소광술)에 따라서, 정수와 분수 보수를 놓고, 마지막 분모로 모든 분자와 정수에 곱하여, 각각 그 분모로서 분자를 나눠, 왼쪽에 놓는다. 통분하라면, 또다시 분모로 여러 분자를 곱하고, 통분할 것을 모두 마쳐서 (분모가) 같아지면, 더하여 나눗수로 삼는다. 구하려는 보수를 놓고, 정수 보수를 분모들로 곱한 것으로 곱하여 나뉨수로 삼아서, 나뉨수를 나눗수로 나누면, 세로의 보수를 얻는다.

> 少廣術曰, 置全步及分母子, 以最下分母徧乘諸分子及全步, 各以其母除其子, 置之於左.命通分者,又以分母徧乘諸分子, 及已通者皆通而同之, 并之爲法. 置所求步數, 以全步積分乘之爲實. 實如法而一, 得從步.

93) "소광(少廣)"은 너비를 좁힌다는 뜻이니, (같은 넓이의 직사각형이라면) "길이를 길게 할수록, 너비가 줄어든다"(截從之多, 益廣之少)는 것을 지칭하여, 제목으로 삼았다고 볼 수 있다.

94) "멱(冪)"은 덮는다(覆)는 뜻이며, 여기서는 특히 넓이나 부피를 알고 길이를 구하려고 할 때, 제곱근 또는 세제곱근을 구하는 것을 가리킨다.

[4-1] 가로가 1보 반인 밭이 있는데, 넓이가 1무가 되게 하려고 한다. 세로는 얼마인가?

답 : 160보.

풀이법에 따라서, 아래에 반이 놓여 있는데, 이것이 $\frac{1}{2}$이므로, 1을 2로 하면, 반은 1이 되고, 둘을 합하면, 3이 되는데, 그것을 나눗수로 삼는다. 밭 240보^2(1무)를 역시 2배하여 나뉨수로 삼는다. 나뉨수를 나눗수로 나누면, 세로의 보수를 얻는다.

주해 이 풀이법은

$$\frac{240}{1\frac{1}{2}} = \frac{240}{\frac{3}{2}} = \frac{240 \times 2}{3} = 160 \text{ 보}$$

라는 간단한 계산과정도 말로 옮기면 얼마나 장황스러운지를 보여준다. 그러나 그 사고방식만큼은 음미할 만하다.

今有田廣一步半. 求田一畝, 問從幾何?
答曰, 一百六十步.
術曰, 下[95]有半,是二分之一. 以一爲二, 半爲一, 幷之得三, 爲法. 置田二百四十步, 亦以一爲二乘之, 爲實. 實如法得從步.

---

95) 대분수 $1\frac{1}{2}$의 분수 부분을 가리킨다.

[4-2] 가로로 1보 반에 $\frac{1}{3}$ 보가 덧붙여진 밭이 있는데, 넓이가 1무가 되게 하려고 한다. 세로는 얼마인가?

답 : $130\frac{10}{11}$ 보.

풀이법에 따라서, 아래에 $\frac{1}{3}$ 이 놓여 있는데, 1을 6으로 하면, 반은 3이 되고, $\frac{1}{3}$ 은 2가 된다. 모두 합하면, 11이 되는데, 나눗수로 삼는다. 밭 240보^{2}를 역시 6배하여 나뉨수로 삼는다. 나뉨수를 나눗수로 나누면, 세로의 보수를 얻는다.

> 今有田廣一步半, 三分步之一. 求田一畝, 問從幾何?
> 答曰, 一百三十步, 一十一分步之一十.
> 術曰. 下有三分, 以一爲六, 半爲三, 三分之一爲二, 并之得一十一爲法. 置田二百四十步, 亦以一爲六乘之, 爲實. 實如法得從步.

[4-3] 가로로 1보 반에 $\frac{1}{3}$ 보, $\frac{1}{4}$ 보가 덧붙여진 밭이 있는데, 넓이가 1무가 되게 하려고 한다. 세로는 얼마인가?

답 : $115\frac{1}{5}$ 보.

풀이법에 따라서, 아래에 $\frac{1}{4}$ 이 놓여 있는데, 1을 12로 하면, 반은 6이 되고, $\frac{1}{3}$ 은 4, $\frac{1}{4}$ 은 3이 된다. 모두 합하면, 25가 되는데, 나눗수로 삼는다. 밭 240보^{2}를 역시 12배하여 나뉨수로 삼는다. 나뉨수를 나눗수로 나누면, 세로의 보수를 얻는다.

> 今有田廣一步半, 三分步之一, 四分步之一. 求田一畝,問從幾何?
> 答曰, 一百一十五步, 五分步之一.
> 術曰, 下有四分, 以一爲一十二, 半爲六, 三分之一爲四, 四分之一爲三, 幷之得二十五, 以爲法. 置田二百四十步, 亦以一爲一十二乘之, 爲實. 實如法而一, 得從步.

[4-4] 가로가 1보 반에 $\frac{1}{3}$ 보, $\frac{1}{4}$ 보, $\frac{1}{5}$ 보가 덧붙여진 밭이 있는데, 넓이가 1무가 되게 하려고 한다. 세로는 얼마인가?

답 : $105\frac{15}{137}$ 보.

풀이법에 따라서, 아래에 $\frac{1}{5}$ 이 놓여 있는데, 1을 60으로 하면, 반은 30이 되고, $\frac{1}{3}$ 은 20, $\frac{1}{4}$ 은 15, $\frac{1}{5}$ 은 12가 된다. 모두 합하면, 137이 되는데, 나눗수로 삼는다. 밭 (1무를) 240보^{2}로 놓고, 역시 60배하여 나뉨수로 삼는다. 나뉨수를 나눗수로 나누면, 세로의 보수를 얻는다.

> 今有田廣一步半, 三分步之一, 四分步之一, 五分步之一. 求田一畝, 問從幾何?
> 答曰, 一百五步, 一百三十七分步之一十五.
> 術曰, 下有五分, 以一爲六十, 半爲三十, 三分之一爲二十,四分之一爲一十五, 五分之一爲一十二, 幷之得一百三十七, 以爲法. 置田二百四十步, 亦以一爲六十乘之, 爲實. 實如法得從步.

[4-5] 가로가 1보 반에 $\frac{1}{3}$ 보, $\frac{1}{4}$ 보, $\frac{1}{5}$ 보, $\frac{1}{6}$ 보가 덧붙여진 밭이 있는데, 넓이가 1무가 되게 하려고 한다. 세로는 얼마인가?

답 : $97\frac{47}{49}$ 보.

풀이법에 따라서, 아래에 $\frac{1}{6}$ 이 놓여 있는데, 1을 120으로 하면, 반은 60이 되고, $\frac{1}{3}$ 은 30, $\frac{1}{4}$ 은 30, $\frac{1}{5}$ 은 24, $\frac{1}{6}$ 은 20이 된다. 모두 합하면, 294가 되는데, 나눗수로 삼는다. 밭 240보^{2}를 역시 120배하여 나뉨수로 삼는다. 나뉨수를 나눗수로 나누면, 세로의 보수를 얻는다.

今有田廣一步半, 三分步之一, 四分步之一, 五分步之一, 六分步之一. 求田一畝, 問從幾何?
答曰, 九十七步, 四十九分步之四十七.
術曰, 下有六分, 以一爲一百二十, 半爲六十, 三分之一爲四十, 四分之一爲三十, 五分之一爲二十四, 六分之一爲二十, 幷之得二百九十四, 以爲法. 置田二百四十步, 亦以一爲一百二十乘之, 爲實. 實如法得從步.

[4-6] 가로가 1보 반에 $\frac{1}{3}$ 보, $\frac{1}{4}$ 보, $\frac{1}{5}$ 보, $\frac{1}{6}$ 보, $\frac{1}{7}$ 보가 덧붙여진 밭이 있는데, 넓이가 1무가 되게 하려고 한다. 세로는 얼마인가?

답 : $92\frac{68}{121}$ 보.

풀이법에 따라서, 아래에 $\frac{1}{7}$ 이 놓여 있는데, 1을 420으로 하면,

반은 210이 되고, $\frac{1}{3}$은 140, $\frac{1}{4}$은 105, $\frac{1}{5}$은 84, $\frac{1}{6}$은 70, $\frac{1}{7}$은 60이 된다. 모두 합하면, 1,089가 되는데, 나눗수로 삼는다. 밭 240보^{2}를 역시 420배하여 나뉨수로 삼는다. 나뉨수를 나눗수로 나누면, 세로의 보수를 얻는다.

> 今有田廣一步半, 三分步之一, 四分步之一, 五分步之一, 六分步之一, 七分步之一. 求田一畝, 問從幾何?
> 答曰, 九十二步, 一百二十一分步之六十八.
> 術曰, 下有七分, 以一爲四百二十, 半爲二百一十, 三分之一爲一百四十, 四分之一爲一百五, 五分之一爲八十四, 六分之一爲七十, 七分之一爲六十, 幷之得一千八十九, 以爲法. 置田二百四十步, 亦一爲四百二十乘之, 爲實. 實如法得從步.

[4-7] 가로가 1보 반에 $\frac{1}{3}$보, $\frac{1}{4}$보, $\frac{1}{5}$보, $\frac{1}{6}$보, $\frac{1}{7}$보, $\frac{1}{8}$보가 덧붙여진 밭이 있는데, 넓이가 1무가 되게 하려고 한다. 세로는 얼마인가?

답 : $88\frac{232}{761}$보.

풀이법에 따라서, 아래에 $\frac{1}{8}$이 놓여 있는데, 1을 840으로 하면, 반은 420이 되고, $\frac{1}{3}$은 280, $\frac{1}{4}$은 210, $\frac{1}{5}$은 168, $\frac{1}{6}$은 140, $\frac{1}{7}$은 120, $\frac{1}{8}$은 105가 된다. 모두 합하면, 2,283이 되는데, 나눗수로 삼는다. 밭 240보^{2}를 역시 840배하여 나뉨수로 삼는다. 나뉨수를 나눗수로 나누면, 세로의 보수를 얻는다.

今有田廣一步半, 三分步之一, 四分步之一, 五分步之一, 六分步之一, 七分步之一, 八分步之一. 求田一畝, 問從幾何?
答曰, 八十八步, 七百六十一分步之二百三十二.
術曰, 下有八分, 以一爲八百四十, 半爲四百二十, 三分之一爲二百八十, 四分之一爲二百一十, 五分之一爲一百六十八, 六分之一爲一百四十, 七分之一爲一百二十, 八分之一爲一百五, 并之得二千二百八十三, 以爲法. 置田二百四十步, 亦一爲八百四十乘之, 爲實. 實如法得從步.

[4-8] 가로가 1보 반에 $\frac{1}{3}$보, $\frac{1}{4}$보, $\frac{1}{5}$보, $\frac{1}{6}$보, $\frac{1}{7}$보, $\frac{1}{8}$보, $\frac{1}{9}$보가 덧붙여진 밭이 있는데, 넓이가 1무가 되게 하려고 한다. 세로는 얼마인가?

답 : $84\frac{5964}{7129}$보.

풀이법에 따라서, 아래에 $\frac{1}{9}$이 놓여 있는데, 1을 2,520으로 하면, 반은 1,260이 되고, $\frac{1}{3}$은 840, $\frac{1}{4}$은 630, $\frac{1}{5}$은 504, $\frac{1}{6}$은 420, $\frac{1}{7}$은 360, $\frac{1}{8}$은 315, $\frac{1}{9}$은 280이 된다. 모두 합하면, 7,129가 되는데, 나눗수로 삼는다. 밭 240보^{2}를 역시 2,520배하여 나뉨수로 삼는다. 나뉨수를 나눗수로 나누면, 세로의 보수를 얻는다.

今有田廣一步半, 三分步之一, 四分步之一, 五分步之一, 六分步之一, 七分步之一, 八分步之一, 九分步之一. 求田一畝, 問從幾何?
答曰, 八十四步, 七千一百二十九分步之五千九百六十四.
術曰, 下有九分, 以一爲二千五百二十, 半爲一千二百六十, 三分之一爲八百四十, 四分之一爲六百三十, 五分之一爲五百四, 六分之一爲四百二十, 七分之一爲三百六十, 八分之一爲三百一十五, 九分之一爲二百八十, 并之得七千一百二十九, 以爲法. 置田二百四十步, 亦一爲二千五百二十乘之, 爲實. 實如法得從步.

[4-9] 가로가 1보 반에 $\frac{1}{3}$보, $\frac{1}{4}$보, $\frac{1}{5}$보, $\frac{1}{6}$보, $\frac{1}{7}$보, $\frac{1}{8}$보, $\frac{1}{9}$보, $\frac{1}{10}$보가 덧붙여진 밭이 있는데, 넓이가 1무가 되게 하려고 한다. 세로는 얼마인가?

답 : $81\frac{6939}{7381}$보.

풀이법에 따라서, 아래에 $\frac{1}{10}$이 놓여 있는데, 1을 2,520으로 하면, 반은 1,260이 되고, $\frac{1}{3}$은 840, $\frac{1}{4}$은 630, $\frac{1}{5}$은 504, $\frac{1}{6}$은 420, $\frac{1}{7}$은 360, $\frac{1}{8}$은 315, $\frac{1}{9}$은 280, $\frac{1}{10}$은 252가 된다. 모두 합하면, 7,381이 되는데, 나눗수로 삼는다. 밭 240보^{2}를 역시 2,520배하여 나뉨수로 삼는다. 나뉨수를 나눗수로 나누면, 세로의 보수를 얻는다.

今有田廣一步半, 三分步之一, 四分步之一,五分步之一, 六分步之一, 七分步之一, 八分步之一, 九分步之一, 一十分步之一. 求田一畝, 問從幾何?
答曰, 八十一步, 七千三百八十一分步之六千九百三十九.
術曰, 下有一十分, 以一爲二千五百二十, 半爲一千二百六十, 三分之一爲八百四十, 四分之一爲六百三十, 五分之一爲五百四, 六分之一爲四百二十,七分之一爲三百六十, 八分之一爲三百一十五, 九分之一爲二百八十,十分之一爲二百五十二, 幷之得七千三百八十一, 以爲法. 置田二百四十步,亦一爲二千五百二十乘之, 爲實. 實如法得從步.

[4-10] 가로가 1보 반에 $\frac{1}{3}$ 보, $\frac{1}{4}$ 보, $\frac{1}{5}$ 보, $\frac{1}{6}$ 보, $\frac{1}{7}$ 보, $\frac{1}{8}$ 보, $\frac{1}{9}$ 보, $\frac{1}{10}$ 보, $\frac{1}{11}$ 보가 덧붙여진 밭이 있는데, 넓이가 1무가 되게 하려고 한다. 세로는 얼마인가?

답 : $79\frac{39631}{83711}$ 보.

풀이법에 따라서, 아래에 $\frac{1}{11}$ 이 놓여 있는데, 1을 27,720으로 하면, 반은 13,860이 되고, $\frac{1}{3}$ 은 9,240, $\frac{1}{4}$ 은 6,930, $\frac{1}{5}$ 은 5544, $\frac{1}{6}$ 은 4,620, $\frac{1}{7}$ 은 3,960, $\frac{1}{8}$ 은 3,465, $\frac{1}{9}$ 은 3,080, $\frac{1}{10}$ 은 2,722, $\frac{1}{11}$ 은 2,520이 된다. 모두 합하면, 83,711이 되는데, 나눗수로 삼는다. 밭 240보^{2}를 역시 27,720배 하여 나뉨수로 삼는다. 나뉨수를 나눗수로 나누면, 세로의 보수를 얻는다.

今有田廣一步半, 三分步之一, 四分步之一, 五分步之一, 六分步之一, 七分步之一, 八分步之一, 九分步之一, 一十分步之一, 一十一分步之一. 求田一畝, 問從幾何?
答曰, 七十九步,八萬三千七百一十一分步之三萬九千六百三十一.
術曰, 下有一十一分, 以一爲二萬七千七百二十, 半爲一萬三千八百六十,三分之一爲九千二百四十, 四分之一爲六千九百三十, 五分之一爲五千五百四十四, 六分之一爲四千六百二十, 七分之一爲三千九百六十, 八分之一爲三千四百六十五, 九分之一爲三千八十, 十分之一爲二千七百二十二, 十一分之一爲二千五百二十, 幷之得八萬三千七百一十一, 以爲法. 置田二百四十步, 亦以一爲二萬七千七百二十乘之, 爲實. 實如法得從步.

[4-11] 가로가 1보 반에 $\frac{1}{3}$보, $\frac{1}{4}$보, $\frac{1}{5}$보, $\frac{1}{6}$보, $\frac{1}{7}$보, $\frac{1}{8}$보, $\frac{1}{9}$보, $\frac{1}{10}$보, $\frac{1}{11}$보, $\frac{1}{12}$보가 덧붙여진 밭이 있는데, 넓이가 1무가 되게 하려고 한다. 세로는 얼마인가?

답 : $77\frac{29183}{86021}$보.

풀이법에 따라서, 아래에 $\frac{1}{12}$이 놓여 있는데, 1을 83,160으로 하면, 반은 41,580이 되고, $\frac{1}{3}$은 27,720, $\frac{1}{4}$은 20,790, $\frac{1}{5}$은 16,632, $\frac{1}{6}$은 13,860, $\frac{1}{7}$은 11,880, $\frac{1}{8}$은 10,395, $\frac{1}{9}$은 9,240, $\frac{1}{10}$은 8,316, $\frac{1}{11}$은 7,560, $\frac{1}{12}$은 6,930이 된다. 모두 합하면, 258,063이 되는데, 나눗수로 삼는다. 밭 240보^{2}를 역시 83,160배 하여 나뉨수로 삼는다. 나뉨수를 나눗수로 나누면, 세로의 보수를 얻는다.

今有田廣一步半, 三分步之一, 四分步之一, 五分步之一, 六分步之一, 七分步之一, 八分步之一, 九分步之一, 一十分步之一, 一十一分步之一, 一十二分步之一. 求田一畝, 問從幾何?
答曰, 七十七步, 八萬六千二十一分步之二萬九千一百八十三.
術曰, 下有一十二分, 以一爲八萬三千一百六十, 半爲四萬一千五百八十, 三分之一爲二萬七千七百二十, 四分之一爲二萬七百九十, 五分之一爲一萬六千六百三十二, 六分之一爲一萬三千八百六十, 七分之一爲一萬一千八百八十, 八分之一爲一萬三百九十五,九分之一爲九千二百四十, 一十分之一爲八千三百一十六, 十一分之一爲七千五百六十, 十二分之一爲六千九百三十, 幷之得二十五萬八千六十三, 以爲法. 置田二百四十步, 亦一爲八萬三千一百六十乘之, 爲實. 實如法得從步.

[4-12] 넓이가 55,225보^{2}인 정사각형이 있다. 한 변은 얼마인가?
답 : 235보.

주해 [4-16] 이하에 제시된 풀이법을 좇아서 이 문제를 산가지를 이용한 계산으로 접근하면 다음과 같다.

1) “풀이법에 따라서, 넓이를 나뉨수로 놓고, 산가지 하나를 빌어(借算) 걸리는데, 매 걸음마다 한 자리씩 건너뛴다. 몫을 따져서, 그것을 차산에 한 번 곱하여 나눗수로 삼아서 나뉨수에서 뺀다.”

商			2		
實	5	5	2	2	5
法	2				
借算	1				

이 문제는 원래 $\sqrt{55225}=100a+10b+c$가 되게 하는, 다시 말해서,

$$55225=(100a+10b+c)^2$$
$$=1000000\ a^2+1000(2ab)+100(b^2+2ac)+10(2bc)+c^2$$

을 성립시키는, 음이 아닌 한자리 정수 a, b, c를 구하라는 것이다. 이 단락의 마지막 문장이 가리키는 바는 몫을 a=2로 잡아서

$$55225-10000\ a^2$$
$$=1000(2ab)+100(b^2+2ac)+10(2bc)+c^2,$$

즉,

$$55225-40000=15225$$
$$=(4000+10\ 0b)b+400c+10(2bc)+c^2$$

으로 계산하라는 것이다.

2) "뺐으면, 나눗수를 배로 해서 정해진 나눗수(定法)로 삼는다. 그것을 다시 나누면서 한 자리 물려서 밑에 놓는다. 또 차산을 놓고, 처음처럼 그것을 걸린 다음, 다시 따진 몫으로 그것을 한 번 곱하여

얻어진 값을 덧붙여서, 그것을 더한 것으로 나눗수를 정하고, 그것으로 뺀다."

商			2	3	
實	1	5	2	2	5
法		4			
借算			1		

$$15225=(4000+100b)b+400c+10(2bc)+\ c^2$$

라는 식에다 새로운 몫 $b=3$를 적용하면,

$$15225-3(4000+300)=2325=400c+60c+\ c^2$$

이 된다.

3) "얻어진 값으로 정해진 나눗수에 덧붙이고, 다시 빼서, 처음처럼 한 자리 물려서 밑에 놓는다."

商			2	3	
實		2	3	2	5
法		4	3		
借算			1		

4)

商			2	3	5
實		2	3	2	5
法			4	6	5
借算					1

이 때, $c=5$로 놓으면,

$$\begin{aligned} 460c + c^2 &= c(460 + c) \\ &= 5(460 + 5) \\ &= 5 \times 465 \\ &= 2325 \end{aligned}$$

가 되어, 결국 $\sqrt{55225} = 235$라는 것을 알 수 있다.

今有積五萬五千二百二十五步. 問爲方幾何?
答曰,二百三十五步.

[4-13] 또 넓이가 25,281보^{2}인 정사각형이 있다. 한 변은 얼마인가?
답 : 159보.

又有積二萬五千二百八十一步. 問爲方幾何?
答曰, 一百五十九步.

[4-14] 또 넓이가 71,824보^{2}인 정사각형이 있다. 한 변은 얼마인가?
답 : 268보.

又有積七萬一千八百二十四步. 問爲方幾何?
答曰, 二百六十八步.

[4-15] 또 넓이가 $564,752\frac{1}{4}$ 보^{2}인 정사각형이 있다. 한 변은 얼마인가?

답 : $751\frac{1}{2}$ 보.

又有積五十六萬四千七百五十二步四分步之一. 問爲方幾何?
答曰, 七百五十一步半.

[4-16] 또 넓이가 3,972,150,625보^{2}인 정사각형이 있다. 한 변은 얼마인가?

답 : 63,025보.

풀이법(개방술)에 따라서, (정사각형의) 넓이를 나뉨수로 놓고, 산가지 하나를 빌어(차산) 걸리는데, 매 걸음마다 한 자리씩 건너뛴다. 몫을 따져서, 그것을 차산에 한 번 곱하여 나눗수로 삼아서 나뉨수에서 뺀다. 뺐으면, 나눗수를 배로 해서 정해진 나눗수(정법)로 삼는다. 그것을 다시 나누면서 한 자리 물려서 밑에 놓는다. 또 차산을 놓고, 처음처럼 그것을 걸린 다음, 다시 따진 몫으로 그것을 한 번 곱하여 얻어진 값을 덧붙여서, 그것을 더한 것으로 나눗수를 정하고, 그것으로 뺀다. 얻어진 값으로 정해진 나눗수에 덧붙이고, 다시 빼서, 처음처럼 한 자리 물려서 밑에 놓는다. 만약 제곱근을 구하려다 맞아떨어지지 않는 것이 남으면, 마땅히 한 변으로 분모를 삼아야 한다. 만약 나뉨수에 분수가 있으면, 통분을 위해서 분자를 불러들여서 정해진 나뉨수로 삼고, 그것의 제곱근을 구하여, 마쳤으면,

분모의 제곱근도 구해서 서로 나눈다. 만약 분모의 제곱근을 구하려다 남으면, 다시 분모로 정해진 나뉨수를 곱해서 제곱근을 구하고, 마쳤으면, 분모로 나누도록 한다.

> 又有積三十九億七千二百一十五萬六百二十五步. 問爲方幾何?
>
> 答曰, 六萬三千二十五步.
>
> 開方術曰, 置積爲實. 借一算步之, 超一等. 議所得, 以一乘所借一算爲法, 而已除. 除已, 倍法爲定法. 其復除. 折法[96]而下. 復置借算步之如初, 以復議一乘之, 所得副, 以加定法, 以除. 以所得副從定法. 復除折下如前. 若開之不盡者爲不可開, 當以面命之. 若實有分者, 通分內子[97]爲定實. 乃開之, 訖, 開其母報除. 若母不可開者, 又以母(再)乘定實, 乃開之, 訖, 令如母而一.

[4-17] 넓이가 $1,518\frac{3}{4}$보^{2}인 원이 있다. 둘레는 얼마인가?
답 : 135보.

> 今有積一千五百一十八步, 四分步之三. 問爲圓周幾何?
>
> 答曰, 一百三十五步.

96) "절(折)"은 굽혀서 내린다(屈而有降)는 뜻이니, "절법(折法)"은 나눗수의 자리를 물리는 것(退位)을 가리킨다.

97) "내자(內子)"는 "분자를 불러들이다"는 뜻으로서 통분을 하기 위해서는 분자를 합산해야 함을 가리킨다.

[4-18] 넓이가 300보^{2}인 원이 있다. 둘레는 얼마인가?

답 : 60보.

풀이법(개원술)에 따라서, 넓이의 보수를 12배하여, 그것의 제곱근을 구하면, 곧 둘레가 된다.

今有積三百步. 問爲圓周幾何?

答曰, 六十步.

開圓術曰, 置積步數, 以十二乘之, 以開方除之, 卽得周.

[4-19] 부피가 1,860,867자^{3}인 정육면체가 있다. 한 변은 얼마인가?

답 : 123자.

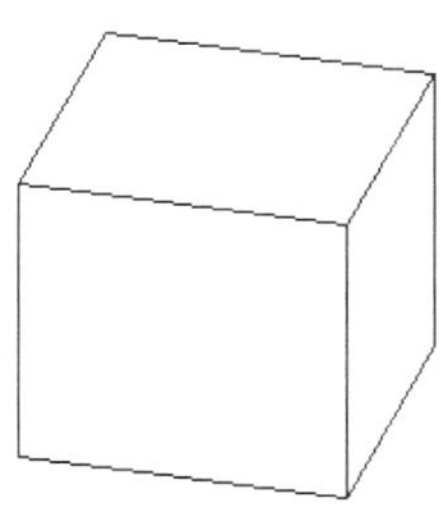

주해 [4-22] 이하에 제시된 풀이법을 좇아서 이 문제를 산가지를 이용한 계산으로 접근하면 다음과 같다.

1) “풀이법에 따라서, 부피를 나뉨수로 놓고, 산가지 하나를 빌어 걸리는데, 매 걸음마다 2자리씩 건너뛴다. 몫을 따져서, 그것을 차산에

두 번 곱하여 나눗수로 삼아서 나뉨수에서 뺀다."

商					1		
實	1	8	6	0	8	6	7
法	1						
中							
借/下	1						

이 문제는 원래 $\sqrt[3]{1860867} = 100a + 10b + c$가 되게 하는, 다시 말해서,

$$\begin{aligned}1860867 &= (100a + 10b + c)^3 \\ &= 1000000a^3 + 100000(3a^2b) \\ &\quad + 10000(3a^2c + 3ab^2) + 1000(6abc + b^3) \\ &\quad + 100(3ac^2 + 3b^2c) + 10(3bc^2) + c^3\end{aligned}$$

을 성립시키는, 음이 아닌 한자리 정수 a, b, c를 구하라는 것이다. 이 단락의 마지막 문장이 가리키는 바는 몫을 a=1로 잡아서

$$1860867 - 1000000 \times 1 \times 1 = 860867$$

로 계산하라는 것이다.

2) "뺐으면, 3으로 곱해서 정해진 나눗수로 삼는다. 그것을 다시 나누면서 한 자리 물려서 밑에 놓는다. 몫을 3으로 곱한 수를 가운데 행에 놓고, 다시 차산을 아래 행에 놓는다. 그것을 걸려서, 가운데 행은 한 자리를 건너뛰고, 아래 행은 두 자리를 건너뛴다."

商					1		
實		8	6	0	8	6	7
法		3					
中			3				
借/下				1			

이 단락은

$$860867 = (300000 + 30000b + 1000\ b^2)b + 10000(3c) + 1000(6bc) + 100(3c^2 + 3b^2 c) + 10(3bc^2) + c^3$$

라는 등식 가운데 $(300000 + 30000b + 1000b^2)b$ 부분을 가리킨다.

3) "다시 나뉨수를 놓고 몫을 따져서, 가운데 행은 한 번 곱하고, 아래 행은 두 번 곱한 다음, 모두 덧붙여서 더한 것으로 나눗수를 정하고, 정해진 나눗수로 뺀다."

商					1	2	
實		1	3	2	8	6	7
法		3	6	4			
中			3				
借/下				1			

새로 따진 몫은 $b=2$이며, 또 새로 정해진 나눗수는, 다음 식에서도 볼 수 있듯이, $300000 + 60000 + 4000 = 364000$이다.

$$860867 = 2(300000 + 30000\times2 + 1000\times2^2)$$
$$+ 10000(3c) + 1000(12c) + 100(3c^2 + 12c)$$
$$+ 10(6c^2) + c^3$$
$$= 2(300000 + 60000 + 4000) + 10000(3c)$$
$$+ 1000(12c) + 100(3c^2 + 12c)$$
$$+ 10(6c^2) + c^3$$
$$\therefore\ 860967 - 728000 = 132867$$
$$= (30000 + 12000 + 1200)c + (300 + 60)c^2 + c^3\,.$$

4) "뺐으면, 아래 행을 2배하여 가운데 행과 더하여 법으로 정한다. 또 빼서는, 앞서와 마찬가지로 한 자리 물려서 밑에 놓는다."

商					1	2	
實		1	3	2	8	6	7
法			4	3	2		
中					3	6	0
借/下							1

$$132867 = 43200c + 360c^2 + c^3\,.$$

5)

商					1	2	3
實		1	3	2	8	6	7
法			4	4	2	8	9
中					3	6	0
借/下							1

이 때, $c=3$으로 놓으면,

$$\begin{aligned} 43200c+360c^2+c^3 &= c(43200+360c+c^2) \\ &= 3(43200+1080+9) \\ &= 3\times 44289 \\ &= 132867 \end{aligned}$$

가 되어, 결국 $\sqrt[3]{1860867}=123$이라는 계산이 나온다.

> 今有積一百八十六萬八百六十七尺. 問爲立方幾何?
> 答曰, 一百二十三尺.

[4-20] 부피가 $1,953\frac{1}{8}$ 자^{3}인 정육면체가 있다. 한 변은 얼마인가?

답 : $12\frac{1}{2}$ 자.

> 今有積一千九百五十三尺八分尺之一. 問爲立方幾何?
> 答曰, 一十二尺半.

[4-21] 부피가 $63,401\frac{447}{512}$ 자^{3}인 정육면체가 있다. 한 변은 얼마인가?

답 : $39\frac{7}{8}$ 자.

주해 $\sqrt[3]{63401\frac{447}{512}} = \sqrt[3]{\frac{32461759}{512}} = \frac{319}{8} = 39\frac{7}{8}$.

> 今有積六萬三千四百一尺五百一十二分尺之四百四十七. 問爲立方幾何?
> 答曰, 三十九尺八分尺之七.

[4-22] 부피가 $1,937,541\frac{17}{27}$ 자^{3}인 정육면체가 있다. 한 변은 얼마인가?

답 : $124\frac{2}{3}$ 자.

풀이법(개립방술)에 따라서, (정육면체의) 부피를 나뉨수로 놓고, 산가지 하나를 빌어 걸리는데, 매 걸음마다 2자리씩 건너뛴다. 몫을 따져서, 그것을 차산에 두 번 곱하여 나눗수로 삼아서 나뉨수에서 뺀다. 뺐으면, 3으로 곱해서 정해진 나눗수로 삼는다. 그것을 다시 나누면서 한 자리 물려서 밑에 놓는다. 몫을 3으로 곱한 수를 가운데 행에 놓고, 다시 차산을 아래 행에 놓는다. 그것을 걸려서, 가운데 행은 한 자리를 건너뛰고, 아래 행은 두 자리를 건너뛴다. 다시 나뉨수를 놓고 몫을 따져서, 가운데 행은 한 번 곱하고, 아래 행은 두 번 곱한 다음, 모두 덧붙여서 더한 것으로 나눗수를 정하고, 정해진 나눗수로 뺀다. 뺐으면, 아래 행을 2배하여 가운데 행과 더하여 법으로 정한다. 또 빼서는, 앞서와 마찬가지로 한 자리 물려서 밑에 놓는다. 세제곱근을 구하려다 맞아떨어지지 않는 것은 역시 남는 것으로 한다. 만약 부피에 분수가 있으면, 통분을 위해서 분자 속에 집어넣어 정해진 나눔수로 삼고, 곧 그것의 세제곱근을 구하여, 마쳤으면, 분모의 세제곱근도 구해서 서로 나눈다. 만약 분모의 세제곱근을 구하려다 남으면, 다시 분모로 정해진 나눔수를 곱해서 세제곱근을 구하고, 마쳤으면, 분모로 나누도록 한다.

주해 $\sqrt[3]{1937541\frac{17}{27}} = \sqrt[3]{\frac{52313624}{27}} = \frac{374}{3} = 124\frac{2}{3}.$

今有積一百九十三萬七千五百四十一尺二十七分尺之一十七. 問爲立方幾何?

答曰, 一百二十四尺太半尺.

開立方術曰, 置積爲實. 借一算步之, 超二等. 議所得, 以再乘所借一算爲法, 而除之. 除已, 三之爲定法. 復除, 折而下. 以三乘所得數置中行. 復借一算置下行. 步之, 中超一, 下超二等. 復置議, 以一乘中, 再乘下, 皆副以加定法, 以定法除. 除已, 倍下, 幷中從定法. 復除,折下如前. 開之不盡者, 亦爲不可開. 若積有分者, 通分內子爲定實. 定實乃開之, 訖, 開其母以報除. 若母不可開者, 又以母再乘定實,乃開之. 訖, 令如母而一.

[4-23] 부피가 4,500자^{3}인 구가 있다. 지름은 얼마인가?

답 : 20자.

주해 풀이법에 따라서 계산하면 다음과 같다.

$$\sqrt[3]{4500\times\frac{16}{9}} = \sqrt[3]{8000} = 20.$$

그리고 이 계산과정을 공식으로 나타내면, 지름을 R, 부피를 V라고 할 때,

$$R = \sqrt[3]{\frac{16V}{9}}$$

으로 표시될 수 있다는 것이 드러난다. 그러나 주지하다시피, 구의 부피를 구하는 대표적인 공식은, 반지름을 r이라고 할 때, $V=\frac{4\pi r^3}{3}$이라는 것이다. 그리고 그에 따라 반지름과 지름은 각각

$$r = \sqrt[3]{\frac{3V}{4\pi}},$$

$$R = 2r = \sqrt[3]{\frac{6V}{\pi}}.$$

으로 나타난다. 이 결과와 위의 풀이법 공식과의 차이는, 한껏 너그럽게 봐주자면, 「구장산술」의 공식이 $\frac{6}{\pi}$를 $\frac{16}{9}$이라는 근사값으로 접근하려고 했다고 변호할 수 있을는지 몰라도, 기본적으로 근거 없는 중대한 오류를 범한 것이라는 점에서 크게 주목되어야 마땅하다. 왜냐하면, 「구장산술」의 이 어이없는 공식은, 예컨대, 「장구건산경」이나 「구일집」을 포함해서 후세의 구체 계산을 엄청나게 오도했기 때문이다.

> 今有積四千五百尺. 問爲立圓徑幾何? 答曰, 二十尺.

[4-24] 또 부피가 164,486,643,700자^{3}인 구가 있다. 지름은 얼마인가?
답 : 14,300자.

풀이법(개립원술)에 따라서, 부피의 자수(자^3)를 16배하고, 9로 나눈 값의 세제곱근을 구하면, 곧 지름이 된다.

주해 앞서와 마찬가지로 잘못된 공식을 적용하여 문제를 풀고 있는 것으로 드러난다. 아무튼, "개립원술"에 따라 계산하면, 다음과 같은 결과를 얻는다.

$$\sqrt[3]{1644866437500 \times \frac{16}{9}} = \sqrt[3]{2924207000000} = 14,300.$$

> 又有積一萬六千四百四十八億六千六百四十三萬七千五百尺. 問爲立圓徑幾何?
> 答曰, 一萬四千三百尺.
> 開立圓術曰, 置積尺數, 以十六乘之, 九而一, 所得開立方除之, 卽丸徑.

제 5 권 상공(商功)

상공으로써 토목공사의 공정과 부피를 다룬다.

商功, 以御功程積實

[5-1] 파낸 땅의 부피가 1만자^{3}이다. 굳은 흙일 때와 부드러운 흙일 때는 각각 얼마나 되는가?

답 : 굳은 흙일 때는 7,500자^3, 부드러운 흙일 때는 12,500자^3.

풀이법에 따라서, 파낸 땅을 4라고 하면, 부드러운 흙은 5, 굳은 흙은 3, 두덕은 4로 한다. 파낸 땅으로 부드러운 흙을 구하려면, 5를 곱하고, 굳은 흙을 구하려면, 3을 곱하여, 모두 4로 나눈다. 부드러운 흙으로 파낸 땅을 구하려면, 4를 곱하고, 굳은 흙을 구하려면, 3을 곱하여, 모두 5로 나눈다. 굳은 흙으로 파낸 땅을 구하려면, 4를 곱하고, 부드러운 흙을 구하려면, 5를 곱하여, 모두 3으로 나눈다.

今有穿地積一萬尺. 問爲堅,壤各幾何?
答曰, 爲堅七千五百尺. 爲壤一萬二千五百尺.
術曰, 穿地四, 爲壤五, 爲堅三, 爲墟四. 以穿地求壤, 五之, 求堅, 三之, 皆四而一. 以壤求穿, 四之, 求堅, 三之, 皆五而一. 以堅求穿, 四之,求壤, 五之, 皆三而一.

성, 담, 제방, 도랑, 해자, 개천에 대한 풀이법은 모두 같다. 풀이법에 따라서, 위·아래 너비를 더해서 반으로 나눈 것을 높이 내지 깊이로 곱한 다음, 또 길이로 곱하면, 곧 부피가 된다.

주해 풀이법에서 말하는 부피(V)를 구하는 공식은

$$V = \frac{(\text{윗 너비} + \text{아래 너비}) \times \text{높이 또는 깊이}}{2} \times \text{길이}$$

로 표시될 수 있으며, 성, 담, 제방, 도랑, 해자, 개천의 단면이 모두 사다리꼴에 해당한다는 것을 보여준다.

> 城, 垣, 隄, 溝, 塹98), 渠, 皆同術.
> 術曰, 幷上下廣而半之, 以高若深乘之, 又以袤乘之, 卽積尺.

[5-2] 성의 아래 너비가 4장, 윗 너비가 2장, 높이가 5장, 길이가 126장 5자이다. 부피는 얼마인가?
답 : 1,897,500자^3.

> 今有城下廣四丈, 上廣二丈, 高五丈, 袤一百二十六丈五尺. 問積幾何?
> 答曰, 一百八十九萬七千五百尺.

98) 여기서 "참(塹)"은 단순한 구덩이나 참호가 아니라 해자--현대중국어로는 "성하(城河)"--를 가리킨다.

[5-3] 담이 있는데, 아래 너비가 3자, 윗 너비가 2장, 높이가 1장 2자, 길이가 22장 5자 8치이다. 부피는 얼마인가?
답 : 6,774자^3.

> 今有垣下廣三尺, 上廣二尺, 高一丈二尺, 袤二十二丈五尺八寸. 問積幾何?
> 答曰, 六千七百七十四尺.

[5-4] 제방이 있는데, 아래 너비가 2장, 윗 너비가 8자, 높이가 4자, 길이가 12장 7자이다. 부피는 얼마인가?
답 : 7,112자^3.

> 今有隄下廣二丈, 上廣八尺, 高四尺, 袤一十二丈七尺. 問積幾何?
> 答曰, 七千一百一十二尺.

겨울철 1인당 노동량은 444자^{3}이다. 몇 사람이나 써야 되는가?
답 : $16\frac{2}{111}$ 인.

풀이법에 따라서, 부피를 나뉨수로 삼고, 노동량을 나눗수로 삼아서, 나뉨수를 나눗수로 나누면, 곧 써야 할 사람수가 된다.

주해 계절에 따른 공사 문제의 첫 번째.

$$\frac{28}{2}\times4\times127 = 7112$$

$$\frac{7112}{444} = 16\frac{2}{111}$$

> 冬程人功四百四十四尺. 問用徒幾何?
> 答曰, 一十六人, 一百一十一分人之二.
> 術曰, 以積尺爲實, 程功尺數爲法, 實如法而一, 卽用徒人數.

[5-5] 도랑이 있는데, 윗 너비가 1장 5자, 아래 너비가 1장, 깊이가 5자, 길이가 7장이다. 부피는 얼마인가?
답 : 4,375자^3.

> 今有溝上廣一丈五尺, 下廣一丈, 深五尺, 袤七丈. 問積幾何?
> 答曰, 四千三百七十五尺.

봄철 1인당 노동량은 766자^{3}인데, 흙 작업에 $\frac{1}{5}$이 들기 때문에, 노동량을 $612\frac{4}{5}$자^{3}로 정한다. 몇 사람이나 써야 되는가?

답 : $7\frac{427}{3064}$ 인.

풀이법에 따라서, 원래의 노동량에서 $\frac{1}{5}$ 을 뺀 나머지를 나눗수로 삼고, 도랑의 부피를 나뉨수로 삼아서, 나뉨수를 나눗수로 나누면, 곧 써야 할 사람수가 된다.

주해 $766\times\frac{4}{5}=612\frac{4}{5}=\frac{3064}{5}$,

$4375\div\frac{3064}{5}=\frac{21875}{3064}=7\frac{427}{3064}$.

春程人功七百六十六尺, 幷出土功五分之一, 定功六百一十二尺, 五分尺之四. 問用徒幾何?
答曰, 七人,三千六十四分人之四百二十七.
術曰, 置本人功, 去其五分之一, 餘爲法. 以溝積尺爲實. 實如法而一,得用徒人數.

[5-6] 해자가 있는데, 윗 너비가 1장 6자 3치, 아래 너비가 1장, 깊이가 6자 3치, 길이가 13장 2자 1치이다. 부피는 얼마인가?
답 : 10,943.8자^3.

今有塹上廣一丈六尺三寸, 下廣一丈, 深六尺三寸, 袤一十三丈二尺一寸. 問積幾何? 答曰, 一萬九百四十三尺八寸.

여름철 1인당 노동량은 871자^{3}인데, 흙 작업에 $\frac{1}{5}$, 모래・자갈・물・돌을 제거하는 작업에 $\frac{2}{3}$가 들기 때문에, 노동량을 $232\frac{4}{15}$자^{3}로 정한다. 몇 사람이나 써야 되는가?

답 : $47\frac{409}{3484}$인.

풀이법에 따라서, 원래의 노동량에서 흙 작업 $\frac{1}{5}$과 모래・자갈・물・돌 제거작업 $\frac{2}{3}$를 뺀 나머지를 나눗수로 삼고, 해자의 부피를 나뉨수로 삼아서, 나뉨수를 나눗수로 나누면, 곧 써야 할 사람 수가 된다.

주해

$$871\times\frac{4}{5}\times\frac{1}{3}=\frac{3484}{15}=232\frac{4}{15},$$

$$10943.8\div232\frac{4}{15}=\frac{164157}{3484}=47\frac{409}{3484}.$$

夏程人功八百七十一尺. 幷出土功五分之一, 沙礫水石之工作太半, 定功二百三十二尺, 一十五分尺之四. 問用徒幾何?
答曰, 四十七人, 三千四百八十四分人之四百九.
術曰, 置本人功, 去其出土功五分之一, 又去沙礫水石之功太半, 餘爲法. 以塹積尺爲實. 實如法而一, 得用徒人數.

[5-7] 개천을 파는데, 윗 너비가 1장 8자, 아래 너비가 3자 6치, 깊이가 1장 8자, 길이가 51,824자이다. 부피는 얼마인가?

답 : 174,585.6자^3.

今有穿渠上廣一丈八尺, 下廣三尺六寸, 深一丈八尺, 袤五萬一千八百二十四尺. 問積幾何?
答曰, 一十七萬四千五百八十五尺六寸.

가을철 1인당 노동량은 300자^{3}이다. 몇 사람이나 써야 되는가?
답 : 33,582인이 일하면 14자 3치가 남는다.

秋程人功三百尺, 問用徒幾何?
答曰, 三萬三千五百八十二人功. 內少一十四尺四寸.

1,000명이 먼저 도착했다면, 각자 얼마의 길이를 맡아야 하는가?
답 : 154장 3자 $2\frac{8}{81}$ 치.

풀이법에 따라서, 1인당 노동량으로 먼저 도착한 사람 수를 곱하여 나뉨수로 삼고, 개천의 위 · 아래 너비를 더해 반으로 나눈 값을 깊이로 곱하여 나눗수로 삼아서, 나뉨수를 나눗수로 나누면, 길이가 된다.

一千人先到, 問各當受袤幾何?
答曰, 一百五十四丈百三尺二寸, 八十一分寸之八.
術曰, 以一人功尺數, 乘先到人數爲實. 幷渠上下廣置而半之, 以深乘之爲法. 實如法得袤尺.

[5-8] 정사각형 보도(방보도)가 있는데, 한 변이 1장 6자이고, 높이가 1장 5자이다. 부피는 얼마인가?
답 : 3,840자^3.

풀이법에 따라서, 한 변을 제곱하고, 높이로 곱하면, 곧 부피가 된다.

주해 정사각형 보도의 부피(V)는 다음과 같이 나타난다.

$$V = \text{변}^2 \times \text{높이} = 16^2 \times 15 = 3,840 \text{ 자}^3.$$

今有方堡壔[99], 方一丈六尺, 高一丈五尺. 問積尺幾何? 答曰, 三千八百四十尺.
術曰, 方自乘, 以高乘之, 卽積尺.

99) "보도(堡壔)"는 "堡,堡障,小城,壔,高土."라는 사전(「광운(廣韻)」)적 풀이대로 작은 성이나 높이 쌓은 흙을 말하는데, 여기서는 기둥 모양을 가리킨다.

[5-9] 원형 보도(원보도)가 있는데, 둘레가 4장 8자이고, 높이가 1장 1자이다. 부피는 얼마인가?

답 : 2,112자^3.

풀이법에 따라서, 지름을 제곱하고, 높이로 곱한 다음, 12로 나눈다.

주해 원형 보도의 부피(V)는 다음과 같이 나타난다.

$$V=\pi\left(\frac{\text{둘레}}{2\pi}\right)^2\times\text{높이}=\left(\frac{\text{둘레}^2}{4\pi}\right)\times\text{높이}\simeq\frac{\text{둘레}^2\times\text{높이}}{12}$$

$$=\frac{48^2\times 11}{12}=2,112\text{자}^3.$$

今有圓堡壔, 周四丈八尺, 高一丈一尺. 問積尺幾何?

答曰, 二千一百十二尺.

術曰, 周自相乘, 以高乘之, 十二而一.

[5-10] 정사각형 정자(방정)가 있는데, 아랫변은 5장이고, 윗변은 4장이며, 높이가 5장이다. 부피는 얼마인가?

답 : $101,666\frac{2}{3}$ 자^3.

풀이법에 따라서, 위·아래 변들을 서로 곱하고, 또 각각을 제곱하여, 모두 더한 것을 높이로 곱한 다음, 3으로 나눈다.

주해 정사각형 정자의 부피(V)는, 옆면의 네 빗변들을 연장해서 생각하면, 큰 정사각뿔(방추)에서 꼭지점 쪽의 작은 정사각뿔을 절단해 버린 형태라고 할 수 있다. 그리하여, 작은 정사각뿔의 높이를 h라고 하면, 윗변 : 아랫변 = h : (h+높이)의 비례가 성립되어,

$$h=\frac{\text{윗변}\times\text{높이}}{(\text{아랫변}-\text{윗변})}\text{가 되며,}$$

$$V=\frac{\text{아랫변}^2\times\frac{\text{아랫변}\times\text{높이}}{(\text{아랫변}-\text{윗변})}-\text{윗변}^2\times\frac{\text{윗변}\times\text{높이}}{(\text{아랫변}-\text{윗변})}}{3}$$

$$=\frac{(\text{아랫변}^3-\text{윗변}^3)}{(\text{아랫변}-\text{윗변})}\times\frac{\text{높이}}{3}$$

$$=\frac{(\text{윗변}^2+\text{아랫변}^2+\text{윗변}\times\text{아랫변})\times\text{높이}}{3}$$

이 된다. 상기 풀이법은 바로 마지막으로 정돈된 식을 나타낸다. 이제, 풀이법에 따라서 계산하면, 그 결과는 다음과 같다.

$$\frac{(4^2+5^2+4\times5)\times5}{3}\text{장}^3=\frac{61\times5}{3}\text{장}^3=\frac{305}{3}\text{장}^3$$

$$=\frac{305,000}{3}\text{자}^3=101,666.67\text{자}^3.$$

今有方亭, 下方五丈, 上方四丈, 高五丈. 問積幾何?
答曰, 一十萬一千六百六十六尺, 太半尺.
術曰, 上下方相乘, 又各自乘, 幷之, 以高乘之,三而一.

[5-11] 원형 정자(원정)가 있는데, 아래 둘레는 3장이고, 윗 둘레는 2장이며, 높이는 1장이다. 부피는 얼마인가?

답 : $527\frac{7}{9}$ 자^3.

풀이법에 따라서, 위・아래 둘레를 서로 곱하고, 또 각각을 제곱하여, 모두 더한 것을 높이로 곱한 다음, 36으로 나눈다.

주해 원형 정자 내지 원뿔대의 부피(V)를 구하는 식을 다음과 같은 순서로 정리하면, 풀이법에서 가리키는 공식이 도출된다.

$$
\begin{aligned}
V &= \frac{\pi}{3}\times\left(\frac{\text{아래 둘레}}{2\pi}\right)^2\times\frac{\text{아래 둘레}\times\text{높이}}{\text{아래 둘레}-\text{윗 둘레}} \\
&\quad -\frac{\pi}{3}\times\left(\frac{\text{윗 둘레}}{2\pi}\right)^2 \\
&\quad \times\frac{\text{윗 둘레}\times\text{높이}}{\text{아래 둘레}-\text{윗 둘레}} \\
&= \frac{(\text{아래 둘레}^3-\text{윗 둘레}^3)\times\text{높이}}{(\text{아래 둘레}-\text{윗 둘레})\times 3\times 4\pi} \\
&= \frac{(\text{윗 둘레}^2+\text{아래 둘레}^2+\text{윗 둘레}\times\text{아래 둘레})\times\text{높이}}{12\pi} \\
&\simeq \frac{(\text{윗 둘레}^2+\text{아래 둘레}^2+\text{윗 둘레}\times\text{아래 둘레})\times\text{높이}}{36}.
\end{aligned}
$$

그리하여, 문제에서 말하는 원형 정자의 부피는

$$
\begin{aligned}
\frac{(2^2+3^2+2\times 3)\times 1}{36}\ \text{장}^3 &= \frac{19}{36}\ \text{장}^3 \\
&= 527\frac{28}{36}\ \text{자}^3 = 527\frac{7}{9}\ \text{자}^3
\end{aligned}
$$

로 나타난다.

今有圓亭, 下周三丈, 上周二丈, 高一丈. 問積幾 何? 答曰, 五百二十七尺, 九分尺之七.
術曰, 上下周相乘, 又各自乘, 幷之, 以高乘之, 三十六而一.

[5-12] 정사각뿔(방추)이 있는데, 밑변은 2장 7자이고, 높이는 2장 9자이다. 부피는 몇 자^{3}인가?
답 : 7,047자^3.

풀이법에 따라서, 밑변을 제곱하고, 높이로 곱한 다음, 3으로 나눈다.

주해 풀이법의 공식에 따라서 정사각뿔의 부피(V)를 계산하면,

$$V=\frac{\text{밑변}^2\times\text{높이}}{3}=\frac{27^2\times 29}{3}=7,047\text{자}^3$$

로 나타난다.

今有方錐下方二丈七尺, 高二丈九尺. 問積尺幾何? 答曰, 七千四十七尺.
術曰, 下方自乘, 以高乘之, 三而一.

[5-13] 원뿔(원추)이 있는데, 아래 둘레는 3장 5자이고, 높이는 5장 1자이다. 부피는 얼마인가?

답 : $1,735\frac{5}{12}$ 자^3.

풀이법에 따라서, 아래 둘레를 제곱하고, 높이로 곱한 다음, 36으로 나눈다.

주해 이 풀이법의 의미는 [5-9]의 주해에서 전개한 바 있는 원통 부피 계산공식과 견주어 보면 좋을 것이다.

$$V=\frac{\pi\left(\frac{\text{둘레}}{2\pi}\right)^2\times\text{높이}}{3}$$

$$=\frac{\text{아래 둘레}^2\times\text{높이}}{3\times 2^2\times\pi}\simeq\frac{\text{아래 둘레}^2\times\text{높이}}{36}.$$

공식에 따라 문제를 풀면, 다음과 같이 나타난다.

$$\frac{35^2\times 51}{36}=1,735\frac{5}{12}\text{ 자}^3.$$

今有圓錐下周三丈五尺, 高五丈一尺. 問積幾何? 答曰, 一千七百三十五尺, 十二分尺之五.
術曰, 下周自乘, 以高乘之, 三十六而一.

[5-14] 참도가 있는데, 아래 너비가 2장, 길이가 18장 6자, 높이가 2장 5자이다. 부피는 몇 자^{3}인가?

답 : 46,500자^3.

풀이법에 따라서, 너비와 길이를 곱하고, 높이로 곱한 다음, 2로 나눈다.

주해 풀이법의 공식에 따라서 참도의 부피(V)를 계산하면,

$$V=\frac{\text{너비}\times\text{길이}\times\text{높이}}{2}=\frac{20\times186\times25}{2}=46,500\ \text{자}^3$$

로 나타난다. 郭書春(1990 : 63 ; 1998 : 32)은 참도를 비롯한, "상공"장에 등장하는 여러 가지 모양의 부피들을 다음과 같이 정리하고 있어서 도움이 된다.

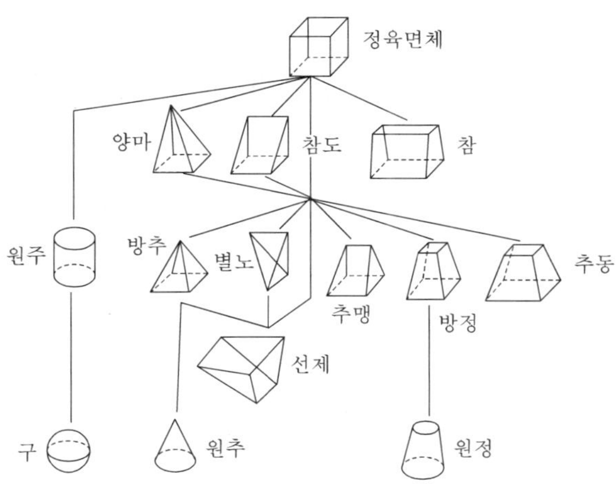

[그림 5-1] "상공"장에 등장하는 부피들의 계통 (출처: 郭書春, 1998: 32.)

今有塹堵[100]下廣二丈, 袤十八丈六尺, 高二丈五尺. 問積尺幾何? 答曰, 四萬六千五百尺.
術曰, 廣袤相乘, 以高乘之, 二而一.

[5-15] 양마가 있는데, 너비가 5자, 길이가 7자, 높이가 8자이다. 부피는 몇 자^{3}인가?

답 : $93\frac{1}{3}$ 자^3.

풀이법에 따라서, 너비와 길이를 곱하고, 높이로 곱한 다음, 3으로 나눈다.

주해 풀이법의 공식에 따라서 양마의 부피(V)를 계산하면, 다음과 같다.

$$V = \frac{\text{너비} \times \text{길이} \times \text{높이}}{3} = \frac{5 \times 7 \times 8}{3} = \frac{280}{3} = 93\frac{1}{3} \text{ 자}^3.$$

今有陽馬[101], 廣五尺, 袤七尺, 高八尺. 問積尺幾何? 答曰, 九十三尺, 少半尺.
術曰, 廣袤相乘, 以高乘之, 三而一.

---

100) "참도"는 직각삼각형 기둥을 가리킨다.
101) "양마"란 직사각형 뿔의 일종으로서, 뿔의 꼭지점이 밑면을 이루는 직사각형

[5-16] 자라 팔꿈치(별노)가 있는데, 아래 너비가 5자, 모서리가 4자, 높이가 7자이다. 부피는 얼마인가?

답 : $23\frac{1}{3}$ 자^3.

풀이법에 따라서, 너비와 길이를 곱하고, 높이로 곱한 다음, 6으로 나눈다.

주해 풀이법의 공식에 따라서 자라 팔꿈치의 부피(V)를 계산하면, 다음과 같다.

$$V=\frac{(5\times4)\times7}{6}=\frac{140}{6}=\frac{70}{3}=23\frac{1}{3} \text{ 자}^3.$$

今有鼈臑[102], 下廣五尺, 無袤, 上袤四尺, 無廣, 高七尺. 問積幾何? 答曰, 二十三尺, 少半尺.
術曰, 廣袤相乘, 以高乘之, 六而一.

의 한 꼭지점에서 올려진 수선상에 놓여있는 것이다. 이것은 또한 참도의 한쪽 직각삼각형 마구리의 밑변을 다른쪽 마구리의 꼭지점과 연결하여 절단한 결과 얻어지는 직사각형 뿔로 이해해도 좋다. 참도에서 양마를 잘라낸 나머지는 "자라 팔꿈치"이다.

102) 「논형(論衡)」의 담천편(談天篇)은 공공이 전욱과 천자 자리를 놓고 다투다 실패하자 화가 나서 하늘을 떠받치는 기둥을 부러뜨리고 땅을 잇는 밧줄을 끊어버렸지만, 여와(女媧)가 오색 돌을 녹여 하늘을 메우고 자라 발(鼇足)을 끊어서 네 하늘 끝을 받쳤다는 전설을 인용하면서 자라 발을 그렇게 사용할 수 있는 가능성에 대해서 혹독한 비판을 퍼붓고 있다. 그러나 자라 발을 반드시 동물의 발로만 이해할 것이 아니라 기하적인 형태로서 "자라 팔꿈치"와 같은 것으로 보면, 왕충(王充)의 비판은 무의미해진다.

[5-17] 선제가 있는데, 윗 너비가 1장, 아래 너비가 6자, 깊이가 3자, 끝 너비가 8자, 그리고 깊이가 없는 길이가 7자이다. 부피는 얼마인가?
답 : 84자^3.

풀이법에 따르면, 세 너비를 더하여 깊이로서 그것을 곱하고, 또 길이로서 그것을 곱한 다음, 6으로 나눈다.

주해 풀이법의 공식에 따라서 선제의 부피(V)를 계산하면, 다음과 같다.

$$V = \frac{(\text{윗 너비} + \text{아래 너비} + \text{끝 너비}) \times \text{깊이} \times \text{길이}}{6}$$

$$= \frac{(10+6+8) \times 3 \times 7}{6} = 84 \text{ 자}^3.$$

今有羨除[103], 上廣一丈, 下廣六尺, 深三尺, 末廣八尺, 無深, 袤七尺. 問積幾何? 答曰, 八十四尺.
術曰, 并三廣, 以深乘之, 又以袤乘之, 六而一.

[5-18] 대마루(추맹)가 있는데, 아래 너비가 3장, 아래 길이가 4장, 윗 길이가 2장이고, 높이가 1장이다. 부피는 얼마인가?
답 : 5,000자^3.

풀이법에 따라서, 아래 길이를 2배하여 윗 길이와 더한 것을 너

---

103) "선제"란 흡사 쓰레받기 또는 쐐기 같이 생긴 것을 가리킨다.

비로 곱하고, 또 높이로 곱한 다음, 6으로 나눈다.

주해 풀이법에서 말하는 대마루의 부피(V)를 구하는 공식은

$$V=\frac{(2\times\text{아래 길이}+\text{윗 길이})\times\text{너비}\times\text{높이}}{6}$$

이고, 이것을 문제에 적용하면,

$$\frac{(2\times 4+2)\times 3\times 1}{6}=5\text{ 장}^3=5,000\text{자}^3$$

라는 계산이 나온다. 그렇다면, 이 "추맹술" 공식의 의미는 과연 무엇인가? 이 질문에 답하기 위한 하나의 방편으로, 풀이법을 떠나서, 주어진 문제의 대마루를 꼭대기 양끝에서 수직으로 절단했을 때 생기는, 모로 누운 삼각기둥과 양끝에 남는 사각뿔들로 나누어 생각해보기로 한다. 그러면 전자의 부피는

$$\frac{3\times 1}{2}\times 2=3\text{장}^3=3,000\text{자}^3$$

가 되고, 후자의 부피들은

$$\frac{3\times 1\times 1}{3}\times 2=2\text{장}^3=2,000\text{자}^3$$

가 되어, 결국 총 5,000자^{3}가 된다. 그런데 이 계산을 정리해보면, 다음과 같이 정확히 "추맹술" 공식으로 귀결된다는 것을 알 수 있다.

$$\frac{3\times1}{2}\times2+\frac{3\times1\times1}{3}\times2$$
$$=\frac{\text{너비}\times\text{높이}}{2}\times\text{윗 길이}+\frac{\text{너비}\times(\text{아래 길이}-\text{윗 길이})\times\text{높이}}{2\times3}\times2$$
$$=\frac{(3\times\text{윗 길이}+2\times(\text{아래 길이}-\text{윗 길이}))\times\text{너비}\times\text{높이}}{6}$$
$$=\frac{(2\times\text{아래 길이}+\text{윗 길이})\times\text{너비}\times\text{높이}}{6}.$$

今有蒭甍104), 下廣三丈, 袤四丈, 上袤二丈, 無廣, 高一丈. 問積幾何?

答曰, 五千尺.

術曰, 倍下長, 并入上長, 以廣乘之, 又以高乘之, 六而一.

여물통, 굽은 연못, 사각쟁반 모양의 연못, 무덤 구덩이에 대한 풀이법들은 모두 같다.

풀이법에 따라서, 윗 길이를 2배하여 아래 길이와 더한 것과, 또 아래 길이를 2배하여 윗 길이와 더한 것을 각각 그 너비로 곱해서, 두 값을 더한 것을 높이 또는 깊이로 곱한 다음, 6으로 나눈다. 굽은 연못은 위 가운데 둘레와 바깥 둘레를 더하여 반으로 나눈 값을 윗 길이로 삼고, 또 아래 가운데 둘레와 바깥 둘레를 더하여 반으로 나눈 값을 아래 길이로 삼는다.

104) "추맹" 또는 대마루는 밑면이 직사각형이고, 양 마구리가 삼각형이고, 앞뒤가 사다리꼴이며, 꼭대기가 직선인 전후·좌우로 대칭인 입체를 가리킨다.

芻童, 曲池, 盤池, 冥谷皆同術.
術曰, 倍上袤, 下袤從之, 亦倍下袤, 上袤從之, 各以其廣乘之, 幷, 以高若深乘之, 皆六而一. 其曲池者, 幷上中, 外周而半之, 以爲上袤, 亦幷下中, 外周而半之, 以爲下袤.
術曰, 以一匹尺數爲法, 今有布尺數乘價錢爲實, 實如法得錢數.

[5-19] 여물통(추동)이 있는데, 아래 너비가 3장, 뻗친 세로가 4장, 윗 너비가 2장, 높이가 3장이다. 부피는 얼마인가?

답 : 26,500자^3.

풀이법에 따라서, 윗 길이를 2배하여 아래 길이와 더한 것을 윗 너비로 곱하고, 또 아래 길이를 2배하여 윗 길이와 더한 것을 아래 너비로 곱해서, 두 값을 더한 것을 높이로 곱한 다음, 6으로 나눈다.

주해 추동은 흡사 마야의 피라미드 같이 생긴 것으로서 밑면과 윗면이 모두 직사각형이고, 네 옆면들이 모두 사다리꼴인 입체를 가리킨다. 추동의 부피(V)는 추맹 2개로 나눠어진다고 생각할 수 있을 것이다.

$$V = \frac{(((2\times\text{윗 길이}+\text{아래 길이})\times\text{윗 너비})+((2\times\text{아래 길이}+\text{윗 길이})\times\text{아래 너비}))\times\text{높이}}{6}$$

이 공식에 따라 문제를 풀면, 다음과 같은 결과를 얻는다.

$$((2\times40+30)\times30+(2\times30+40)\times20)\times30\div6$$
$$=(3300+20\ 00)\times5=5300\times5=26500\text{ 자}^3.$$

> 今有蒭童, 下廣三丈, 袤四丈, 上廣二丈, 袤三丈, 高三丈. 問積幾何? 答曰, 二萬六千五百尺.
> 術曰, 倍上長, 倂入下長, 以上廣乘之, 又倍下長, 倂入上長, 以下廣乘之, 倂二位以高乘之, 六而一.

[5-20] 굽은 연못(곡지)이 있는데, 위로는 가운데 둘레가 2장, 바깥 둘레가 4장, 너비가 1장이고, 아래로는 가운데 둘레가 1장 4자, 바깥 둘레가 2장 4자, 너비가 5자이며, 깊이는 1장이다. 부피는 얼마인가?

답 : $1,883\frac{1}{3}$ 자^3.

> 今有曲池, 上中周二丈, 外周四丈, 廣一丈, 下中周一丈四尺, 外周二丈四尺, 廣五尺, 深一丈. 問積幾何?
> 答曰, 一千八百八十三尺三寸, 少半寸.

[5-21] 사각쟁반 모양의 연못(반지)이 있는데, 위로는 너비가 6장, 길이가 8장이고, 아래로는 너비가 4장, 길이가 6장이며, 깊이는 2장이다. 부피는 얼마인가?

답 : $70,666\frac{2}{3}$ 자^3.

今有盤池, 上廣六丈, 袤八丈, 下廣四丈, 袤六丈, 深二丈. 問積幾何?
答曰, 七萬六百六十六尺, 太半尺.

흙을 등에 지고 오가는 것은 70보인데, 그 중 사다리를 오르내린 20보는 뺀다. 사다리 뺀 것 2는 평지 길의 5로 치고, 쉬는 시간으로 10에 1을 더하고, 수레로 수송하는 사이를 30보로 쳐서, 한 차례 돌아오는 것을 140보로 정한다. 흙 바구니의 부피는 1자 6치이고, 가을철 공사량은 59리 반이다. 한 사람마다 돌아가게 될 운반량은 얼마이며, 써야 할 사람 수는 얼마인가?

답 : 한 사람당 운반량은 204자^{3}이고, 써야 할 사람 수는 $346\frac{62}{153}$ 명.

풀이법에 따라서, 바구니 하나의 부피로 공사량의 보수를 곱해서 나뉨수로 삼는다. 오가고 오르내릴 때, 사다리 뺀 것 2는 평지 길의 5로 친다. 왕래하는 보수 10에다 1을 더하고, 수레로 수송하는 사이의 30보를 더하여 나눗수로 삼아서, 나눠주면, 그 값이 곧 한 사람당 운반해야 할 양이다. 한 사람당 운반량으로 전체 부피를 나누면, 곧 써야 할 사람수가 된다.

주해 문제 가운데 보이는 "한 차례 돌아오는 것을 140보로 정한다"라는 말은 다음과 같은 계산을 나타낸다.

$$\left((70-20)+20\times\frac{5}{2}\right)\times\frac{11}{10}+30=140\text{ 보}.$$

負土往來七十步, 其二十步上下棚除. 棚除二當平道五, 踟躕之間[105]十加一, 載輸之間三十步, 定一返一百四十步. 土籠積一尺六寸, 秋程人功行五十九里半. 問人到, 積尺, 及用徒各幾何?
答曰, 人到二百四尺. 用徒三百四十六人, 一百五十三分人之六十二.
術曰, 以一籠積尺乘程行步數爲實. 往來上下, 棚除二當平道五. 置定往來步數, 十加一, 及載輸之間三十步以爲法. 除之, 所得卽一人所到尺. 以所到約積尺, 卽用徒人數.

[5-22] 무덤 구덩이(명곡)가 있는데, 위로는 너비가 2장, 길이가 7장이고, 아래로는 너비가 8자, 길이가 4장이며, 깊이는 6장 5자이다. 부피는 얼마인가?
답 : 52,000자^3.

今有冥谷上廣二丈, 袤七丈, 下廣八丈, 袤四丈, 深六丈五尺. 問積幾何?
答曰, 五萬二千尺.

105) “지주지간(踟躕之間)”은 머뭇거리는 사이, 즉, 쉬는 시간이라는 뜻이다.

흙을 싣고 오가는 것은 200보이고, 수레에 실어 수송하는 거리를 1리로 치며, 한 수레에는 6사람이 타며, 수레에는 34자^3 7치를 싣는다. 한 사람마다 돌아가게 될 운반량은 얼마이며, 써야 할 사람수는 얼마인가?

답 : 한 사람당 운반량은 $201\frac{13}{50}$ 자^{3}이고, 써야 할 사람수는 $258\frac{3746}{10C63}$ 명.

풀이법에 따라서, 수레 하나의 부피로 공사량의 보수를 곱해서 나뉨수로 삼는다. 왕래하는 보수에다 수레에 실어 수송하는 사이의 1리를 더하고, 수레에 타는 6사람으로 곱하여 나눗수로 삼아서, 나눠주면, 그 값이 곧 한 사람당 운반해야 할 양이다. 한 사람당 운반량으로 전체 부피를 나누면, 곧 써야 할 사람수가 된다.

載土往來二百步, 載輸之間一里, 程行五十八里, 六人共車, 車載三十四尺七寸. 問人到, 積尺, 及用徒各幾何?
答曰. 人到二百一尺, 五十分尺之十三. 用徒二百五十八人, 一萬六十三分人之三千七百四十六.
術曰, 以一車積尺乘程行步數爲實. 置今往來步數, 加載輸之間一里, 以車六人乘之, 爲法. 除之, 所得卽一人所到尺. 以所到約積尺, 卽用徒人數.

[5-23] 조를 평지에 쌓아 놓았는데, 아래 둘레가 102장, 높이가 2장이다. 쌓인 조의 부피와 섬수는 얼마나 되는가?

답 : 부피 8,000자^3, 조 $2,962\frac{26}{27}$ 섬.

今有委粟平地, 下周一百二丈, 高二丈. 問積及爲粟幾何?
答曰, 積八千尺. 爲粟二千九百六十二斛, 二十七分斛之二十六.

[5-24] 콩을 담에 기대어 쌓아 놓았는데, 아래 둘레가 3자, 높이가 7자이다. 쌓인 콩의 부피와 섬수는 각각 얼마나 되는가?

답 : 부피 350자^3, 콩 $144\frac{8}{243}$ 섬.

今有委菽依垣, 下周三丈, 高七尺. 問積及爲菽各幾何?
答曰, 積三百五十尺. 爲菽一百四十四斛, 二百四十三分斛之八.

[5-25] 쌀을 담 모퉁이에 쌓아 놓았는데, 아래 둘레가 8자, 높이가 5자이다. 쌓인 쌀의 부피와 섬수는 얼마나 되는가?

답 : 부피 $35\frac{5}{9}$ 자^3, 쌀 $21\frac{691}{729}$ 섬.

풀이법(위속술)에 따라서, 아래 둘레를 제곱한 것을 높이로 곱해서 36으로 나눈다. 담에 기대어 쌓은 것은 18로 나누고, 담 모퉁이에 쌓은 것은 9로 나눈다. 조 1섬 부피는 2자 7치, 쌀 1섬 부피는 1자 $6\frac{1}{5}$ 치, 콩・팥・깨・보리 1섬은 모두 2자 $4\frac{3}{10}$ 치를 헤아린다.

今有委米依垣內角, 下周八尺, 高五尺. 問積及爲米幾何?
答曰, 積三十五尺, 九分尺之五. 爲米二十一斛, 七百二十九分斛之六百九十一.
委粟術曰, 下周自乘, 以高乘之, 三十六而一. 其依垣者, 十八而一. 其依垣內角者, 九而一. 程[106]粟一斛, 積二尺七寸, 其米一斛, 積一尺六寸, 五分寸之一, 其菽, 荅, 麻, 麥一斛, 皆二尺四寸, 十分寸之三.

[5-26] 땅을 파서 담을 만들었는데, 길이가 1장 6자, 깊이가 1장, 윗 너비가 6자이며 부피가 576자이다. 파낸 땅의 아래 너비는 얼마인가?

답 : $3\frac{3}{5}$ 자.

풀이법에 따라서, 담의 부피를 4배하여 나뉨수로 삼고, 깊이와 길이의 곱을 3배하여 나눗수로 삼아서, 나뉨수를 나눗수로 나눈 것을 2배하여 윗 너비를 빼면, 나머지가 곧 아래 너비가 된다.

주해 풀이법이 말하는 바를 그대로 공식으로 옮기자면, 담의 부피를 V라고 할 때,

$$\frac{4V}{3\times\text{깊이}\times\text{길이}}\times 2-\text{윗 너비}=\text{아래 너비}$$

가 되고, 정돈하면

106) 여기서 "정(程)"은 "양을 재다, 헤아리다"의 뜻이다.

$$V = (\text{윗 너비} + \text{아래 너비}) \times \text{깊이} \times \text{길이} \times \frac{3}{4} \div 2$$

가 되므로, 문제에서 요구하는 아래 너비는 다음과 같이 계산된다.

$$576 = \frac{(6 + \text{아래 너비}) \times 10 \times 16 \times 3}{8},$$

$$\therefore \text{아래 너비} = 9.6 - 6 = 3.6\text{자}.$$

今有搾地, 袤一丈六尺, 深一丈, 上廣六尺, 爲垣積五百七十六尺. 問搾地下廣幾何?
答曰, 三尺, 五分尺之三.
術曰, 置垣積尺, 四之爲實. 以深, 袤相乘, 又三之, 爲法. 所得倍之, 減上廣,餘卽下廣.

[5-27] 창고가 있는데, 너비가 3장, 길이가 4장 5자이며, 조 1만섬으로 채워져 있다. 높이는 얼마인가?
답 : 2장.

풀이법에 따라서, 조 1만섬의 부피를 나뉨수로 삼고, 너비와 길이의 곱을 나눗수로 삼아서, 나뉨수를 나눗수로 나누면, 높이가 된다.

今有倉廣三丈, 袤四丈五尺, 容粟一萬斛. 問高幾何? 答曰, 二丈.
術曰, 置粟一萬斛積尺爲實. 廣袤相乘爲法. 實如法而一, 得高尺.

[5-28] 원통형의 곳간(원균)이 있는데, 높이가 1장 3자 $3\frac{1}{3}$치이며, 쌀 2,000섬으로 채워져 있다. 지름은 얼마인가?

답 : 5장 4자.

풀이법에 따라서, 쌀의 부피를 12로 곱하고, 높이로 나눈 값의 제곱근을 구하면, 곧 둘레가 된다.

今有圓囷107), 高一丈三尺三寸, 少半寸, 容米二千斛. 問周幾何? 答曰, 五丈四尺.
術曰, 置米積尺, 以十二乘之, 令高而一, 所得, 開方除之, 卽周.

107) "균(囷)"은 둥근 곳간(圓廩, 倉圓)을 말한다.

제 6 권 균수(均輸)

"균수"로써 거리의 원근과 비용 부담을 정하는 것을 다룬다.

均輸, 以御遠近勢費

[6-1] 세금으로 걷을 곡식이 있는데, 갑현은 1만 가구가 살고, 8일을 가야 하며, 을현은 9,500 가구가 살고, 10일을 가야 하며, 병현은 12,350 가구가 살고, 13일을 가야 하며, 정현은 12,200 가구가 살고, 20일을 가야만, 각각 수송장소에 이를 수 있다. 네 현이 모두 부담하고 운반해야 할 조는 25만섬이며, 수레는 1만대를 사용한다. 거리의 멀고 가까움, 가구수의 많고 적음에 따라서 차등적으로 내게 하려면, 조와 수레는 각각 얼마씩 되어야 하는가?
답: 갑현 조 83,100섬, 수레 3,324대, 을현 조 63,175섬, 수레 2,527대, 병현 조 63,175섬, 수레 2,527대, 정현 조 40,550섬, 수레 1,622대.

풀이법(균수술)에 따라서, 각 현의 호구 수를 가야 하는 날수로 나눠서 비율로 삼는다. 갑 125, 을·병 각 95, 정 61의 비율들을 더하여 나눗수로 삼고, 세금과 수레 수로 더하기 전의 비율을 곱해 나뉨수로 삼아서, 나뉨수를 나눗수로 나누면, 수레수가 된다. 분수가 있는 것은 반올림한다. 25섬으로 수레 수를 곱하면, 조의 양이 된다.

今有均輸粟, 甲縣一萬戶, 行道八日, 乙縣九千五百戶, 行道十日,丙縣一萬二千三百五十戶, 行道十三日, 丁縣一萬二千二百戶, 行道二十日, 各到輸所. 凡四縣賦當輸二十五萬斛,用車一萬乘. 欲以道里遠近, 戶數多少衰出之. 問粟, 車各幾何?

答曰, 甲縣粟八萬三千一百斛, 車三千三百二十四乘. 乙縣粟六萬三千一百七十五斛, 車二千五百二十七乘. 丙縣粟六萬三千一百七十五斛. 車二千五百二十七乘. 丁縣粟四萬五百五十斛, 車一千六百二十二乘.

均輸術曰, 令縣戶數, 各如其本行道日數而一, 以爲衰. 甲衰一百二十五, 乙丙衰各九十五, 丁衰六十一, 副幷爲法. 以賦粟, 車數乘未幷者, 各自爲實. 實如法得一車. 有分者,上下輩之[108]. 以二十五斛乘車數, 卽粟數.

[6-2] 세금 수송원들이 있는데, 갑현은 1,200명으로서 요새에 가깝고, 을현은 1,550명으로서 요새까지 가는데 하루가 걸리며, 병현은 1,280명으로서 요새까지 가는데 이틀 걸리며, 정현은 990명으로서 요새까지 가는데 사흘 걸리며, 무현은 1,750명으로서 요새까지 가는데 닷새 걸린다. 다섯 현 모두 합쳐서 한 달에 1,200명을 수송원으로 부과하려고 한다. 멀고 가까움, 가구수의 많고 적음에 따라서 차등적으로 내게 하려면, 각 현의 사람수는 얼마나 되어야 하는가?

답 : 갑현 229인, 을현 286인, 병현 228인, 정현 171인, 무현 286인.

---

108) "상하배지(上下輩之)"는 위 아래로 몰아준다, 다시 말해서, 반올림(四捨五入)한다는 뜻이다.

풀이법에 따라서, 각현의 수송담당원수를 요새에 머무르며 가야 하는 날수로 나눠서 비율로 삼는다. 갑 4, 을 5, 병 4, 정 3, 무 5의 비율들을 더하여 나눗수로 삼고, 세금과 인원수로 더하기 전의 비율을 곱하여 나뉨수로 삼아서, 나뉨수를 나눗수로 나눈다. 분수가 있는 것은 반올림한다.

주해 풀이법에서 말하는 "갑 4, 을 5, 병 4, 정 3, 무 5의 비율"은, "머무르는 날(거소일)"을 한 달--30일--로 잡았을 때, 거기에다 수송시간을 더한 값으로 각현의 수송담당원수를 나눠서 얻은 것이다. 즉,

$$\frac{1,200}{30} : \frac{1,550}{30+1} : \frac{1,280}{30+2} : \frac{990}{30+3} : \frac{1,750}{30+5}$$
$$= 4 : 5 : 4 : 3 : 5$$

이다. 그 까닭은 문제에서 "다섯 현 모두 합쳐서 한 달에 1,200명을 수송원으로 부과"하려고 하고 있기 때문이다. 그에 따라, 이 비율들 전체의 합은 4+5+4+3+5=21이 되고, 각 현에 할당되는 수송원 수는, 비율이 3, 4, 5일 경우, 차례대로,

$$1200\times\frac{3}{21} = 171\frac{3}{7},$$
$$1200\times\frac{4}{21} = 228\frac{4}{7},$$
$$1200\times\frac{5}{21} = 285\frac{5}{7}$$

로 드러난다.

今有均輸卒, 甲縣一千二百人, 薄塞, 乙縣一千五百五十人, 行道一日, 丙縣一千二百八十人, 行道二日, 丁縣九百九十人, 行道三日, 戊縣一千七百五十人, 行道五日. 凡五縣, 賦輸卒一月一千二百人. 欲以遠近, 戶率, 多少衰出之. 問縣各幾何?
答曰,甲縣二百二十九人. 乙縣二百八十六人. 丙縣二百二十八人. 丁縣一百七十一人. 戊縣二百八十六人.
術曰, 令縣卒, 各如其居所及行道日數而一, 以爲衰. 甲衰四,乙衰五,丙衰四, 丁衰三,戊衰五, 副幷爲法. 以人數乘未幷者各自爲實. 實如法而一. 有分者, 上下輩之.

[6-3] 세금으로 걷을 곡식이 있다. 갑현은 20,520 가구가 살고, 조 1섬에 20전 하는데, 자기네 현으로 납부하고, 을현은 12,320 가구가 살고, 조 1섬에 10전 하는데, 수송장소까지의 거리가 200리이고, 병현은 7,182 가구가 살고, 조 1섬에 12전 하는데, 수송장소까지의 거리가 150리이고, 정현은 13,338 가구가 살고, 조 1섬에 17전 하는데, 수송장소까지의 거리가 250리이며, 무현은 5,130 가구가 살고, 조 1섬에 13전 하는데, 수송장소까지의 거리가 150리이다. 다섯 현 모두에게 세금으로 부과된 조는 10,000섬이고, 차 1대에는 25섬을 실을 수 있으며, 1리당 1전을 주도록 한다. 현의 가구 수와 납부할 조에 따라서 비용을 균등하게 하려고 하면, 각 현이 세금으로 낼 곡식은 얼마나 되는가?

답 : 갑현 $3,571\frac{517}{2873}$ 섬, 을현 $2,380\frac{2260}{2873}$ 섬, 병현 $1,388\frac{2276}{2873}$ 섬, 정현 $1,719\frac{1313}{2873}$ 섬, 무현 $939\frac{2253}{2873}$ 섬.

풀이법에 따라서, 1리 운반하는데 드는 비용으로 수송장소까지의 거리를 곱하고, 수레 한 대당 25섬으로 나눈 다음, 조 한 섬 값을 더하면, 곧 한 섬을 수송하는데 드는 비용이 된다. 이것으로 각각 그 가구수를 나눠서 비율로 삼는다. 갑 1,026, 을 684, 병 399, 정 494, 무 270의 비율들을 더하여 나눗수로 삼고, 세금으로 부과된 조로 더하기 전의 비율을 곱해 나뉨수로 삼아서, 나뉨수를 나눗수로 나눈다.

今有均輸粟, 甲縣二萬五百二十戶, 粟一斛二十錢, 自輸其縣, 乙縣一萬二千三百一十二戶, 粟一斛一十錢,至輸所二百里, 丙縣七千一百八十二戶, 粟一斛一十二錢, 至輸所一百五十里, 丁縣一萬三千三百三十八戶, 粟一斛一十七錢, 至輸所二百五十里,戊縣五千一百三十戶, 粟一斛一十三錢, 至輸所一百五十里. 凡五縣賦, 輸粟一萬斛. 一車載二十五斛, 與僦[109]一里一錢. 欲以縣戶輸粟, 令費勞等. 問縣各粟幾何?

答曰, 甲縣三千五百七十一斛, 二千八百七十三分斛之五百一十七. 乙縣二千三百八十斛, 二千八百七十三分斛之二千二百六十. 丙縣一千三百八十八斛, 二千八百七十三分斛之二千二百七十六. 丁縣一千七百一十九斛,二千八百七十三分斛之一千三百一十三. 戊縣九百三十九斛, 二千八百七十三分斛之二千二百五十三.

術曰, 以一里僦價, 乘至輸所里, 以一車二十五斛除之, 加一斛粟價, 則致一斛之費. 各以約其戶數, 爲衰. 甲衰一千二十六, 乙衰六百八十四, 丙衰三百九十九, 丁衰四百九十四, 戊衰二百七十, 副并爲法. 所賦粟乘未并者各自爲實. 實如法得一.

109) "추(僦)"는 운반비를 말한다.

[6-4] 세금으로 걷을 곡식이 있다. 갑현은 42,000명이 살고, 조 한 섬에 20전이고, 인부의 노임은 하루에 1전이고, 자기네 현에 직접 납부하며, 을현은 34,272명이 살고, 조 한 섬에 18전이고, 인부의 노임은 하루에 10전이고, 수송장소까지는 70리에 이르며, 병현은 19,328명이 살고, 조 한 섬에 16전이고, 인부의 노임은 하루에 5전이고, 수송장소까지는 140리에 이르며, 정현은 17,700명이 살고, 조 한 섬에 14전이고, 인부의 노임은 하루에 5전이고, 수송장소까지는 175리에 이르며, 무현은 23,040명이 살고, 조 한 섬에 12전이고, 인부의 노임은 하루에 5전이고, 수송장소까지는 210리에 이르며, 기현은 19,136명이 살고, 조 한 섬에 10전이고, 인부의 노임은 하루에 5전이고, 수송장소까지는 280리에 이른다. 여섯 현에 부과된 조는 모두 6만섬이고, 모두 갑현으로 수송하는데, 여섯 사람이 수레를 몰고, 수레에는 25섬을 실으며, 짐 실은 수레는 하루에 50리를 가고, 빈 수레는 하루에 70리를 가며, 짐을 싣고 납부하는 사이에는 각각 하루가 걸린다. 조값에 차이가 있고, 노임에도 각각 차이가 있는데, 인구에 따라서 돈을 내고, 비용을 균등하게 하려고 한다. 각 현이 납부할 조는 얼마나 되는가?

답 : 갑현 $18,947\frac{49}{133}$ 섬, 을현 $10,827\frac{9}{133}$ 섬, 병현 $7,218\frac{6}{133}$ 섬, 정현 $6,766\frac{122}{133}$ 섬, 무현 $9,022\frac{74}{133}$ 섬, 기현 $7,218\frac{6}{133}$ 섬.

풀이법에 따라서, 빈 수레와 짐 실은 수레의 간 거리를 곱하여 나눗수로 삼고, 빈 수레와 짐 실은 수레의 간 거리의 합으로 (수송장소까지의) 거리를 곱하여 각각의 나뉨수로 삼아서, 나뉨수를 나눗수로 나누면, 날수가 된다. 그것에다 실어 나르는 데 걸린 각 하루씩을 더하고, 6사람 탄 것으로 곱하고, 또 노임으로 곱하여, 25섬으로 나눈 다음, 조 한섬 값을 더하면, 곧 한섬 보내는 비용이 된다. 그 각각으로 인구수를 나누어 비율로 하고, 더해서 나눗수로 삼고, 세금으로 부과된 조의 양과 더하기 이전의 비율을 곱하여 나뉨수로 삼아서, 나뉨수를 나눗수로 나누면 섬수가 된다.

今有均賦粟, 甲縣四萬二千算, 粟一斛二十, (傭價一日一錢,)自輸其縣, 乙縣三萬四千二百七十二算, 粟一斛一十八, 傭價一日一十錢, 到輸所七十里, 丙縣一萬九千三百二十八算, 粟一斛一十六, 傭價一日五錢, 到輸所一百四十里, 丁縣一萬七千七百算, 粟一斛一十四, 傭價一日五錢, 到輸所一百七十五里, 戊縣二萬三千四十算, 粟一斛一十二, 傭價一日五錢, 到輸所二百一十里, 己縣一萬九千一百三十六算, 粟一斛一十, 傭價一日五錢, 到輸所二百八十里. 凡六縣賦粟六萬斛,皆輸甲縣. 六人共車,車載二十五斛, 重車日行五十里, 空車日行七十里, 載輸之間各一日. 粟有貴賤, 傭各別價, 以算出錢, 令費勞等. 問縣各粟幾何?

答曰, 甲縣一萬八千九百四十七斛, 一百三十三分斛之四十九. 乙縣一萬八百二十七斛, 一百三十三分斛之九. 丙縣七千二百一十八斛, 一百三十三分斛之六. 丁縣六千七百六十六斛, 一百三十三分斛之一百二十二. 戊縣九千二十二斛, 一百三十三分斛之七十四. 己縣七千二百一十八斛, 一百三十三分斛之六.

術曰, 以車程行空, 重相乘爲法, 并空, 重以乘道里, 各自爲實, 實如法得一日. 加載輸各一日, 而以六人乘之, 又以傭價乘之, 以二十五斛除之, 加一斛粟價, 卽致一斛之費. 各以約其算數爲衰, 副并爲法, 以所賦粟乘未并者, 各自爲實. 實如法得一斛.

[6-5] 겉곡식 7말이 있는데, 세 사람이 그것을 나눠서 정미하고 있다. 한 사람은 여미로, 또 한 사람은 패미로, 그리고 또 한 사람은 삭미로 단드는데, 쌀의 양을 같게 하려고 한다. 각각 얼마씩의 겉곡식을 취해서 얼마의 쌀로 만드는 것인가?

답 : 여미는 겉곡식 $2\frac{10}{121}$ 말, 패미는 겉곡식 $2\frac{38}{121}$ 말, 삭미는 겉곡식 $2\frac{73}{121}$ 말을 취하여 쌀을 각각 $1\frac{151}{605}$ 말씩 만든다.

풀이법에 따라서, 여미 30, 패미 27, 삭미 24의 역수들을 일련의 비율로 하고, 더해서 나눗수로 삼는다. 7말로 더하기 이전의 비율과 곱해서 각각을 취할 겉곡식의 나뉨수로 삼아서, 나뉨수를 나눗수로 나누면, 말수가 된다. 만약 같은 양의 쌀을 구하려면, 각각의 비율로 취할 겉곡식을 곱해서 나뉨수로 삼고, 겉곡식의 비율인 50을 나눗수로 삼아서, 나뉨수를 나눗수로 나누면, 말수가 된다.

今有粟七斗, 三人分舂之, 一人爲糲米, 一人爲粺米, 一人爲糳米, 令米數等. 問取粟爲米各幾何?

答曰, 糲米取粟二斗, 一百二十一分斗之一十. 粺米取粟二斗,一百二十一分斗之三十八. 糳米取粟二斗, 一百二十一分斗之七十三. 爲米各一斗, 六百五分斗之一百五十一.

術曰, 列直糲米三十, 粺米二十七,糳米二十四, 而反衰之,副幷爲法. 以七斗乘未幷者, 各自爲取粟實. 實如法得一斗. 若求米等者, 以本率各乘定所取粟爲實, 以粟率五十爲法, 實如法得一斗.

[6-6] 어떤 사람이 급료로 조 2섬을 받아야 되는데, 창고에 조가 없어서, 쌀 1, 콩 2의 비율로 급료를 채우려고 한다. 각각의 양은 얼마나 되어야 하는가?

답 : 쌀 5말 $1\frac{3}{7}$ 되, 콩 1섬 $2\frac{6}{7}$ 되.

풀이법에 따라서, 쌀 1, 콩 2의 비율로부터 조의 비율을 구하고, 더하면 $3\frac{8}{9}$ 이 되는데, 그것을 나눗수로 삼는다. 또 쌀 1, 콩 2의 비율을 조 2섬으로 곱해서 각각을 나뉨수로 삼아서, 나뉨수를 나눗수로 나누면, 섬수가 된다.

今有人當稟粟二斛. 倉無粟, 欲與米一, 菽二, 以當所稟粟. 問各幾何?
答曰, 米五斗一升, 七分升之三. 菽一斛二升, 七分升之六.
術曰, 置米一, 菽二求爲粟之數. 幷之得三, 九分之八, 以爲法. 亦置米一, 菽二, 而以粟二斛乘之, 各自爲實. 實如法得一斛.

[6-7] 인부를 고용하여 소금 2섬을 지고, 100리를 가면, 40전을 준다. 이제 소금 1섬7말 $3\frac{1}{3}$ 되를 지고, 80리를 가게 되었다. 얼마나 주어야 되는가?

답 : $27\frac{11}{15}$ 전.

풀이법에 따라서, 소금 2섬을 100리로 곱해서 나눗수로 삼는다. 40전으로 이제 진 소금의 양을 곱하고, 또 80리로 곱하여 나뉨수로 삼아서, 나뉨수를 나눗수로 나누면, 금액이 나온다.

今有取傭負鹽二斛, 行一百里, 與錢四十. 今負鹽一斛七斗三升, 少半升, 行八十里. 問與錢幾何?
答曰, 二十七錢, 一十五分錢之一十一.
術曰, 置鹽二斛升數, 以一百里乘之爲法. 以四十錢乘今負鹽升數,又以八十里乘之, 爲實. 實如法得一錢.

[6-8] 무게가 1석 17근 나가는 바구니를 지고 76보씩을 가면, 50번 돌아올 수 있다. 무게 1석인 바구니를 지고 100보씩을 가려고 한다. 몇 번이나 돌아올 수 있는가?

답 : $57\frac{1629}{2603}$ 번.

풀이법에 따라서, 가려는 보수로 현재의 바구니 무게 근수를 곱해서 나눗수로 삼는다. 앞서의 바구니 무게 근수로 그때의 보수를 곱하고, 또 돌아온 수로 곱하여 나뉨수로 삼는다. 나뉨수를 나눗수로 나누면, 왕복 회수를 얻는다.

今有負籠重一石一十七斤, 行七十六步五十返. 今負籠重一石,行百步, 問返幾何?
答曰, 四十三返, 六十分返之二十三.
術曰, 以今所行步數今籠重斤數爲法, 故籠重斤數乘故步, 又以返數乘之, 爲實. 實如法得一返.

[6-9] 역참 수송을 하는데, 빈 수레는 하루에 70리를 가고, 짐 실은 수레는 하루에 50리를 간다. 이제 태창의 조를 실어서 상림으로 나르는데, 5일에 3번 왕복할 수 있다. 태창과 상림 사이의 거리는 얼마인가?

답 : $48\frac{11}{18}$ 리.

풀이법에 따라서, 빈 수레와 짐 수레가 가는 이수를 3 차례로 곱해서 나눗수로 삼는다. 빈 수레와 짐 수레가 가는 이수를 서로 곱하고, 또 5일로 곱하여 나뉨수로 삼아서, 나뉨수를 나눗수로 나누면, 이수가 된다.

주해 태창과 상림 사이의 거리를 x라고 하면, 그것을 한 번 왕복하는데 걸리는 시간은

$$\frac{x}{70}+\frac{x}{50}=\frac{120}{3500}x=\frac{5}{3}\text{ 일}$$

이라는 식으로 표시된다.

$$\therefore\ x=\frac{5\times3500}{3\times120}=\frac{875}{18}=48\frac{11}{18}\text{ 리.}$$

今有程傳委輸[110], 空車日行七十里, 重車日行五十里. 今載太倉粟輸上林, 五日三返. 問太倉去上林幾何?
答曰, 四十八里, 十八分里之一十一.
術曰, 并空, 重里數, 以三返乘之, 爲法. 令空, 重相乘, 又以五日乘之,爲實. 實如法得一里.

110) "정전(程傳)"은 역참(驛站), "위수(委輸)"는 운수(運輸)를 뜻한다.

[6-10] 낙사 1근으로 연사 12냥을 만들고, 연사 1근에서 청사 1근 12수를 만든다. 이제 청사 1근이 있다. 원래의 낙사는 얼마이었는가?

답 : 1근 4냥 $16\frac{16}{33}$ 수.

풀이법에 따라서, 연사 12냥으로 청사 1근 12수를 곱해서 나눗수로 삼는다. 청사 1근수수로 연사 1근냥수를 곱하고, 또 낙사 1근으로 곱하여 나뉨수로 삼아서, 나뉨수를 나눗수로 나누면, 근수가 된다.

今有絡絲一斤爲練絲一十二兩, 練絲一斤爲青絲一斤一十二銖[111]. 今有青絲一斤, 問本絡絲幾何?
答曰, 一斤四兩一十六銖, 三十三分銖之一十六.
術曰, 以練絲一十二兩乘青絲一斤一十二銖爲法. 以青絲一斤銖數乘練絲一斤兩數, 又以絡絲一斤乘之, 爲實. 實如法得一斤.

[6-11] 조악한 겉곡식 20말을 찧으면, 여미 9말이 나온다. 이제 패미 10말을 만들려고 한다. 조악한 겉곡식의 양은 얼마나 되어야 하는가?

답 : 24말 $6\frac{74}{81}$ 되.

풀이법에 따라서, 여미 9말을 9로 곱해서 나눗수로 삼는다. 또한 패미 10말을 10으로 곱하고, 또 조악한 겉곡식 20말로 곱하여 나뉨수로 삼아서, 나뉨수를 나눗수로 나누면, 말수가 된다.

---

111) "낙사(絡絲)"는 생사(生絲), "연사(練絲)"는 삶은 실(熟絲)이며, "청사(青絲)"는 "색사"(色絲)라고도 부른다.

今有惡粟二十斗, 舂之, 得糲米九斗. 今欲求粺米一十斗, 問惡粟幾何?
答曰, 二十四斗六升, 八十一分升之七十四.
術曰, 置糲米九斗, 以九乘之, 爲法. 亦置粺米十斗, 以十乘之, 又以惡粟二十斗乘之, 爲實. 實如法得一斗.

[6-12] 잘 걷는 사람은 100보를 가고, 잘 걷지 못하는 사람은 60보를 간다. 이제 잘 걷지 못하는 사람이 100보를 먼저 걷고 난 다음, 잘 걷는 사람이 뒤쫓아간다. 몇보를 가야 잡을 수 있겠는가?

답 : 250보.

풀이법에 따라서, 잘 걷는 사람의 100보에서 잘 걷지 못하는 사람의 60보를 뺀 나머지 40보를 나눗수로 삼는다. 잘 걷는 사람의 100보로 잘 걷지 못하는 사람이 미리 간 100보를 곱하여 나뉨수로 삼아서, 나뉨수를 나눗수로 나누면, 보수가 된다.

주해 갑은 을을 단위시간당 100-60=40보씩 따라잡고, 을은 100보 앞서서 출발했으므로, 갑이 을을 따라잡는 데에는 모두 $\frac{100}{40} = 2.5$ 단위시간이 걸리는데, 그 시간동안 갑이 가게 되는 거리는 $100 \times 2.5 = 250$보가 될 것이다. 풀이법대로 계산한

$$\frac{100 \times 100}{100 - 60} = 250$$

은 바로 이러한 계산과정을 압축시켜서 정돈한 것으로 볼 수 있다.

今有善行者行一百步, 不善行者行六十步. 今不善行者先行一百步, 善行者追之, 問幾何步及之?
答曰, 二百五十步.
術曰, 置善行者一百步, 減不善行者六十步, 餘四十步, 以爲法. 以善行者之一百步, 乘不善行者先行一百步, 爲實. 實如法得一步.

[6-13] 잘 걷지 못하는 사람이 10리를 먼저 걸었다. 잘 걷는 사람이 100리를 뒤쫓아갔을 때에는 잘 걷지 못하는 사람을 20리나 앞질렀다. 몇 리를 가서야 잡을 수 있었는가?

답 : $33\frac{1}{3}$ 보.

풀이 법에 따라서, 잘 걷지 못하는 사람이 먼저 간 10리와 잘 걷는 사람이 앞지른 20리를 더해서 나눗수로 삼는다. 잘 걷지 못하는 사람이 먼저 간 10리로 잘 걷는 사람의 100리를 곱하여 나뉨수로 삼아서, 나뉨수를 나눗수로 나누면, 이수가 된다.

今有不善行者先行一十里, 善行者追之一百里, 先至不善行者二十里. 問(善行者)幾何里及之?
答曰, 三十三里, 少半里.
術曰, 置不善行者先行一十里, 以善行者先至二十里增之, 以爲法. 以不善行者先行一十里, 乘善行者一百里, 爲實. 實如法得一里.

[6-14] 토끼가 먼저 100보를 달리고 나서, 개가 250보를 뒤쫓았는데, 30보 못 미쳐서 멈추고 말았다. 개가 멈추지 않고 다시 달렸다면, 몇 보 더 가서 잡았을까?

답: $107\frac{1}{7}$ 보.

풀이법에 따라서, 토끼가 먼저 달린 100보에서 개가 미치지 못한 30보를 빼서 나눗수로 삼는다. 개가 미치지 못한 30보로 뒤쫓아간 보수를 곱하여 나뉨수로 삼아서, 나뉨수를 나눗수로 나누면, 보수가 된다.

주해 개가 250보 달리는 동안 토끼는 180보를 달린 것으로 되어 있다. 따라서 개가 토끼를 잡을 때까지 더 달려야 하는 거리를 x라고 하면, 그 동안 토끼가 달아나는 거리는 $\frac{18}{25}x$가 되므로,

$$30+\frac{18}{25}x=x$$

라는 식이 성립된다. 결국, $x=\frac{750}{7}=107\frac{1}{7}$ 보로 드러난다.

今有兎先走一百步, 犬追之二百五十步, 不及三十步而止. 問犬不止, 復行幾何步及之?

答曰, 一百七步, 七分步之一.

術曰, 置兎先走一百步, 以犬走不及三十步減之, 餘爲法. 以不及三十步乘犬追步數爲實, 實如法得一步.

[6-15] 어떤 사람이 금 12근을 갖고 관문을 나가려고 하는데, 관세는 $\frac{1}{10}$을 받는다. 이제 관문에서는 금 2근을 취하면서 5,000전을 돌려주었다. 금 1근 값은 몇 전인가?

답 : 6,250전.

풀이법에 따라서, 10으로 2근을 곱하고, 12근을 빼서 나눗수로 삼는다. 5,000을 10으로 곱하여 나뉨수로 삼아서, 나뉨수를 나눗수로 나누면, 전수가 된다.

주해 금 1근 값을 x라고 하면, 그에 대해 징수된 관세는

$$\frac{12}{10}x = 2x - 5000$$

으로 표시된다. 따라서 $x = \frac{25,000}{4} = 6,250$전이다. 한편, 이와 같은 관세 징수 문제는 [6-27]과 [6-28]에서도 찾아볼 수 있다.

今有人持金十二斤出關. 關稅之, 十分而取一. 今關取金二斤, 償錢五千. 問金一斤値錢幾何?
答曰, 六千二百五十.
術曰. 以一十乘二斤, 以十二斤減之, 餘爲法. 以一十乘五千爲實. 實如法得一錢.

[6-16] 손님이 타는 말은 하루에 300리를 간다. 손님이 가면서 옷

을 갖고 가는 걸 잊었는데, 이미 $\frac{1}{3}$일이 지나고서야, 주인이 옷을 갖고 좇아가서 그것을 주고 집으로 돌아오니, $\frac{3}{4}$일이 지나버린 걸 알았다. 주인의 말이 쉬지 않고 하루를 가면 얼마나 되겠는가?
답 : 780리.

풀이법에 따라서, $\frac{3}{4}$일에서 $\frac{1}{3}$일을 빼서 반으로 나눈 값을 나눗수로 삼는다. 나눗수에 $\frac{1}{3}$일을 더하고, 300리로 곱하여 나뉨수로 삼아서, 나뉨수를 나눗수로 나누면, 주인의 말이 하루 가는 거리가 된다.

今有客馬日行三百里. 客去忘持衣, 日已三分之一, 主人乃覺. 持衣追及與之而還, 至家視日四分之三. 問主人馬不休, 日行幾何?
答曰, 七百八十里.
術曰, 置四分日之三, 除三分日之一, 半其餘以爲法. 副置法, 增三分日之一, 以三百里乘之,爲實. 實如法,得主人馬一日行.

[6-17] 길이가 5자인 금방망이가 있는데, 머리 쪽 1자를 자르니 무게가 4근이고, 끄트머리 1자를 자르니 무게가 2근이다. 그 다음의 1자들은 무게가 각각 얼마인가?
답 : 끄트머리 1척은 2근, 그 다음 1척은 2근 8냥, 그 다음 1척은 3근, 그 다음 1척은 3근 8냥, 그 다음 1척은 4근.

풀이법에 따라서, 머리 쪽 무게에서 끄트머리 무게를 빼도록 하면, 나머지가 곧 차이의 비율(차율)이 된다. 또 머리 쪽 무게를 4조각으로 곱하여, 마지막의 첫 번째 비율로 삼고, 차이의 비율로 나머지들을 빼서, 각각의 자의 비율로 삼는다. 마지막의 첫 번째 비율로 나눗수를 삼고, 머리 쪽 무게 4근으로 일련의 비율을 곱하여 각각의 나뉨수로 삼아서, 나뉨수를 나눗수로 나누면, 근수가 된다.

주해 머리 쪽 1자 무게인 4는 초항이 2이고 공차가 d인 수열의 5번째 항의 값에 해당하므로 $2+4d=4$라는 식이 성립되어 $d=\frac{1}{2}$임을 알 수 있다.

今有金箠, 長五尺, 斬本一尺, 重四斤. 斬末一尺, 重二斤. 問次一尺各重幾何?
答曰, 末一尺, 重二斤. 次一尺, 重二斤八兩. 次一尺,重三斤. 次一尺,重三斤八兩. 次一尺, 重四斤.
術曰. 令末重減本重, 餘卽差率也. 又置本重, 以四間乘之, 爲下第一衰. 副置, 以差率減之, 每尺各自爲衰. 副置下第一衰以爲法, 以本重四斤徧乘列衰, 各自爲實. 實如法得一斤.

[6-18] 다섯 사람이 5전을 나누게 되었다. 많이 가지는 2인의 소득과 적게 가지는 3인의 소득을 갖게 하려고 한다. 각각 얼마씩 얻겠는가?

답 : 갑은 $1\frac{2}{6}$전, 을은 $1\frac{1}{6}$전, 병은 1전, 정은 $\frac{5}{6}$전, 무는 $\frac{4}{6}$전을 얻는다.

풀이법에 따라서, 금액이 송곳(또는 뿔) 모양으로 줄어드는 비율(추행쇠)을 놓고, 많은 쪽의 2인을 합하여 9로 하고, 적은 쪽의 3인을 합하여 6으로 하여, 9에서 6을 빼면, 3이 된다. 3으로 일정하게 더한 비율들을 나눗수로 삼고, 나눈 돈으로 더하기 이전의 비율을 곱하여 각자의 나뉨수로 삼아서, 나뉨수를 나눗수로 나누면, 전수가 된다.

주해 이것을 등차수열의 합에 관한 문제로 파악하여, 가장 적게 가진 사람의 전수를 a, 공차를 d라고 하면, 적게 가진 세 사람의 전수 합과 많이 가진 두 사람의 전수 합이 같다는 것은

$$a+(a+d)+(a+2d)=(a+3d)+(a+4d)$$

즉, $3a+3d=2a+7d$라는 식이 성립됨을 의미한다. 이에 따라, $a=4d$이고 $3a+3d=15d=\frac{5}{2}$이므로, 결국, $d=\frac{1}{6}$, $a=\frac{4}{6}$로 드러난다.

그런데 이와 같은 계산과 위에 제시된 풀이법과의 관계에 주목할 필요가 있다. 풀이법에서 말하는 "송곳 모양으로 줄어드는 비율(추행쇠)"이란 다름 아닌 5, 4, 3, 2, 1을 가리킨다. 그러므로 "많은 쪽의 2인을 합하여 9로 하고, 적은 쪽의 3인을 합하여 6으로 하여, 9에서 6을 빼면, 3이 된다"는 것은 바로

$$(5+4)-(3+2+1)=9-6=3$$

이 된다는 것을 말하는 것이다. 그리고 이 값을 원래의 "추행쇠"에

다 더하면, 8, 7, 6, 5, 4가 되는데, 이것이 바로 구하고자 하는 분배비율이라고 하고, 사실상 정확히 우리의 계산과 일치하는 것을 볼 수 있다. 그렇다면, "$9-6=3$"은 무엇을 뜻하며, 3을 "추행쇠"에 일일이 더하는 것은 또한 무엇을 뜻하는가? 이 문제에 대한 답은 "추행쇠"와 등차수열의 관계에서 쉽사리 찾아진다. 그것은 바로, a를 $a'+d$라고 치환하면, 등차수열이 $a'+d, a'+2d, a'+3d, a'+4d, a'+5d$로 표시되기 때문이다. 따라서, "$9-6=3$"은, 수열을 초항과 추행쇠로 증가하는 등차의 합으로 표시할 때, 등차항들의 합 사이의 차이를 가리키며, 결국,

$$(a'+d)+(a'+2d)+(a'+3d)=(a'+4d)+(a'+5d)$$
$$3a'+6d=2a'+9d$$
$$\therefore\ a'=3d$$

가 되어, a'와 일치하는 것으로 드러난다. 진정한 초항이 $a=a'+d=4d$ 임은 물론이다.

今有五人分五錢, 令上二人所得與下三人等. 問各得幾何?
答曰, 甲得一錢, 六分錢之二, 乙得一錢, 六分錢之一, 丙得一錢, 丁得六分錢之五, 戊得六分錢之四.
術曰, 置錢錐行衰, 并上二人爲九, 并下三人爲六, 六少於九, 三. 以三均加焉, 副并爲法. 以所分錢乘未并者各自爲實. 實如法得一錢.

[6-19] 9마디로 된 대나무가 있는데, 아래 3마디에는 4되가 들어가고, 위쪽의 4마디에는 3되가 들어간다. 중간 2마디에도 일정하게 차등적으로 들어가도록 한다면, 각각의 양은 얼마인가?

답 : 제일 아랫 마디 $1\frac{29}{66}$ 되, 그 다음 $1\frac{22}{66}$ 되, 그 다음 $1\frac{15}{66}$ 되, 그 다음 $1\frac{8}{66}$ 되, 그 다음 $1\frac{1}{66}$ 되, 그 다음 $\frac{60}{66}$ 되, 그 다음 $\frac{53}{66}$ 되, 그 다음 $\frac{46}{66}$ 되, 그 다음 $\frac{39}{66}$ 되.

풀이법에 따라서, 아래 3마디로 4되를 나누어 하율로 하고, 위의 4마디로 3되를 나누어 상율로 하여, 상·하율 가운데 많은 것을 적은 것으로 뺀 나머지를 나뉨수로 삼는다. 4마디와 3마디를 놓고, 반으로 나눈 것을 9마디에서 뺀 나머지를 나눗수로 삼아서, 나뉨수를 나눗수로 나누면, 되수가 되며, 줄어드는 비율로 빼주면 된다. 하율 $1\frac{1}{3}$ 되는 아랫쪽 둘째 마디의 용량이다.

今有竹九節, 下三節容四升, 上四節容三升. 問中間二節欲均容各多少?

答曰, 下初, 一升, 六十六分升之二十九, 次一升, 六十六分升之二十二, 次一升, 六十六分升之一十五, 次一升, 六十六分升之八,次一升, 六十六分升之一, 次六十六分升之六十, 次六十六分升之五十三,次六十六分升之四十六, 次六十六分升之三十九.

術曰, 以下三節分四升爲下率, 以上四節分三升爲上率. 上下率以少減多, 餘爲實. 置四節, 三節, 各半之, 以減九節, 餘爲法. 實如法得一升,卽衰相去也. 下率一升, 少半升者, 下第二節容也.

[6-20] 물오리가 남해에서 날아오르면, 7일만에 북해에 이르고, 기러기가 북해에서 날아오르면, 9일만에 남해에 이른다. 이제 물오리와 기러기가 함께 날아올랐다. 며칠만에 서로 만나겠는가?

답 : $3\frac{15}{16}$ 일.

풀이법에 따라서, 날수를 더해서 나눗수로 삼고, 날수를 서로 곱하여 나뉨수로 삼아서, 나뉨수를 나눗수로 나누면, 날수가 된다.

今有鳧起南海, 七日至北海, 雁起北海, 九日至南海. 今鳧雁俱起. 問何日相逢?
答曰, 三日, 十六分日之十五.
術曰, 幷日數爲法, 日數相乘爲實, 實如法得一日.

[6-21] 갑은 장안을 출발한지 5일만에 제나라에 이르렀고, 을은 제나라를 출발한지 7일만에 장안에 이르렀다. 을이 이틀 전에 미리 출발했는데, 갑이 그 다음에 장안을 출발했다. 며칠 지나서 서로 만나게 되는가?

답 : $2\frac{1}{12}$ 일.

풀이법에 따라서, 5일과 7일를 더해서 나눗수로 삼고, 7일에서 을이 먼저 떠난 2일을 뺀 나머지를 갑이 걸린 날수로 곱하여 나뉨수로 삼아서, 나뉨수를 나눗수로 나누면, 날수가 된다.

주해 이처럼 장안과 제나라를 오가는 문제는 [7-19]에서도 찾아볼 수 있다.

今有甲發長安, 五日至齊, 乙發齊,七 日至長安. 今乙發已先二日, 甲乃發長安. 問幾何日相逢?
答曰, 二日, 十二分日之一.
術曰, 并五日, 七日以爲法. 以乙先發二日減七日, 餘, 以乘甲日數爲實. 實如法得一日.

[6-22] 한 사람은 하루에 수키와 38장을 만들고, 다른 한 사람은 암키와 76장을 만든다. 이제 한 사람이 하루에 암・수키와를 반반씩 만들게 하려고 한다. 기와는 얼마나 만들게 되겠는가?

답 : $25\frac{1}{3}$ 매.

풀이법에 따라서, 암・수키와 수를 더해서 나눗수로 삼고, 암・수키와 수를 서로 곱하여 나뉨수로 삼아서, 나뉨수를 나눗수로 나눈다.

今有一人一日爲牡瓦三十八枚, 一人一日爲牝瓦[112]七十六枚. 今令一人一日作瓦, 牝, 牡相半. 問成瓦幾何?
答曰, 二十五枚, 少半枚.
術曰, 并牝, 牡爲法, 牝牡相乘爲實,實如法得一.

---

112) 각각 수키와와 암키와를 뜻하는 "모와(牡瓦)"와 "빈와(牝瓦)"는 또한 "부와(俯瓦)"와 "앙와(仰瓦)"라고 불리기도 한다.

[6-23] 한 사람은 하루에 화살 50개를 바로잡고, 한 사람은 하루에 화살 30개에 깃털을 붙이고, 또 한 사람은 화살 15개에 살오늬를 판다. 이제 한 사람이 하루에 화살을 바로잡고, 깃털을 붙이고, 오늬를 파는 일을 직접 하도록 한다. 화살은 몇 개를 만들겠는가?

답 : $8\frac{1}{3}$ 개.

풀이법에 따라서, 화살 50개를 바로잡는 데는 한 사람이 쓰이고, 화살 50개에 깃털을 붙이는 데에는 $1\frac{2}{3}$ 인이 쓰이고, 화살 50개에 살오늬를 파는 데에는 $3\frac{1}{3}$ 인이 쓰이므로, 그것들을 더하면, 6사람이 되니 나눗수로 삼고, 화살 50개를 나뉨수로 삼아서, 나뉨수를 나눗수로 나누면, 화살의 개수가 된다.

今有一人一日矯矢五十, 一人一日羽矢三十, 一人一日筈矢[113]十五. 今令一人一日自矯, 羽, 筈, 問成矢幾何?
答曰, 八矢, 少半矢.
術曰, 矯矢五十, 用徒一人. 羽矢五十, 用徒一人, 太半人. 筈矢五十, 用徒三人, 少半人. 并之, 得六人, 以爲法. 以五十矢爲實. 實如法得一矢.

[6-24] 밭을 빌려주었는데, 빌려준 첫해에는 3무에 1전, 이듬해에는 4무에 1전, 그 다음해에는 5무에 1전을 받기로 하여, 3년 모두 합해서 100전을 받았다. 밭의 크기는 얼마인가?

113) "괄시(筈矢)"란 화살 끝에 활줄을 끼우는 홈, 즉, 살오늬를 판다는 뜻이다.

답 : 1경 $27\frac{31}{47}$ 무.

풀이법에 따라서, 무수와 전수를 놓고, 무수와 전수를 서로 곱하고, 더해서 나눗수로 삼고, 무수를 서로 곱하고, 또 100전으로 곱하여 나뉨수로 삼아서, 나뉨수를 나눗수로 나눈다.

> 今有假田[114], 初假之歲三畝一錢, 明年四畝一錢, 後年五畝一錢. 凡三歲得一百, 問田幾何?
> 答曰, 一頃二十七畝, 四十七分畝之三十一.
> 術曰, 置畝數及錢數, 令畝數互乘錢數, 并以爲法. 畝數相乘, 又以百錢乘之, 爲實. 實如法得一.

[6-25] 경작 과정이 있는데, 한 사람은 하루에 7무를 제초하고, 다른 한 사람은 하루에 3무를 밭갈이하고, 또 다른 한 사람은 하루에 5무에 파종한다. 이제 한 사람이 하루에 제초하고, 밭 갈고, 파종하는 일을 직접 하도록 한다. 밭농사를 얼마나 지을 수 있겠는가?

답 : 1무 $114\frac{66}{71}$ 보^2.

풀이법에 따라서, 풀 뽑고, 밭 갈고, 씨 뿌린 무수를 사람 수와 서로 곱하고, 더해서 나눗수로 삼고, 무수를 서로 곱하여 나뉨수로 삼아서, 나뉨수를 나눗수로 나눈다.

114) "가(假)"는 빌려준다(賃)는 뜻이다.

주해 1무를 제초하고, 갈고, 씨 뿌리는 데에는

$$\frac{1}{7}+\frac{1}{3}+\frac{1}{5}=\frac{71}{105}\text{ 일}$$

이 소요되므로, 하루에 그런 일들을 모두 하게 되면, 그 역수인 $\frac{105}{71}=1\frac{34}{71}$ 무의 농사를 지을 수 있다는 말이 된다. 1무는 240보^{2}이므로, $\frac{34}{71}$ 무는 $114\frac{66}{71}$ 보^{2}이다.

今有程耕, 一人一日發七畝, 一人一日耕三畝, 一人一日耰種[115]五畝. 今令一人日自發, 耕, 耰種之. 問治田幾何?
答曰, 一畝一百一十四步, 七十一分步之六十六.
術曰, 置發, 耕, 耰畝數, 令互乘人數, 并以爲法. 畝數相乘爲實. 實如法得一.

[6-26] 연못이 있는데, 다섯 개의 도랑이 그것에 물을 댄다. 그중 한 도랑을 열면, $\frac{1}{3}$ 일만에 연못을 채우고, 다음 것은 하루만에 연못을 채우고, 그 다음 것은 $2\frac{1}{2}$ 일만에 연못을 채우고, 그 다음 것은 3일만에 연못을 채우고, 그 다음 것은 5일만에 연못을 채운다. 이제 도랑들을 모두 열면, 며칠만에 연못을 채우겠는가?
답 : $\frac{15}{74}$ 일.

115) "우종(耰種)"이란 씨 뿌리고 나서 고무래질하는 것을 가리킨다.

풀이법에 따라서, 각 도랑이 하루에 연못을 채우는 회수를 더하여 나눗수로 삼고, 하루를 나뉨수로 삼는다. 또 다른 풀이법은 날수들과 채우는 회수들을 늘어놓고, 하루를 채우는 회수와 서로 곱하여 더해서 나눗수로 삼고, 날수를 서로 곱하여 나뉨수로 삼아서, 나뉨수를 나눗수로 나누면, 날수가 된다.

주해 각각의 도랑이 하루에 채울 수 있는 연못의 개수를 모두 합하면,

$$3+1+\frac{2}{5}+\frac{1}{3}+\frac{1}{5}=\frac{45+15+6+5+3}{15}=\frac{74}{15}$$

가 되므로, 거꾸로 연못 한 곳을 그것들이 함께 채우는데 걸리는 시간은 그 역수인 $\frac{15}{74}$ 일임을 알 수 있다.

한편, 또 다른 풀이법에서 "날수들과 채우는 회수들을 늘어놓고" 라고 한 것은 날수와 채우는 수를 각각 다음과 같이 늘어놓는다는 것을 말하며,

날수	1	1	5	3	5
채우는 수	3	1	2	1	1

"날수를 서로 곱하여 나뉨수로 삼아서"라고 한 것은 $1\times1\times5\times3\times5=75$, "하루를 채우는 회수와 서로 곱하여 더해서 나눗수로 삼고" 라고 한 것은 $225+75+30+25+15=370$을 각각 가리킨다.

> 今有池, 五渠注之. 其一渠開之, 少半日一滿,次一日一滿, 次二日半一滿,次三日一滿, 次五日一滿. 今皆決之, 問幾何日滿池?
>
> 答曰, 七十四分日之十五.
>
> 術曰, 各置渠一日滿池之數, 并以爲法. 以一日爲實. 實如法得一日. 其一術, 列置日數及滿數, 今日互相乘滿, 并以爲法. 日數相乘爲實, 實如法得一日.

[6-27] 어떤 사람이 쌀을 가지고, 관문 세 군데를 통과했다. 바깥 관문에서는 $\frac{1}{3}$ 의 세금을 물리고, 가운데 관문에서는 $\frac{1}{5}$ 의 세금을 물리고, 안쪽 관문에서는 $\frac{1}{7}$ 의 세금을 물렸는데, 남은 쌀이 5말이다. 원래 지녔던 쌀은 얼마나 되는가?

답 : 10말 $9\frac{3}{8}$ 되.

풀이법에 따라서, 쌀 5말을 세금 물린 것으로 3배하고, 5배하고, 7배하여 나뉨수로 삼는다. 세금 물리지 않은 2, 4, 6을 서로 곱해서 나눗수로 삼아서, 나뉨수를 나눗수로 나누면, 말수가 된다.

주해 원래 지녔던 쌀의 양을 x라고 하면,

$$x\left(1-\frac{1}{3}\right)\left(1-\frac{1}{5}\right)\left(1-\frac{1}{7}\right)=\frac{2\times4\times6x}{3\times5\times7}=\frac{16x}{35}=5,$$

$$\therefore\ x=\frac{175}{16}=10\frac{15}{16}\text{ 말.}$$

今有人持米出三關, 外關三而取一, 中關五而取一, 內關七而取一, 餘米五斗. 問本持米幾何?
答曰, 十斗九升, 八分升之三.
術曰, 置米五斗. 以所稅者三之, 五之, 七之, 爲實. 以餘不稅者二, 四, 六互相乘爲法. 實如法得一斗.

[6-28] 어떤 사람이 금을 가지고, 관문 다섯 군데를 통과했다. 첫째 관문에서는 $\frac{1}{2}$의 세금을 물리고, 다음 관문에서는 $\frac{1}{3}$의 세금을 물리고, 그 다음 관문에서는 $\frac{1}{4}$의 세금을 물리고, 그 다음 관문에서는 $\frac{1}{5}$의 세금을 물리고, 그 다음 관문에서는 $\frac{1}{6}$의 세금을 물렸는데, 다섯 관문에서 물린 세금이 정확히 1근 무게가 나갔다. 원래 지녔던 금은 얼마나 되는가?

답 : 1근 3냥 $4\frac{4}{5}$수.

풀이법에 따라서, 1근을 세금 물린 것들로 두루 곱해서 나뉨수로 삼는다. 또한 세금 물리지 않은 것들을 뺀 나머지를 나눗수로 삼아서, 나뉨수를 나눗수로 나누면, 근수가 된다.

주해 원래 지녔던 금의 무게를 x라고 하면, 다섯 관문에서 물린 세금의 합계는

$$x\left(\frac{1}{2}+\left(\frac{1}{2}\times\frac{1}{3}\right)+\left(\frac{1}{2}\times\frac{2}{3}\times\frac{1}{4}\right)+\left(\frac{1}{2}\times\frac{2}{3}\times\frac{3}{4}\times\frac{1}{5}\right)\right.$$
$$\left.+\left(\frac{1}{2}\times\frac{2}{3}\times\frac{3}{4}\times\frac{4}{5}\times\frac{1}{6}\right)\right)$$
$$=x\left(\frac{1}{2}+\frac{1}{6}+\frac{1}{12}+\frac{1}{20}+\frac{1}{30}\right)=\frac{5}{6}x=1$$

로 표시된다. 그런데 1근 = 16냥, 1냥 = 24수이므로, $x=1\frac{1}{5}$근 $=1$근 $3\frac{1}{5}$냥 $=1$근 3냥 $4\frac{4}{5}$수로 환산된다.

今有人持金出五關, 前關二而稅一, 次關三而稅一, 次關四而稅一, 次關五而稅一, 次關六而稅一. 幷五關所稅, 適重一斤. 問本持金幾何?

答曰, 一斤三兩四銖,五分銖之四.

術曰, 置一斤, 通所稅者以乘之爲實. 亦通其不稅者以減所通, 餘爲法. 實如法得一斤.

제 7 권 영부족(盈不足)

"영부족"으로써 감춰진 여러 가지가 서로 드러나는 것을 다룬다.

盈不足[116], 以御隱雜互見

[7-1] 여럿이서 함께 물건을 구매하려고 하는데, 각자 8전씩 내면 3전이 남고, 7전씩 내면 4전이 모자란다. 사람 수와 물건값은 각각 얼마인가?

답 : 7인, 물건 값 53전.

주해 사람 수를 x, 물건값을 y라고 하자. 그러면

$$y = 8x - 3 = 7x + 4,$$

$$\therefore\ x = 7,\ y = 53.$$

今有共買物, 人出八, 盈三, 人出七, 不足四. 問人數, 物價各幾何?

答曰, 七人, 物價五十三.

116) "영부족"은 남고 모자라는 것들의 관계로부터 미지수의 값을 구하는 방법을 가리킨다.

[7-2] 여럿이서 함께 닭을 구매하려고 하는데, 각자 9전씩 내면 11전이 남고, 6전씩 내면 16전이 모자란다. 사람 수와 닭 값은 각각 얼마인가?

답 : 9인, 닭 값 70전.

주해 사람 수를 x, 닭 값을 y라고 하자. 그러면

$$y = 9x - 11 = 6x + 16,$$

$$\therefore\ x = 9,\ y = 70.$$

> 今有共買鷄, 人出九, 盈一十一, 人出六, 不足十六. 問人數, 鷄價各幾何?
> 答曰, 九人, 鷄價七十.

[7-3] 여럿이서 함께 옥처럼 고운 돌을 구매하려고 하는데, 각자 $\frac{1}{2}$씩 내면 4가 남고, $\frac{1}{3}$씩 내면 3이 모자란다. 사람 수와 옥돌 값은 각각 얼마인가?

답 : 42인, 옥돌 값 17.

주해 사람 수를 x, 옥돌 값을 y라고 하자. 그러면

$$y = \frac{1}{2}x - 4 = \frac{1}{3}x + 3,$$

$$\therefore\ x = 42,\ y = 17.$$

今有共買璡璡[117], 人出半, 盈四, 人出少半, 不足三. 問人數, 璡價各幾何? 答曰, 四十二人, 璡價十七.

[7-4] 여럿이서 함께 소를 구매하려고 하는데, 일곱 집마다 190전씩 내면 330전이 모자라고, 아홉 집마다 270전씩 내면 30전이 남는다. 집 수와 소 값은 각각 얼마인가?

답 : 126집, 소 값 3,750전.

주해 집 수를 x, 소 값을 y라고 하자. 그러면

$$y = \frac{x}{7} \times 190 + 330 = \frac{x}{9} \times 270 - 30,$$

$$\therefore\ x = 126,\ y = 3,750.$$

풀이법(영부족술)에 따라서, 내는 비율을 놓고, 남고 모자라는 것을 그 아래에 둔 다음, 그것들을 다른 쪽의 내는 비율과 교차시켜서 곱하고, 더해서 나뉨수로 삼는다. 남는 것과 부족한 것을 더하여 나눗수로 삼아서, 나뉨수를 나눗수로 나눈다. 분수가 있으면, 통분한다. 남고 모자라는 것을 더하면 산 물건과 같은데, 내는 비율을 놓고, 많은 것에서 적은 것을 뺀 나머지로 나눗수를 나누면, 나뉨수가

117) "진(璡)"은 옥처럼 고운 돌(石之似玉者)을 가리킨다.

된다. 나뉨수는 물건값이고 나눗수는 사람 수이다. 또 다른 풀이법에 따르면, 남고 모자라는 것을 더하여 나뉨수로 삼고, 내는 비율의 많은 것에서 적은 것을 뺀 나머지로 나눗수를 삼아서, 나뉨수를 나눗수로 나눈다. 내는 비율로 그것을 곱하여, 남는 것을 빼거나, 모자라는 것을 보충하면, 곧 물건값이 된다.

今有共買牛, 七家共出一百九十, 不足三百三十, 九家共出二百七十, 盈三十. 問家數,牛價各幾何?
答曰, 一百二十六家, 牛價三千七百五十.
盈不足術曰, 置所出率, 盈, 不足各居其下. 令維乘所出率, 幷以爲實. 幷盈, 不足爲法. 實如法而一. 有分者通之[118]. 盈不足相與同其買物者, 置所出率, 以少減多, 餘, 以約法, 實. 實爲物價, 法爲人數. 其一術曰, 幷盈不足爲實. 以所出率以少減多, 餘爲法. 實如法得一. 以所出率乘之, 減盈, 增不足卽物價.

[7-5] 여럿이서 함께 금을 구매하려고 하는데, 한 사람이 400전씩 내면 3,400전이 모자라고, 300전씩 내면 100전이 남는다. 사람 수와 금값은 각각 얼마인가?
답 : 33인, 금값 9,800전.

주해 사람 수를 x, 금값을 y라고 하자. 그러면

118) "通之"의 "通"은 통분한다(equidenominate)는 말이며, [7-19]의 풀이법에서는 "최대공약수로 나누다(以等數除之)"라고도 표현하고 있다.

$$y = 400x - 3400 = 300x - 100,$$
$$\therefore\ x = 33,\ y = 9,800.$$

今有共買金, 人出四百, 盈三千四百, 人出三百, 盈一百. 問人數, 金價各幾何?
答曰, 三十三人, 金價九千八百.

[7-6] 여럿이서 함께 양을 구매하려고 하는데, 한 사람마다 5전씩 내면 45전이 모자라고, 한 사람마다 7전씩 내면 3전이 모자란다. 사람 수와 양 값은 각각 얼마인가?
답 : 21인, 양 값 150전.

주해 사람 수를 x, 양 값을 y라고 하자. 그러면

$$y = 5x + 45 = 7x + 3,$$
$$\therefore\ x = 21,\ y = 150.$$

풀이법(양영양부족술)에 따라서, 내는 비율을 놓고, 남고 모자라는 것을 그 아래에 둔 다음, 그것들을 다른 쪽의 내는 비율과 교차시켜서 곱하고, 더해서 나뉨수로 삼는다. 남는 것 둘과 부족한 것 둘 가운데 많은 쪽에서 적은 쪽을 뺀 나머지를 나눗수로 삼아서, 나뉨수를 나눗수로 나눈다. 분수가 있으면, 통분한다. 남는 것 둘과 모자라는 것 둘을 더하면 산 물건과 같은데, 내는 비율을 놓고, 많은 것

에서 적은 것을 뺀 나머지로 나눗수를 나누면, 나뉨수가 된다. 나뉨수는 물건값이고 나눗수는 사람 수이다.

또 다른 풀이법에 따르면, 내는 비율의 많은 것에서 적은 것을 뺀 나머지로 나눗수를 삼고, 남는 것 둘과 모자라는 것 둘 가운데 많은 것에서 적은 것을 뺀 나머지로 나뉨수로 삼아서, 나뉨수를 나눗수로 나눈다. 내는 비율로 그것을 곱하여, 남는 것을 빼거나, 모자라는 것을 보충하면, 곧 물건값이 된다.

今有共買羊, 人出五, 不足四十五,人出七, 不足三. 問人數, 羊價各幾何?

答曰, 二十一人, 羊價一百五十.爲實, 實如法得錢數.

兩盈兩不足術曰, 置所出率, 盈, 不足各居其下. 令維乘所出率, 以少減多, 餘爲實. 兩盈兩不足以少減多, 餘爲法. 實如法而一. 有分者通之. 兩盈, 兩不足, 相與同其買物者, 置所出率, 以少減多, 餘, 以約法實, 實爲物價, 法爲人數.

其一術曰, 置所出率, 以少減多, 餘爲法. 兩盈, 兩不足, 以少減多, 餘爲實. 實如法而一得人數. 以所出率乘之, 減盈, 增不足,卽物價.

[7-7] 여럿이서 함께 돼지를 구매하려고 하는데, 한 사람마다 100전씩 내면 100전이 남고, 한 사람마다 90전씩 내면 꼭 맞는다. 사람 수와 돼지 값은 각각 얼마인가?

답 : 10인, 돼지 값 900전.

주해 사람 수를 x, 돼지 값을 y라고 하자. 그러면

$$y = 100x - 100 = 90x,$$
$$\therefore\ x = 10,\ y = 900.$$

今有共買豕, 人出一百, 盈一百, 人出九十, 適足. 問人數, 豕價各幾何?
答曰, 一十人, 豕價九百.

[7-8] 여럿이서 함께 개를 구매하려고 하는데, 한 사람마다 5전씩 내면 90전이 모자라고, 한 사람마다 50전씩 내면 꼭 맞는다. 사람 수와 개 값은 각각 얼마인가?
답 : 2인, 개 값 100전.

주해 사람 수를 x, 개 값을 y라고 하자. 그러면

$$y = 5x + 90 = 50x,$$
$$\therefore\ x = 2,\ y = 100.$$

풀이법(영적족부족적족술)에 따라서, 남고 모자라는 수를 나뉨수로 삼고, 내는 비율을 놓고, 많은 쪽에서 적은 쪽을 뺀 나머지를 나눗수로 삼아서, 나뉨수를 나눗수로 나누면, 사람 수가 된다. 물건값을 구하기 위해서, 꼭 맞는 것으로 사람 수를 곱하면, 곧 물건값이 된다.

今有共買犬, 人出五, 不足九十, 人出五十, 適足. 問人數, 犬價各幾何?
答曰, 二人, 犬價一百.
盈適足不足適足術曰, 以盈及不足之數爲實. 置所出率, 以少減多, 餘爲法. 實如法得一人. 其求物價者, 以適足乘人數得物價.

[7-9] 10말들이 통에 쌀이 있었는데, 얼마나 되는지 몰랐다. 겉곡식을 가득 차도록 더한 다음, 정미하니 7말의 쌀을 얻게 되었다. 원래의 쌀은 얼마이었는가?

답 : 2말 5되.

풀이법에 따라서, 남고 모자라는 것을 이용하는 방법(영부족술)으로 구하는데, 가령 원래의 쌀이 2말이라면, 2되가 모자랄 것이고, 3말이라면, 2되가 남을 것이다.

주해 원래의 쌀을 x라 하면, 겉곡식과 여미의 비율이 50:30이므로 다음과 같이 계산된다.

$$x+(10-x)\times\frac{30}{50}=7,$$

$$\therefore\ x=2.5.$$

今有米在十斗桶中, 不知其數. 滿中添粟而舂之, 得米七斗. 問故米幾何?
答曰, 二斗五升.
術曰, 以盈不足術求之, 假令故米二斗, 不足二升. 令之三斗, 有餘二升.

[7-10] 담이 있는데, 높이가 9자이다. 오이는 그 위에서 생겨서, 넌출이 하루에 7치씩 자라 내려오며, 표주박은 그 아래에서 넌출이 생겨나, 하루에 1자씩 자라 올라간다. (두 넌출은) 며칠이 지나면 서로 만나게 되며, (그 때의) 오이와 표주박의 길이는 각각 얼마가 되겠는가?

답 : $5\frac{5}{17}$ 일, 오이의 길이는 3자 $7\frac{1}{17}$ 치, 표주박의 길이는 5자 $2\frac{16}{17}$ 치.

풀이법에 따르면, 가령 5일이면, 5치가 모자랄 것이고, 6일이면, 1자 2치가 남을 것이라고 한다.

주해 오이와 표주박이 자라나는 날수를 x라 하면, 두 식물은--적어도 만나기 이전에는--하루에 17치씩 가까이 다가가는 셈이므로, 다음과 같은 계산이 나온다.

$$17x = 90,$$

$$\therefore\ x = 5\frac{5}{17}.$$

今有垣高九尺. 瓜生其上,蔓日長七寸. 瓠生其下, 蔓日長一尺. 問幾何日相逢, 瓜, 瓠各長幾何?
答曰, 五日, 十七分日之五. 瓜長三尺七寸, 十七分寸之一, 瓠長五尺二寸, 十七分寸之一十六.
術曰, 假令五日, 不足五寸. 令之六日,有餘一尺二寸.

[7-11] 붓꽃은 첫날에 3자 자라고, 왕골은 첫날에 1자 자란다. 그 뒤로 붓꽃의 성장은 매일같이 반으로 줄고, 왕골의 성장은 배로 불어난다. 며칠이 지나면 길이가 같아지겠는가?

답 : $2\frac{6}{13}$ 일, 각각의 길이는 4자 $8\frac{6}{13}$ 치.

풀이법에 따르면, 가령 2일이면, 1자 5치가 모자랄 것이고, 3일이면, 1자 $7\frac{1}{2}$ 치가 남을 것이라고 한다.

주해 이 문제는 붓꽃이 왕골보다 이틀 지났을 때 1.5자가 크던 것이 사흘 지날 때에는 오히려 1.75자 작게 된다는 점에 주목해서, 둘의 길이가 같아지는 시점을 내삽법(內插法, interpolation)으로 풀 수 있으며,

$$\frac{3}{2}:\frac{13}{4}=x:1$$

이 되어 $x=\frac{6}{13}$ 으로 드러난다. 즉, $2\frac{6}{13}$ 일째 두 풀의 길이가 같아지는 것이다. 그리고 그때의 두 풀의 길이는, 왕골을 기준으로 하면,

$$3+4\times\frac{6}{13}=4\frac{11}{13}$$

로서 정확하게 4자 $8\frac{6}{13}$치가 된다.

그러나 이 문제는 일종의 어림셈에 지나지 않는 상기와 같은 풀이법을 넘어서 식물의 성장을 등비급수로 포착하려고 한 출제의도에 보다 충실하게 접근할 필요가 있다고 여겨진다. 즉, n일째의 붓꽃의 길이는 초항이 3, 공비가 1/2인 등비급수, 왕골의 길이는 초항이 1, 공비가 2인 등비급수를 각각 이루므로, 두 길이가 같게 되는 때의 관계는

$$S_n=\frac{3\left(1-\left(\frac{1}{2}\right)^n\right)}{1-\frac{1}{2}}=\frac{1-2^n}{1-2},$$

$$6\left(1-\left(\frac{1}{2}\right)^n\right)=2^n-1$$

이 될 것이다. 여기서 $2^n=x$라고 놓으면,

$$6x-6=x^2-x,$$

$$x^2-7x+6=(x-6)(x-1)=0,$$

$$\therefore\ x=6$$

$$\therefore\ n=\log_2 6=2.584962501$$

임을 알 수 있고, 그때의 길이는 각각 5자로 드러나는데, 결국 영부족법을 써서 얻은 답 4자 $8\frac{6}{13}$치(=4.846)와는 적지 않은 차이가 확인되는 것이다. 두 식물의 성장 등비급수를 그래프로 나타내면,

다음과 같다.

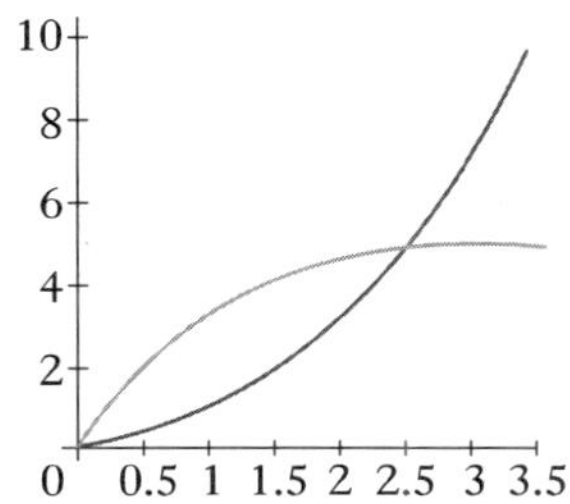

今有蒲生一日, 長三尺. 莞生一日, 長一尺. 蒲生日自半. 莞生日自倍. 問幾何日而長等?
答曰, 二日, 十三分日之六. 各長四尺八寸, 十三分寸之六.
術曰, 假令二日, 不足一尺五寸. 令之三日,有餘一尺七寸半.

[7-12] 두께가 5자인 담이 있는데, 쥐 두 마리가 서로 맞은 편에서 파고 있다. 큰 쥐는 하루에 1자를 파고, 작은 쥐도 하루에 1자를 파지만, 큰 쥐는 날마다 배로 불어나고, 작은 쥐는 날마다 반으로 줄어든다. 며칠이 지나면 서로 만나며, 각각 얼마나 파겠는가?

답 : $2\frac{2}{17}$ 일, 큰 쥐는 3자 $4\frac{12}{17}$ 치를 파고, 작은 쥐는 1자 $5\frac{5}{17}$ 치를 판다.

풀이법에 따르면, 가령 2일이라면, 5치가 모자랄 것이고, 3일이라면, 3자 $7\frac{1}{2}$ 치가 남을 것이다.

주해 일반적으로 초항이 a, 공비가 r인 등비수열의 처음 n항까지의 합 S_n은, $r\neq1$일 경우,

$$S_n=\frac{a(1-r^n)}{1-r}$$

으로 표시된다. 큰 쥐와 작은 쥐가 5자 파들어갈 때까지 n일 걸렸다고 간주하여 그동안 파들어간 길이를 식으로 나타내면,

$$\frac{1-2^n}{1-2}+\frac{1-\left(\frac{1}{2}\right)^n}{1-\frac{1}{2}}=2^n-1+\frac{2^{n+1}-2}{2^n}=5$$

즉, $2^{2n}-4\times2^n-2=0$이라는 관계가 성립된다. 이때, $2^n=x$라고 치환하여 이 관계를 만족시키는 음이 아닌 x값을 구하면, 다음 그래프 상에서도 대략 짐작할 수는 있으나, 보다 정밀하게는 $x=4.449489743$으로 드러난다.

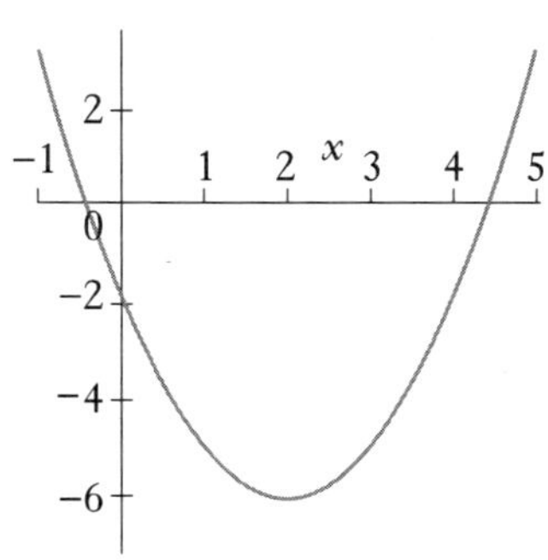

또한, 그에 따라, 소요시일은 $n=2.153639901$일이고, 큰 쥐가 판 길이는 3.449489743자, 작은 쥐가 판 길이는 1.550510257자임이 밝혀진다.

그런데 이러한 결과는 원문에 답으로 제시된 $2\frac{2}{17}=2.11764705$일, 큰 쥐 3.4705883자, 작은 쥐 1.529411764자와는 다소 차이가 있음에 주목할 필요가 있다. 원문의 답은, 이틀 지난 뒤에는 4.5자를 파고, 사흘 지난 뒤에는 8.75자를 판다는 점에 착안하여, 5자일 때의 시점을 내삽법으로 구한 것으로 보인다. 즉, 두 점 (2, 4.5)와 (3, 8.75)를 지나는 직선의 방정식이 $y=4+4.25x$이므로, $y=5$일 때의 x값은 $x=\frac{36}{17}=2\frac{2}{17}$일이라는 것이다.

今有垣厚五尺, 兩鼠對穿. 大鼠日一尺,小鼠亦日一尺. 大鼠日自倍,小鼠日自半. 問幾何日相逢, 各穿幾何?
答曰,二日, 一十七分日之二. 大鼠穿三尺四寸, 一十七分寸之一十二,小鼠穿一尺五寸十七分寸之五.
術曰,假令二日, 不足五寸. 令之三日, 有餘三尺七寸半.

[7-13] 맑은 술은 1말에 50전이고, 막걸리는 1말에 10전이다. 이제 30전으로 술 2말을 얻고자 한다. 맑은 술과 막걸리는 각각 얼마씩 얻게 되는가?

답 : 맑은 술은 $2\frac{1}{2}$되, 막걸리는 1말 $7\frac{1}{2}$되.

풀이법에 따르면, 가령 맑은 술이 5되이고 막걸리가 1말 5되라면, 10전이 남고, 맑은 술이 2되이고 막걸리가 1말 8되라면, 2전이 모자랄 것이라고 한다.

주해 맑은 술의 양을 x말이라고 하면,

$$50x + 10(2 - x) = 30$$

이라는 관계가 성립되어, $x = .25$말임을 알 수 있다. 따라서, 막걸리는 1.75말이다.

今有醇酒一斗, 直錢五十, 行酒一斗, 直錢一十. 今將錢三十, 得酒二斗. 問醇, 行酒各得幾何?
答曰,醇酒二升半, 行酒一斗七升半.
術曰, 假令醇酒五升, 行酒一斗五升, 有餘一十. 令之醇酒二升, 行酒一斗八升, 不足二.

[7-14] 큰 그릇 5개와 작은 그릇 1개가 3섬을 담고, 큰 그릇 1개와 작은 그릇 5개가 2섬을 담는다. 크고 작은 그릇의 용량은 각각 얼마인가?

답 : 큰 그릇은 $\frac{13}{24}$섬, 작은 그릇은 $\frac{7}{24}$섬.

풀이법에 따르면, 가령 큰 그릇이 5말이고 작은 그릇도 5말이라면, 10말이 남고, 큰 그릇이 5말 5되이고 작은 그릇이 2말 5되라면, 2말이 모자랄 것이다.

주해 큰 그릇의 용량을 x, 작은 그릇의 용량을 y라고 하면, 문제에서 말하는 양자 간의 관계는

$$5x + y = 3,$$
$$x + 5y = 2$$

라는 연립방정식으로 표시되며, 이 식을 풀면, $x = \frac{13}{24}$, $y = \frac{7}{24}$로 드러난다.

今有大器五, 小器一容三斛, 大器一,小器五容二斛. 問大, 小器各容幾何?
答曰, 大器容二十四分斛之十三, 小器容二十四分斛之七.
術曰, 假令大器五斗, 小器亦五斗, 盈一十斗. 令之大器五斗五升, 小器二斗五升, 不足二斗.

[7-15] 옻 3단위로 기름 4단위를 얻는데, 기름 4단위와 옻 5단위가 혼합된다. 이제 옻 3말이 있어서, 그 일부를 기름과 맞바꾸어, 그것을 남은 옻과 혼합하려고 한다. 옻을 내줘서 기름을 얻어 나머지 옻과 혼합하는 양이 각각 얼마나 되는가?

답 : 옻 1말 $1\frac{1}{4}$되를 내줘서 기름 1말 5되를 얻어 옻 1말 $8\frac{3}{4}$되와 혼합한다.

풀이법에 따르면, 가령 옻을 9되 내면, 6되가 모자라고, 1말 2되 내면, 2되가 남을 것이다.

주해 기름으로 맞바꾼 옻의 양을 x라고 하면, 기름의 양은 $\frac{4}{3}x$가 될 것이며, 기름과 옻의 혼합비율을 감안하면,

$$\frac{4}{3}x : (3-x) = 4 : 5$$

라는 관계가 성립될 것이다. 이 비례식을 풀면, $x = 1\frac{1}{8}$말 $= 1$말 $1\frac{1}{4}$되라는 답이 나온다.

> 今有漆三得油四, 油四和漆五. 今有漆三斗,欲令分以易油, 還自和餘漆. 問出漆,得油, 和漆各幾何?
> 答曰, 出漆一斗一升, 四分升之一, 得油一斗五升, 和漆一斗八升, 四分升之三.
> 術曰, 假令出漆九 升, 不足六升. 令之出漆一斗二升, 有餘二升.

[7-16] 한 변이 1치인 정육면체의 옥은 무게가 7냥이고, 한 변이 1치인 정육면체의 돌은 무게가 6냥이다. 이제 한 변이 3치인 정육면체의 돌 속에 옥이 들어 있는데, 합친 무게가 11근이다. 옥과 돌의 무게는 각각 얼마인가?

답 : 옥 14치의 무게는 6근 2냥, 돌 13치의 무게는 4근 14냥.

풀이법에 따르면, 가령 모두 옥이라면, 13냥이 더 나가고, 모두 돌이라면, 14냥이 모자랄 것이다. 모자라는 것을 옥으로 하고, 더 나가는 것을 돌로 하여, 각각 1치의 무게로 곱하면, 옥과 돌의 부피와 무게를 얻는다.

주해 옥의 부피를 x라고 하면, 1근=16냥이므로,

$$7x + 6(3^3 - x) = 11 \times 16,$$
$$x + 162 = 176,$$
$$\therefore x = 14$$

이라는 계산이 나오며, 그에 따라 옥의 무게는

$$\frac{14 \times 7}{16} = \frac{98}{16} = 6\frac{2}{16}\text{근} = 6\text{근 } 2\text{냥}$$

이 된다.

今有玉方一寸, 重七兩, 石方一寸,重六兩. 今有石立方三寸, 中有玉, 幷重十一斤. 問玉, 石重各幾何?
答曰, 玉一十四寸,重六斤二兩. 石一十三寸,重四斤一十四兩.
術曰, 假令皆玉,多十三兩. 令之皆石, 不足一十四兩. 不足爲玉, 多爲石. 各以一寸之重乘之, 得玉石之積重.

[7-17] 좋은 밭은 1무에 300전이고, 나쁜 밭은 7무에 500전이다. 이제 합해서 1경을 샀더니, 그 값이 10,000전이었다. 좋은 밭과 나쁜 밭은 각각 얼마인가?

답 : 좋은 밭은 $12\frac{1}{2}$무, 나쁜 밭은 $87\frac{1}{2}$무.

풀이법에 따르면, 가령 좋은 밭이 20무이고, 나쁜 밭이 80무라면,

$1,714\frac{2}{7}$ 전이 더 나가고, 좋은 밭이 10무이고, 나쁜 밭이 90무라면, $571\frac{3}{7}$ 전이 모자랄 것이다.

今有善田一畝, 價三百,惡田七畝,價五百. 今幷買一頃, 價錢一萬. 問善,惡田各幾何?
答曰, 善田一十二畝半, 惡田八十七畝半.
術曰, 假令善田二十畝,惡田八十畝, 多一千七百一十四錢, 七分錢之二. 令之善田一十畝,惡田九十畝, 不足五百七十一錢, 七分錢之三.

[7-18] 황금 9개, 백은 11개가 있는데, 무게를 달아보니 정확히 같다. 하나씩 서로 맞바꾸니, 금이 13냥 가볍게 되었다. 금과 은 1개의 무게는 각각 얼마인가?

답 : 금 무게는 2근 3냥 18수, 은 무게는 1근 13냥 6수.

풀이법에 따르면, 가령 황금이 3근이고 백은이 $2\frac{5}{11}$ 근이라면, 49가 모자라는데, 오른쪽 행에 놓는다. 또 황금이 2근이고 백은이 $1\frac{7}{11}$ 근이라면, 15가 남는데, 왼쪽 행에 놓는다. 분모를 행 속의 수와 각각 곱하고, 남고 모자라는 것을 교차시켜서 내는 비율과 곱하여, 더해서 나뉨수로 삼고, 남고 모자라는 것을 더해서 나눗수로 삼는다. 나뉨수를 나눗수로 나누면, 황금의 무게가 된다. 분모를 나눗수와 곱하여 나누면 은의 무게가 된다. 나눠주면 약분된 값이 된다.

今有黃金九枚, 白銀一十一枚, 稱之重適等. 交易其一, 金輕十三兩. 問金, 銀一枚各重幾何?
答曰, 金重二斤三兩一十八銖,銀重一斤一十三兩六銖.
術曰, 假令黃金三斤, 白銀二斤, 一十一分斤之五, 不足四十九, 於右行. 令之黃金二斤, 白銀一斤, 一十一分斤之七, 多十五於左行. 以分母各乘其行內之數, 以盈不足維乘所出率, 并以爲實. 并盈不足爲法. 實如法得黃金重. 分母乘法以除, 得銀重. 約之得分也.

[7-19] 좋은 말과 노둔한 말이 장안을 출발하여 제나라로 갔는데, 제나라는 장안으로부터 3,000리 떨어져 있다. 좋은 말은 첫날에 193리를 가다가, 매일같이 13리씩 늘어난 반면, 노둔한 말은 첫날에 97리를 가다가 매일같이 반 리씩 줄어들었다. 양마는 먼저 제나라에 도착한 다음, 돌아오다가 노둔한 말과 만나게 되었다. 며칠 지나서 서로 만나게 되었으며, 각각 얼마나 갔는가?

답 : $15\frac{135}{191}$일이 지나서 서로 만나며, 좋은 말은 $4,534\frac{46}{191}$리를 가고, 노둔한 말은 $1,465\frac{145}{191}$리를 간다.

풀이법에 따르면, 가령 15일이 걸린다면, 337리 반이 모자라고, 16일이 걸린다면, 140리가 남을 것이다. 남고 모자라는 것을 교차시켜서 곱하여, 더해서 나뉨수로 삼고, 남고 모자라는 것을 더해서 나눗수로 삼는다. 나뉨수를 나눗수로 나누면, 날수가 된다. 끊어지지 않는 것은 같은 수로 나눠서 "몇 분의 몇"이라고 부른다.

주해 이 문제도 [6-21]과 마찬가지로 장안과 제나라를 오가는 것을 대상으로 하고 있는데, 내용적으로는 등차급수의 합을 다룬 것이다.

> 今有良馬與駑馬發長安至齊. 齊去長安三千里. 良馬初日行一百九十三里,日增一十三里. 駑馬初日行九十七里,日減半里. 良馬先至齊, 復還迎駑馬. 問幾何日相逢及各行幾何?
> 荅曰, 一十五日, 一百九十一分日之一百三十五而相逢. 良馬行四千五百三十四里, 一百九十一分里之四十六. 駑馬行一千四百六十五里, 一百九十一分里之一百四十五.
> 術曰,假令十五日, 不足三百三十七里半. 令之十六日, 多一百四十里. 以盈,不足維乘假令之數, 并而爲實. 并盈不足爲法. 實如法而一,得日數. 不盡者, 以等數除之而命分.

[7-20] 어떤 사람이 돈을 갖고, 촉나라로 가서, 장사를 했더니 3할의 이윤을 올렸다. 처음에 14,000전을 돌려보내고, 다음에는 13,000전을 돌려보내고, 그 다음에는 12,000전을 돌려보내고, 그 다음에는 11,000전을 돌려보내고, 마지막으로 10,000전을 돌려보냈는데, 다섯 차례 돈을 돌려보내고 나니, 본전과 이윤 모두가 소진되었다. 본전과 이윤은 각각 얼마인가?

답 : 본전은 $30,468\frac{84876}{371293}$ 전, 이윤은 $29,531\frac{286417}{371293}$ 전.

풀이법에 따르면, 가령 본전이 3만전이라면, 1,738전 반이 모자라고, 4만전이라면, 35,390전 8푼이 남을 것이다.

今有人持錢之蜀, 賈利十三. 初返歸一萬四千, 次返歸一萬三千, 次返歸一萬二千, 次返歸一萬一千, 後返歸一萬. 凡五返歸錢, 本利俱盡. 問本持錢及利各幾何?

答曰, 本三萬四百六十八錢, 三十七萬一千二百九十三分錢之八萬四千八百七十六. 利二萬九千五百三十一錢, 三十七萬一千二百九十三分錢之二十八萬六千四百一十七.

術曰, 假令本錢三萬, 不足一千七百三十八錢半. 令之四萬, 多三萬五千三百九十錢八分.

제 8 권 방정(方程)

방정으로써 양수와 음수가 뒤섞인 것을 다룬다.

方程119), 以御錯糅120)正負

[8-1] 벼 상품 3단, 중품 2단, 하품 1단은 알곡이 39말이며, 상품 2단, 중품 3단, 하품 1단은 알곡이 34말이고, 벼 상품 1단, 중품 2단, 하품 3단은 알곡이 26말이다. 상・중・하품 1단의 알곡은 각각 얼마인가?

답 : 상품 1단은 $9\frac{1}{4}$ 말, 중품 1단은 $4\frac{1}{4}$ 말, 하품 1단은 $2\frac{3}{4}$ 말.

풀이법(방정술)에 따라서, 벼 상품 3단, 중품 2단, 하품 1단의 알곡 39말을 오른쪽 열에 놓아라. 가운데와 왼쪽의 벼 열도 오른쪽과 같이 하라. 그리고 나서 오른쪽 행의 상품으로 중간 행을 곱하여 막 바로 빼버리시오. 또한 그 다음 것을 곱하여 역시 막 바로 빼버리시오. 그런 다음 중간 행 가운데 중품 남은 것으로 왼쪽 행을 곱하여 막 바로 빼버리시오. 왼쪽의 하품 남은 것에 대해서 위를 나눗수로 삼고 아

119) "방정"이란 양휘(楊輝)의 「상해구장산법(詳解九章算法)」에서 "謂方者,數之形也. 程者,量度之總名,亦權衡丈尺斛斗之平法也. 尤課分明多寡之義."라고 한 것처럼, 수를 네모난 표의 형태로 늘어놓고 계산하는 것을 가리킨다. 영어의 equation이 "방정식"이라고 번역된 것은 1850년 이선란(李善蘭)에 의해서 이다(白尚恕, 1983: 258).

120) "착유(錯糅)"는 뒤섞인 것(雜也)을 말한다.

래를 나뉠수로 삼는데, 그 나뉨수가 곧 하품(1단)의 알곡이다.

주해 이 풀이법을 뜯어보면, 다음과 같은 순서로 일련의 표 계산을 수행할 것을 지시한다는 것이 드러난다.

1) "풀이법에 따라서, 벼 상품 3단, 중품 2단, 하품 1단의 알곡 39말을 오른쪽 열에 놓아라. 가운데와 왼쪽의 벼 열도 오른쪽과 같이 하라."

1	2	3
2	3	2
3	1	1
26	34	39

2) "그리고 나서 오른쪽 행의 상품으로 중간 행을 곱하여 막 바로 빼버리시오. 또한 그 다음 것을 곱하여 역시 막 바로 빼버리시오."

0	0	3
4	5	2
8	1	1
39	24	39

3) "그런 다음 중간 행 가운데 중품 남은 것으로 왼쪽 행을 곱하여 막 바로 빼버리시오. 왼쪽의 하품 남은 것에 대해서 위를 나눗수로 삼고 아래를 나뉨수로 삼는데, 그 나뉨수가 곧 하품(1단)의 알곡이다."

0	0	3
0	5	2
4	1	1
11	24	39

이러한 "방정술" 계산법은 다음과 같은 통상적인 3원1차 연립방정식 풀이법과 정확히 일치하는 것으로 드러난다.

1) 먼저, 벼 상품, 중품, 하품 1단의 알곡을 각각 x, y, z라고 놓고, 3원1차 연립방정식을 세운다.

$$3x+2y+z=39 \text{ -------①}$$
$$2x+3y+z=34 \text{ -------②}$$
$$x+2y+3z=26 \text{ -------③}$$

2) ②×3－①×2하여, 식 ④를 얻고,

$$\begin{array}{r} 6x+9y+3z=102 \\ \underline{6x+4y+2z=\ 78\ (-} \\ 5y+z=\ 24 \end{array} \text{ -------④}$$

③×3－①하여, 식 ⑤를 얻는다.

$$\begin{array}{r} 3x+6y+9z=78 \\ \underline{3x+2y+z=39\ (-} \\ 4y+8z=39 \end{array} \text{ -------⑤}$$

3) 이어서, ⑤×5－④×4하면, 식 ⑥을 얻어, z값을 구한다.

$$\begin{array}{r} 20y+40z=195 \\ \underline{20y+4z=\ 96\ \ (-} \end{array}$$

$$36z = 99 \text{ -------⑥}$$

$$\therefore\ z = \frac{99}{36} = \frac{11}{4} = 2\frac{3}{4} \text{ 말.}$$

今有上禾三秉, 中禾二秉, 下禾一秉, 實三十九斗, 上禾二秉, 中禾三秉, 下禾一秉, 實三十四斗, 上禾一秉, 中禾二秉, 下禾三秉,實二十六斗. 問,上,中, 下禾實一秉各幾何?
答曰, 上禾一秉, 九斗四分斗之一, 中禾一秉, 四斗四分斗之一, 下禾一秉,二斗四分斗之三.
術曰,置上禾三秉中禾二秉下禾一秉實三十九斗于右方, 中左禾列如右方,以右行上禾, 偏乘中行, 而以直除. 又乘其次,亦以直除. 然以中行中禾不盡者,左行, 而以直除. 左方下禾不盡者, 上爲法, 下爲實,實卽下禾之實. 求中禾,以法乘中行下實, 而除下禾之實. 餘,如中禾秉數,而一卽中禾之實. 求上禾,亦以法乘右行下實, 而除下禾中禾之實. 餘,如上禾秉數, 而一卽上禾之實. 實皆如法, 各得一.

[8-2] 상품 벼 7단이 있는데, 1말을 줄이고, 하품 벼 2단을 보충하면, 쌀 10말이 된다. 그리고 하품 8단이 있는데, 1말과 상품 벼 2단을 보충하면, 쌀 10말이 된다. 상・하품 1단의 쌀은 각각 얼마인가?

답 : 상품 1단은 $1\frac{18}{52}$ 말, 하품 1단은 $\frac{41}{52}$ 말.

풀이법에 따라서, 방정술과 같이 하여, 줄인 것은 늘리고, 늘린 것은 줄인다.

주해 상품, 하품 1단에서 나오는 쌀의 양을 각각 x, y라고 하면, x, y는 연립방정식

$$7x+2y=11$$
$$2x+8y=9$$

의 근이다. 이 연립방정식을 그래프로 나타내면 다음과 같다.

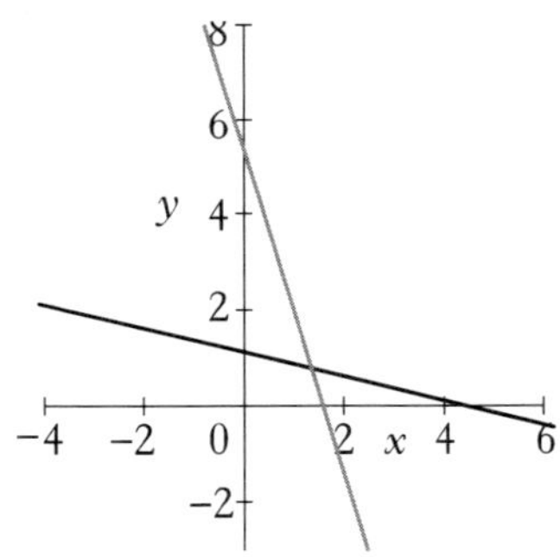

결국, 이 연립방정식의 근은 $x=1\frac{18}{52}=1.346153846$, $y=\frac{41}{52}=.7884615385$로 드러난다.

今有上禾七秉, 損實一斗, 益之下禾二秉, 而實十斗. 下禾八秉, 益實一斗與上禾二秉, 而實十斗. 問上, 下禾實一秉各幾何?
答曰, 上禾一秉實一斗, 五十二分斗之十八, 下禾一秉實五十二分斗之四十一.
術曰,如方程. 損之曰益,益之曰損.

[8-3] 상품 벼 2단, 중품 벼 3단, 하품 벼 4단이 있는데, 그 어느 것의 쌀도 1말이 되지 못한다. 상품이 중품 1단을 취하거나, 중품이 하품 1단을 취하거나, 하품이 상품 1단을 취하면, 1말이 된다. 상・중・하품 1단의 쌀은 각각 얼마나 되는가?

답 : 상품 1단의 쌀은 $\frac{9}{25}$ 말, 중품 1단의 쌀은 $\frac{7}{25}$ 말, 하품 1단의 쌀은 $\frac{4}{25}$ 말.

풀이법에 따라서, 방정술과 같이 하여, 취한 것을 각각 놓고서, 정부술(正負術)을 적용한다. 정부술에 따라서, (뺄 때에는) 같은 이름끼리는 빼고, 다른 이름끼리는 더하는데, 양수는 0에 대해서 음수가 되고, 음수는 0에 대해서 양수가 된다. (더할 때에는) 다른 이름끼리는 빼고, 같은 이름끼리는 더하는데, 양수는 0에 대해서 양수가 되고, 음수는 0에 대해서 음수가 된다.

주해 상품, 중품, 하품 1단에서 나오는 쌀의 양을 각각 x, y, z라고 하면, x, y, z는 3원1차 연립방정식

$$2x+y=1$$
$$3y+z=1$$
$$4z+x=1$$

의 근으로서, 그 값은 $x=\frac{9}{25}=.36$말, $y=\frac{7}{25}=.28$말, $z=\frac{4}{25}=.16$말로 드러난다.

今有上禾二秉, 中禾三秉, 下禾四秉, 實皆不滿斗. 上取中, 中取下, 下取上禾各一秉而實滿斗. 問上, 中, 下禾實一秉各幾何?
答曰, 上禾一秉實二十五分斗之九, 中禾一秉實二十五分斗之七, 下禾一秉實二十五分斗之四.
術曰, 如方程, 各置所取, 以正負術入之. 正負術曰, 同名相除, 異名相益, 正無入負之, 負無入正之. 其異名相除, 同名相益, 正無入正之,負無入負之.

[8-4] 상품 벼 5단에서 쌀 1말 1되를 줄이면, 하품 벼 7단에 해당되며, 상품 벼 7단에서 쌀 2말 5되를 줄이면, 하품 벼 5단에 해당된다. 상・하품 1단의 쌀은 각각 얼마나 되는가?

답 : 상품 1단의 쌀은 5되, 하품 1단의 쌀은 2되.

풀이법에 따라서, 방정술과 같이 하여, 벼 상품 5단을 정, 하품 7단을 부, 줄인 쌀 1말 1되를 정으로 놓고, 그 다음에는 벼 상품 7단을 정, 하품 5단을 부, 줄인 쌀 2말 5되를 부로 놓고서, 정부술을 적용한다.

주해 상품, 하품 1단에서 나오는 쌀의 양을 각각 x, y라고 하면, x, y는 연립방정식

$$5x - 11 = 7y$$
$$7x - 25 = 5y$$

의 근이다. 이 연립방정식을 그래프로 나타내면 다음과 같다.

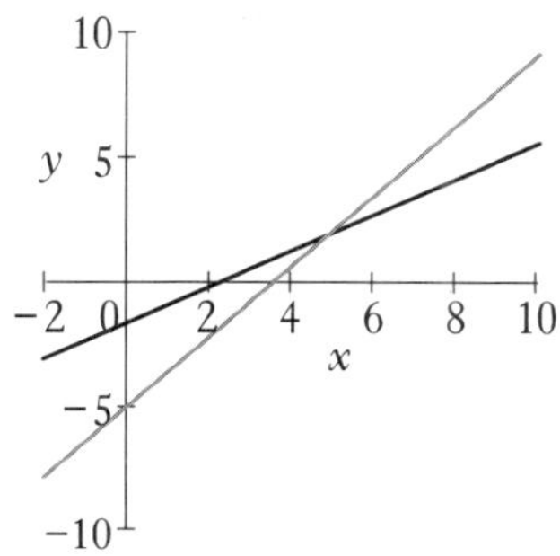

결국, 이 연립방정식의 근은 $x=5$, $y=2$로 드러난다. 다음에 나오는 [8-5]와 [8-6] 역시 질이 다른 벼들로부터의 소출을 다룬, 기본적으로 이것과 내용이 유사한 문제이다.

今有上禾五秉,損實一斗一升,當下禾七秉. 上禾七秉, 損實二斗五升,當下禾五秉. 問上,下禾實一秉各幾何?
答曰, 上禾一秉五升, 下禾一秉二升.
術曰,如方程, 置上禾五秉正, 下禾七秉負,損實一斗一升正. 次置上禾七秉正, 下禾五秉負,損實二斗五升正. 以正負術入之.

[8-5] 상품 벼 6단에서 쌀 1말 8되를 줄이면, 하품 벼 10단에 해당되며, 하품 벼 15단에서 쌀 5되를 줄이면, 상품 벼 5단에 해당된다. 상·하품 1단의 쌀은 각각 얼마나 되는가?

답 : 상품 1단의 쌀은 8되, 하품 1단의 쌀은 3되.

풀이법에 따라서, 방정술과 같이 하여, 벼 상품 6단을 정, 하품 10단을 부, 줄인 쌀 1말 8되를 정으로 놓고, 그 다음에는 벼 상품 5단을 부, 하품 15단을 정, 줄인 쌀 5되를 정으로 놓고서, 정부술을 적용한다.

주해 상품, 하품 1단에서 나오는 쌀의 양을 각각 x, y라고 하면, x, y는 연립방정식

$$6x-18=10y$$
$$15y-5=5x$$

의 근이다. 이 연립방정식을 그래프로 나타내면 다음과 같다.

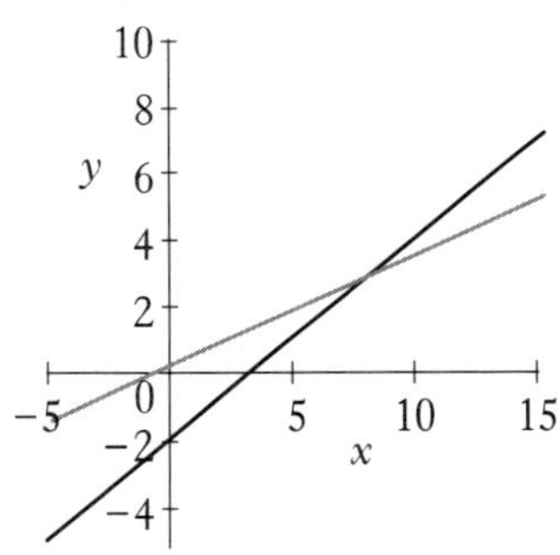

결국, 이 연립방정식의 근은 $x=8$, $y=3$으로 드러난다.

今有上禾六秉, 損實一斗八升, 當下禾一十秉. 下禾一十五秉, 損實五升, 當上禾五秉. 問上, 下禾實一秉各幾何?
答曰, 上禾一秉實八升, 下禾一秉實三升.
術曰, 如方程,置上禾六秉正, 下禾一十秉負, 損實一斗八升正. 次置上禾五秉負, 下禾一十五秉正, 損實五升正. 以正負術入之.

[8-6] 상품 벼 3단에 쌀 6말을 더하면, 하품 벼 10단에 해당되며, 하품 벼 5단에 쌀 1말을 더하면, 상품 벼 2단에 해당된다. 상·하품 1단의 쌀은 각각 얼마나 되는가?

답 : 상픔 1단의 쌀은 8말, 하품 1단의 쌀은 3말.

풀이법에 따라서, 방정술과 같이 하여, 벼 상품 3단을 정, 하품 10단을 부, 더한 쌀 6말을 부로 놓고, 그 다음에는 벼 상품 2단을 부, 하품 5단을 정, 더한 쌀 1말을 부로 놓고서, 정부술을 적용한다.

주해 상품, 하품 1단에서 나오는 쌀의 양을 각각 x, y라고 하면, x, y는 연립방정식

$$3x + 6 = 10y$$
$$5y + 1 = 2x$$

의 근이다. 이 연립방정식을 그래프로 나타내면 다음과 같다.

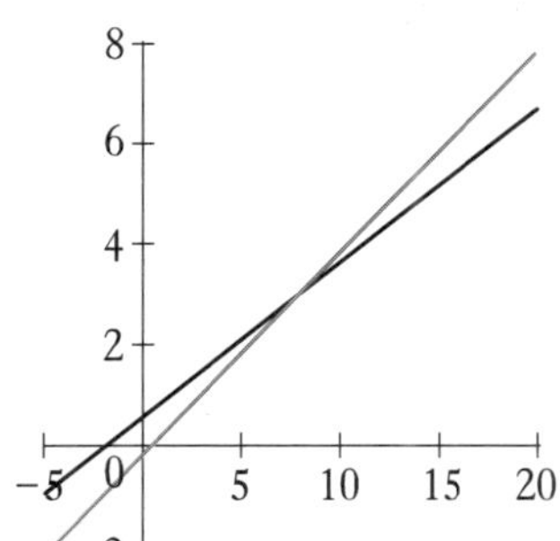

결국, 이 연립방정식의 근은 $x = 8$, $y = 3$으로 드러난다.

今有上禾三秉, 益實六斗, 當下禾一十秉. 下禾五秉,益實一斗, 當上禾二 秉. 問上, 下禾實一秉各幾何?
答曰, 上禾一秉實八斗, 下禾一秉實三斗.
術曰,如方程, 置上禾三秉正, 下禾一十秉負,益實六斗負. 次置上禾二秉負, 下禾五秉正,益實一斗負. 以正負術入之.

[8-7] 소 5마리와 양 2마리는 10냥의 값이 나가고, 소 2마리와 양 5마리가 8냥의 값이 나간다. 소와 양 각각의 값은 얼마인가?

답 : 소 1마리는 $1\frac{13}{21}$냥, 양 1마리는 $\frac{20}{21}$냥.

풀이법에 따라서, 방정술과 같이 한다.

주해

$$5x+2y=10$$
$$2x+5y=8$$
$$25x+10y=50$$
$$4x+10y=16$$
$$\therefore\ x=\frac{34}{21}=1\frac{13}{21},\quad y=\frac{8-\frac{68}{21}}{5}=\frac{100}{21\times5}=\frac{20}{21}$$

今有牛五, 羊二直金十兩. 牛二, 羊五直金八兩. 問牛羊各直金幾何?
答曰, 牛一, 直金一兩,二十一分兩之一十三, 羊一, 直金二十一分兩之二十.
術曰, 如方程.

[8-8] 소 2마리와 양 5마리를 팔아서, 돼지 13마리를 사면, 1000전이 남고, 소 3마리와 돼지 3마리를 팔아서, 양 9마리를 사면, 금액이 딱 맞아떨어지며, 양 6마리와 돼지 8마리를 팔아서, 소 5마리를 사면, 600전이 모자란다. 소, 양, 돼지의 가격은 각각 얼마인가?

답 : 소 값 1200전, 양 값 500전, 돼지 값 300전.

풀이법에 따라서, 방정술과 같이 하여, 소 2마리, 양 5마리를 정, 돼지 13마리를 부, 남은 액수를 정으로 놓고, 그 다음에는 소 3마리를 정, 양 9마리를 부, 돼지 3마리를 정으로 놓고, 그 다음에는 소 5마리를 부, 양 6마리를 정, 돼지 8마리를 정, 모자라는 액수를 부로 놓고서, 정부술을 적용한다.

주해 소, 양, 돼지의 가격을 각각 x, y, z라고 하면, x, y, z는

$$2x+5y=13z+1000$$
$$3x+3z=9y$$
$$6y+8z=5x-600$$

라는 3원1차 연립방정식의 근으로서, 그 값은 $x=1200$, $y=500$, $z=300$으로 드러난다.

今有賣牛二, 羊五, 以買一十三豕, 有餘錢一千. 賣牛三, 豕三, 以買九羊, 錢適足. 賣羊六, 豕八, 以買五牛, 錢不足六百. 問牛, 羊, 豕價各幾何?
答曰, 牛價一千二百, 羊價五百,豕價三百.
術曰, 如方程,置牛二, 羊五正, 豕一十三負, 餘錢數正, 次牛三正, 羊九負, 豕三正, 次牛五負, 羊六正, 豕八正, 不足錢負. 以正負術入之.

[8-9] 참새 5마리와 제비 6마리가 있는데, 모아서 무게를 달아보니, 참새들이 무겁고 제비들이 가벼웠다. 그런데 참새 한 마리와 제비 한 마리를 서로 바꿨더니, 저울이 가지런해졌으며, 참새와 제비들 전체의 무게는 1근이다. 참새와 제비의 마리당 무게는 얼마인가?

답 : 참새 무게 $1\frac{13}{19}$냥, 제비 무게 $1\frac{5}{19}$냥.

풀이법에 따라서, 방정술과 같이 하여, 바꿔 달면, 각각의 무게는 8냥(즉, 반근)이 된다.

주해 참새 무게를 x, 제비 무게를 y라고 하자. 그러면

$$4x+y=5y+x,\ \text{즉},\ 3x=4y$$

$$5x+6y=16\ (1\text{근}=16\text{냥이므로})$$

$$\therefore\ x=1\frac{13}{19},\ y=1\frac{5}{19}.$$

今有五雀, 六燕, 集稱之衡, 雀俱重, 燕俱輕. 一雀一燕交而處, 衡適平. 并燕, 雀重一斤. 問燕, 雀一枚各重幾何?
答曰, 雀重一兩, 一十九分兩之一十三, 燕重一兩, 一十九分兩之五.
術曰, 如方程, 交易質之, 各重八兩.

[8-10] 갑과 을 두 사람이 돈을 갖고 있는데, 그 액수를 모른다. 갑이 을의 반을 얻으면, 50전이 되고, 을이 갑의 $\frac{2}{3}$를 얻어도 역시

50전이 된다. 갑과 을이 갖고 있는 돈은 각각 얼마인가?

답 : 갑이 갖고 있는 돈은 $37\frac{1}{2}$전, 을 25전.

풀이법에 따라서, 방정술과 같이 하여, 줄이거나 늘리도록 한다.

주해 갑이 갖고 있는 돈을 x, 을이 갖고 있는 돈을 y라고 하자. 그러면

$$x+\frac{y}{2}=50$$

$$\frac{2}{3}x+y=50$$

$$\therefore\ x=37\frac{1}{2},\ y=25.$$

今有甲乙二人持錢不知其數. 甲得乙半而錢五十, 乙得甲太半而亦錢五十. 問甲, 乙持錢各幾何?

答曰, 甲持三十七錢半, 乙持二十五錢.

術曰, 如方程,損益之.

[8-11] 말 2마리와 소 1마리의 값이 1만전을 넘는 것이 말 반 마리 값과 같고, 말 1마리와 소 2마리의 값이 1만전에서 모자라는 것이 소 반 마리 값과 같다. 소와 말 값은 각각 얼마인가?

답 : 말 값 $5,454\frac{6}{11}$전, 소 값 $1,818\frac{2}{11}$전.

풀이법에 따라서, 방정술과 같이 하여, 줄이거나 늘리도록 한다.

주해 말과 소 1마리 값을 각각 x, y라고 하자. 그러면 x, y는 연립방정식

$$2x+\ \ y-10000=\ \ \frac{x}{2}$$
$$x+2y-10000=-\frac{y}{2}$$

을 만족시키는 근이다. 이 연립방정식을 y에 대해서 정돈하면,

$$y=-\frac{3x}{2}+10000$$
$$y=-\frac{2x}{5}+\ \ 4000$$

이 되며, 그 그래프는 다음과 같다.

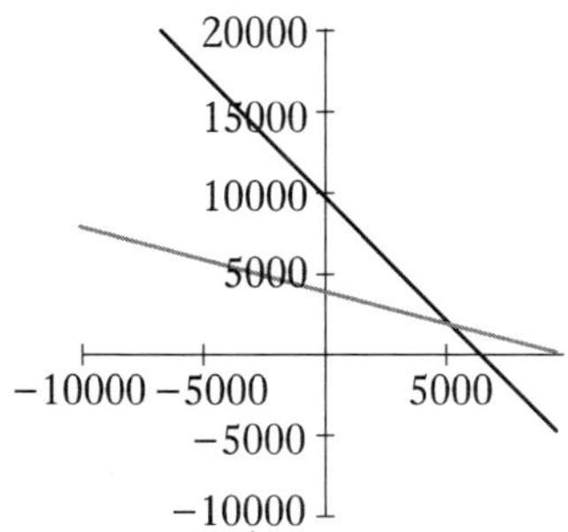

$$\therefore\ x=\frac{60000}{11}=5,454\frac{6}{11},\ y=\frac{20000}{11}=1,818\frac{2}{11}.$$

今有二馬, 一牛價過一萬, 如半馬之價. 一馬, 二牛價不滿一萬, 如半牛之價. 問牛, 馬價各幾何?
答曰, 馬價五千四百五十四錢, 一十一分錢之六, 牛價一千八百一十八錢, 一十一分錢之二.
術曰,如方程,損益之.

[8-12] 군용마 1필, 중급마 2필, 하급마 3필이 한결같이 40섬을 싣고, 언덕에 도달하려고 했으나, 모두 꼭대기에 오를 수 없었다. 그래서 군용마가 중급마 1필을 빌리고, 중급마들이 하급마 1필을 빌리고, 하급마들이 군용 마 1필을 빌렸는데, 모두 오르게 되었다. 군용마, 중급마, 하급마 1필의 힘이 끌 수 있는 것은 각각 얼마인가?
답 : 군용마 1필의 힘은 $22\frac{6}{7}$섬을 끌고, 중급마 1필의 힘은 $17\frac{1}{7}$섬을 끌고, 하급마 1필의 힘은 $5\frac{5}{7}$섬을 끈다.

풀이법에 따라서, 방정술과 같이 하여, 각각 빌린 것을 놓고, 정부술을 적용한다.

주해 군용마, 중급마, 하급마 1필의 힘이 끌 수 있는 것을 각각 x, y, z라고 하면, x, y, z는

$$x+y=2y+z=3z+x=40$$

라는 3원1차 연립방정식의 근으로서, 그 값은 $x=22\frac{6}{7}$,

$y = 17\frac{1}{7}$, $z = 5\frac{5}{7}$로 드러난다.

> 今有武馬[121]一匹, 中馬二匹, 下馬三匹, 皆載四十石至阪, 皆不能上. 武馬借中馬一匹, 中馬借下馬一匹, 下馬借武馬一匹, 乃皆上. 問武, 中, 下馬一匹各力引幾何?
> 答曰, 武馬一匹力引二十二石, 七分石之六, 中馬一匹力引一十七石,七分石之一, 下馬一匹力引五石, 七分石之五.
> 術曰, 如方程, 各置所借, 以正負術入之.

[8-13] 5가구가 우물을 같이 쓰는데, 갑의 두레박줄 2줄로는 을의 1줄만큼 모자라고, 을의 3줄로는 병의 1줄만큼 모자라고, 병의 4줄로는 정의 1줄만큼 모자라고, 정의 5줄로는 무의 1줄만큼 모자라고, 무의 6줄로는 갑의 1줄만큼 모자라서, 각각 부족한 1줄을 얻으면, 모두 바닥까지 닿았다. 우물의 깊이와 줄의 길이들은 각각 얼마인가?
답 : 우물의 깊이는 7장 2자 1치이며, 갑의 줄 길이는 2장 6자 5치, 을의 줄 길이는 1장 9자 1치, 병의 줄 길이는 1장 4자 8치, 정의 줄 길이는 1장 2자 9치, 무의 줄 길이는 7자 6치이다.

풀이법에 따라서, 방정술과 같이 하여, 정부술을 적용한다.

주해 갑, 을, 병, 정, 무의 줄 길이(치 단위의 양정수)를, 각각 순서대로, a, b, c, d, e라고 하고, 우물의 깊이를 k라고 하면, a,

121) "무마(武馬)"는 군용마를 뜻하며, "융마(戎馬)"라고도 부른다. 말을 군사용으로 쓰자면, 튼튼하고, 용맹스러우면서도 잘 달려야 되기 때문에, 그런 특질을 갖춘 우수한 말을 가리키게 된 것이다.

b, c, d, e는

$$2a+b=3b+c=4c+d=5d+e=6e+a=k$$

라는 연립방정식의 근이 될 것이다. k 자체가 미지수라는 점에서 이런 종류의 연립방정식을 "부정"(不定)방정식이라고 부른다 (李兆華, 1992 : 42). 이 연립방정식을 풀어, 갑, 을, 병, 정, 무의 줄 길이들을 d 또는 k로 나타내면,

$$a=\frac{265}{129}d=2.054263566d=\frac{265}{721}k=.36754507k$$

$$b=\frac{191}{129}d=1.480620155d=\frac{191}{721}k=.26490984k,$$

$$c=\frac{148}{129}d=1.147286822d=\frac{148}{721}k=.20527045k,$$

$$d=\frac{129}{721}k=.17891817k,$$

$$e=\frac{76}{129}d=.5891472868d=\frac{76}{721}k=.10540914k$$

이다. 그리고 이 문제를 방정술에 따라서 풀면,

1				2
			3	1
		4	1	
	5	1		
6	1			
1	1	1	1	1

로 시작하여

				721
			721	
		721		
	721			
721				
76	129	148	191	265

로 귀결된다. 결국, 이러한 결과들은 우물의 깊이가 $k=721$치이며, 갑, 을, 병, 정, 무의 줄 길이가 각각 $a=265$, $b=191$, $c=148$, $d=129$, $e=76$치라는 것을 확인시켜준다.

> 今有五家共井, 甲二綆不足, 如乙一綆,乙三綆不足, 如丙一綆,丙四綆不足,如丁一綆,丁五綆不足,如戊一綆,戊六綆不足,如甲一綆. 如各得所不足一綆,皆逮. 問井深,綆長各幾何?
> 答曰,井深七丈二尺一寸. 甲綆長二丈六尺五寸, 乙綆長一丈九尺一寸, 丙綆長一丈四尺八寸, 丁綆長一丈二尺九寸, 戊綆長七尺六寸.
> 術曰,如方程, 以正負術入之.

[8-14] 흰 벼 2보, 푸른 벼 3보, 누런 벼 4보, 검은 벼 5보가 있는데, 어떤 수확도 1말이 되지 못한다. 흰 벼가 푸른 벼와 누런 벼 각 1보씩을 가져가고, 푸른 벼가 누런 벼와 검은 벼 각 1보씩을 가져가고, 누런 벼가 검은 벼와 흰 벼 각 1보씩을 가져가고, 검은 벼가 흰 벼와 푸른 벼 각 1보씩을 가져가면, 수확이 한 말을 채운다. 흰 벼, 푸른 벼, 누런 벼, 검은 벼의 수확은 각각 얼마인가?

답 : 흰 벼 1보의 수확은 $\frac{33}{111}$ 말, 푸른 벼 1보의 수확은 $\frac{28}{111}$ 말, 누런벼 1보의 수확은 $\frac{17}{111}$ 말, 검은 벼 1보의 수확은 $\frac{10}{111}$ 말.

풀이법에 따라서, 방정술과 같이 하여, 각각 취한 것을 놓고, 정부술을 적용한다.

주해 흰 벼, 푸른 벼, 누런 벼, 검은 벼 1보의 수확을 각각 a, b, c, d라고 하자. 그러면

$$2a+b+c=1$$
$$3b+c+d=1$$
$$4c+d+a=1$$
$$5d+a+b=1$$
$$\therefore\ a=\frac{33}{111},\quad b=\frac{28}{111},\quad c=\frac{17}{111},\quad d=\frac{10}{111}.$$

今有白禾二步, 靑禾三步, 黃禾四步, 黑禾五步, 實各不滿斗. 白取靑, 黃, 靑取黃, 黑, 黃取黑, 白, 黑取白, 靑, 各一步, 而實滿斗. 問白, 靑, 黃, 黑禾實一步各幾何?

答曰, 白禾一步實一百一十一分斗之三十三, 靑禾一步實一百一十一分斗之二十八, 黃禾一步實一百一十一分斗之一十七, 黑禾一步實一百一十一分斗之一十.

術曰, 如方程, 各置所取, 以正負術入之.

[8-15] 갑의 벼 2단, 을의 벼 3단, 병의 벼 4단이 있는데, 그 무게들이 모두 1석이 넘는다. 갑의 벼 2단(이 1석을 넘는) 무게는 을의 벼 1단과 같고, 을의 벼 3단(이 1석을 넘는) 무게는 병의 벼 1단과 같고, 병의 벼 4단(이 1석을 넘는) 무게는 갑의 벼 1단과 같다. 갑·을·병의 벼 무게는 각각 얼마인가?

답 : 갑의 벼 1단 무게는 $\frac{17}{23}$석, 을의 벼 1단 무게는 $\frac{11}{23}$석, 병의 벼 1단 무게는 $\frac{10}{23}$석.

풀이법에 따라서, 방정술과 같이 하여, 무게가 1석이 넘는 것을 부로 놓고, 정부술을 적용한다.

주해 갑·을·병의 벼 무게를 각각 x, y, z라고 하자. 그러면

$$2x-1=y$$
$$3y-1=z$$
$$4z-1=x$$
$$\therefore\ x=\frac{17}{23},\ y=\frac{11}{23},\ z=\frac{10}{23}.$$

今有甲禾二秉, 乙禾三秉, 丙禾四秉, 重皆過於石. 甲二重如乙一, 乙三重如丙一, 丙四重如甲一. 問甲, 乙,丙禾一秉各重幾何?
答曰, 甲禾一秉重二十三分石之一十七, 乙禾一秉重二十三分石之一十一, 丙禾一秉重二十三分石之一十.
術曰,如方程, 置重過於石之物爲負. 以正負術入之.

[8-16] 수령 1인, 아전 5인, 하인 10인은 닭 10마리를 먹고, 수령 10인, 아전 1인, 하인 5인은 닭 8마리를 먹고, 수령 5인, 아전 10인, 하인 1인은 닭 6마리를 먹는다. 수령, 아전, 하인이 먹는 닭은 얼마나 되는가?

답 : 수령 1인은 닭 $\frac{45}{122}$ 마리를 먹고, 아전 1인은 닭 $\frac{41}{122}$ 마리를 먹고, 하인 1인은 닭 $\frac{97}{122}$ 마리를 먹는다.

풀이법에 따라서, 방정술과 같이 하여, 정부술을 적용한다.

주해 수령, 아전, 하인이 먹는 닭을 각각 x, y, z라고 하자. 그러면

$$\begin{aligned} x+\ \ 5y+10z&=10 \\ 10x+\ \ \ y+\ \ 5z&=\ \ 8 \\ 5x+10y+\ \ \ z&=\ \ 6 \end{aligned}$$

$$\therefore x=\frac{45}{122},\quad y=\frac{41}{122},\quad z=\frac{97}{122}.$$

今有令一人, 吏五人, 從者一十人, 食鷄一十, 令一十人, 吏一人, 從者五人, 食鷄八, 令五人, 吏一十人, 從者一人, 食鷄六. 問令, 吏, 從者食鷄各幾何?
答曰, 令一人食一百二十二分鷄之四十五, 吏一人食一百二十二分鷄之四十一, 從者一人食一百二十二分鷄之九十七.
術曰, 如方程, 以正負術入之.

[8-17] 양 5마리, 개 4마리, 닭 3마리, 토끼 2마리의 값은 1496전이고, 양 4마리, 개 2마리, 닭 6마리, 토끼 3마리의 값은 1175전이고,

양 3마리, 개 1마리, 닭 7마리, 토끼 5마리의 값은 958전이며, 양 2마리, 개 3마리, 닭 5마리, 토끼 1마리의 값은 861전이다. 양, 개, 닭, 토끼의 값은 각각 얼마인가?

답 : 양 값 177전, 개 값 121전, 닭 값 23전, 토끼 값 29전.

풀이법에 따라서, 방정술과 같이 하여, 정부술을 적용한다.

주해 양, 개, 닭, 토끼의 값을 각각 a, b, c, d라고 하자. 그러면

$$5a+4b+3c+2d=1496$$
$$4a+2b+6c+3d=1175$$
$$3a+b+7c+5d=958$$
$$2a+3b+5c+d=861$$
$$\therefore a=177,\ b=121,\ c=23,\ d=29.$$

今有五羊, 四犬, 三鷄, 二兎, 直錢一千四百九十六, 四羊, 二犬, 六鷄, 三兎, 直錢一千一百七十五, 三羊, 一犬, 七鷄, 五兎, 直錢九百五十八, 二羊, 三犬, 五鷄, 一兎, 直錢八百六十一. 問羊, 犬, 鷄, 兎價各幾何?
答曰, 羊價一百七十七, 犬價一百二十一, 鷄價二十三, 兎價二十九.
術曰, 如方程, 以正負術入之.

[8-18] 깨 9말, 보리 7말, 콩 3말, 팥 2말, 기장 5말의 값은 140전이고, 깨 7말, 보리 6말, 콩 4말, 팥 5말, 기장 3말의 값은 128전이고, 깨 3말, 보리 5말, 콩 7말, 팥 6말, 기장 4말의 값은 116전이고, 깨

2말, 보리 5말, 콩 3말, 팥 9말, 기장 4말의 값은 112전이고, 깨 1말, 보리 3말, 콩 2말, 팥 8말, 기장 5말의 값은 95전이다. 깨, 보리, 콩, 팥, 기장 1말의 값은 얼마인가?

답 : 깨 1말 7전, 보리 1말 4전, 콩 1말 3전, 팥 1말 5전, 기장 1말 6전.

풀이법에 따라서, 방정술과 같이 하여, 정부술을 적용한다.

주해 깨, 보리, 콩, 팥, 기장 1말의 값을 각각 a, b, c, d, e라고 하자. 그러면

$$9a+7b+3c+2d+5e=140$$
$$7a+6b+4c+5d+3e=128$$
$$3a+5b+7c+6d+4e=116$$
$$2a+5b+3c+9d+4e=112$$
$$a+3b+2c+8d+5e=95$$
$$\therefore\ a=7, b=4, c=3, d=5, e=6.$$

今有麻九斗, 麥七斗, 菽三斗, 荅二斗, 黍五斗, 直錢一百四十, 麻七斗, 麥六斗, 菽四斗, 荅五斗, 黍三斗, 直錢一百二十八, 麻三斗, 麥五斗, 菽七斗, 荅六斗, 黍四斗, 直錢一百十六, 麻二斗, 麥五斗, 菽三斗, 荅九斗, 黍四斗, 直錢一百十二, 麻一斗, 麥三斗, 菽二斗, 荅八斗, 黍五斗, 直錢九十五. 問一斗直幾何?

答曰, 麻一斗七錢, 麥一斗四錢, 菽一斗三錢, 荅一斗五錢, 黍一斗六錢.

術曰, 如方程, 以正負術入之.

제 9 권 구고(句股)

구고로써 높고, 깊고, 넓고, 먼 것을 다룬다.

句股[122], 以御高深廣遠

[9-1] 밑변이 3자이고 높이가 4자이다. 빗변은 얼마인가?
답 : 5자.

今有句三尺, 股四尺. 問爲弦幾何?
答曰, 五尺.

[9-2] 빗변이 5자이고 밑변이 3자이다. 높이는 얼마인가?
답 : 4자.

今有弦五尺句三尺. 問爲股幾何?
答曰, 四尺.

---

122) “구(句)”와 “고(股)”는 직각3각형의 짧은 변(短面)과 긴 변(長面)을 각각 가리키기도 하지만, 여기서는 그냥 밑변과 높이라고 옮기기로 한다.

[9-3] 높이가 4자이고 빗변이 5자이다. 밑변은 얼마인가?
답 : 3자.

今有股四尺弦五尺. 問爲句幾何?
答曰, 三尺.

풀이법(구고술)에 따라서, 밑변과 높이를 각각 제곱해서 합하여 그것의 제곱근을 구하면, 곧 빗변이 된다. 또한 높이의 제곱을 빗변의 제곱으로부터 뺀 나머지의 제곱근을 구하면, 곧 밑변이 된다. 또한, 밑변의 제곱을 빗변의 제곱으로부터 뺀 나머지의 제곱근을 구하면, 곧 높이가 된다.

주해 풀이법은 밑변, 높이 및 빗변간의 관계를 "구고술"의 기초공식들로 정리한 것이다.

$$\text{빗변}=\sqrt{\text{밑변}^2+\text{높이}^2},$$
$$\text{밑변}=\sqrt{\text{빗변}^2-\text{높이}^2},$$
$$\text{높이}=\sqrt{\text{빗변}^2-\text{밑변}^2}.$$

句股術曰, 句股各自乘, 并, 而開方除之, 卽弦. 又股自乘, 以減弦自乘, 其餘開方除之, 卽句. 又句自乘, 以減弦自乘, 其餘開方除之, 卽股.

[9-4] 지름이 2자 5치인 원형의 자재가 있는데, 두께 7치짜리의 직사각형판을 만들려고 한다. 너비는 얼마인가?

답 : 2자 4치.

풀이법에 따라서, 지름을 2자 5치로 하여 제곱해서 7치 제곱을 빼고, 그 나머지의 제곱근을 구하면, 곧 너비가 된다.

주해 풀이법은 다음과 같은 계산을 반영한 것이다.

$$\text{너비} = \sqrt{\text{지름}^2 - \text{두께}^2}$$
$$= \sqrt{2.5^2 - .7^2} = \sqrt{6.25 - .49} = \sqrt{5.76} = 2.4\text{자}.$$

今有圓材徑二尺五寸, 欲爲方版, 令厚七寸. 問廣幾何?

答曰, 二尺四寸.

術曰, 令徑二尺五寸自乘, 以七寸自乘減之, 其餘開方除之, 卽廣.

[9-5] 나무가 있는데, 높이가 2장이며 둘레가 3자이다. 칡이 그 아래에서 자라나, 나무를 7바퀴나 감아 올라가 나무와 높이가 같아졌다. 칡의 길이는 얼마인가?

답 : 2장 9자.

풀이법에 따라서, 일곱 바퀴로서 3자를 곱해서 높이로 하고, 나무 길이를 밑변으로 하여 빗변을 구하면 되는데, 빗변이 칡의 길이이다.

주해 이 풀이법은, 다음 그림이 보여주듯이, 칡이 나무를 감아 올라간 궤적을 일곱 토막으로 나누어 그 토막들을 가지런히 쌓아올렸을 때를 나타낸다.

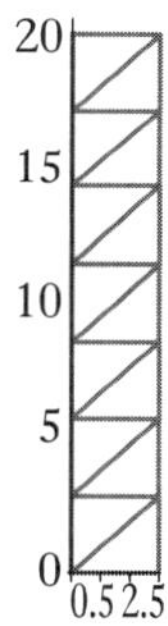

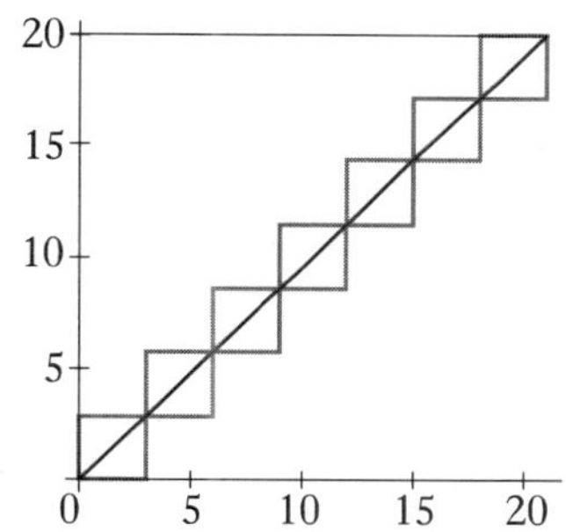

그리고 공식에 따르면, 일단

$$칡의\ 길이 = 7 \times \sqrt{(20/7)^2 + 3^2} = 7 \times (29/7) = 29$$

라고 계산된다.

그러나 이 계산은 「수리정온(數理精蘊)」이나 이황(李潢)도 지적한 바와 같이(각각 任繼愈: 3권 1123-4쪽, 4권 1178쪽을 참조), 조금만 발상의 전환을 한다면, 일곱 토막으로 나눈 나무둘레의 평면도를 다음 그림과 같이 계단식으로 이어 붙여서 구해도 될 것이다.

그러견 칡의 궤적은 나무길이 전체인 20이 밑변이고, 일곱 토막으로 잘려진 둘레를 한 줄로 이어 붙인 21이 높이인 구고의 현으로 가지런하게 되며, 그 계산도

$$칡의\ 길이 = \sqrt{20^2 + 21^2} = \sqrt{841} = 29$$

로 크게 단순화되기 때문이다.

> 今有木長二丈, 圍之三尺. 葛生其下, 纏木七周, 上與木齊. 問葛長幾何?
> 答曰, 二丈九尺.
> 術曰, 以七周乘三尺爲股, 木長爲句, 爲之求弦. 弦者, 葛之長.

[9-6] 연못이 있는데, 정사각형의 한 변이 1장이다. 연못 한 가운데서 갈대가 자라나 물위로 1자나 올라왔는데, 갈대를 잡아당겨 연못 둑에 닿게 하니, 둑과 가지런히 되었다. 수심과 갈대의 길이는 각각 얼마인가?

답 : 수심 1장 2자, 갈대의 길이 1장 3자.

풀이법에 따라서, 못 한 변의 반을 제곱하고, 물위로 올라온 1자의 제곱을 빼서, 그 나머지를 물 위 길이의 2배로 나눠주면, 곧 수심을 얻으며, (그것에다) 물위로 올라온 길이를 더해주면, 갈대의 길이가 된다.

주해 못 한 변의 길이를 x, 갈대의 길이를 y, 그리고 수심을 z라고 하면, 물위로 올라온 길이는 $y-z=1$자이며,

$$\frac{\left(\frac{x}{2}\right)^2-(y-z)^2}{2(y-z)}=\frac{5^2-1^2}{2}=12$$

라는 계산이 성립된다.

[그림 9-1] [9-6]에 대한 양휘(楊輝), 「詳解九章算法」의 삽화

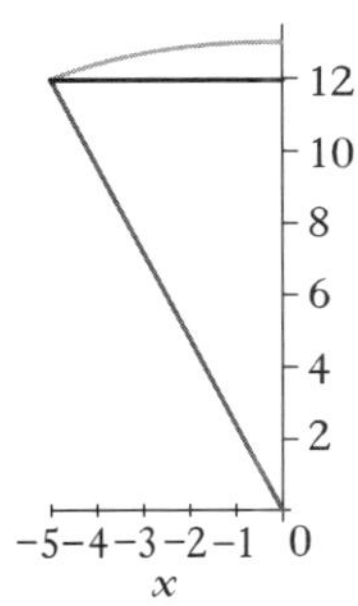

今有池方一丈, 葭生其中央, 出水一尺. 引葭赴岸, 適與岸齊. 問水深, 葭長各幾何?
答曰, 水深一丈二尺, 葭長一丈三尺.
術曰, 半池方自乘, 以出水一尺自乘, 減之, 餘, 倍出水除之, 卽得水深. 加出水數, 得葭長.

[9-7] 나무가 서 있는데, 그 끝에 밧줄이 매여 있어서 땅에 3자나 드리웠다. 밧줄을 잡아당기면, 뿌리에서 8자 떨어진 곳까지 가서야 다한다. 밧줄의 길이는 얼마인가?

답 : 1장 $2\frac{1}{6}$ 자.

풀이법에 따라서, 뿌리로부터 떨어진 거리의 제곱을 땅에 드리워진 길이로 나눠서 얻어진 것에다 땅에 드리워진 길이를 더해서 반으로 나누면, 곧 밧줄의 길이가 된다.

주해 밧줄의 길이를 x라고 하면,

$$x^2 = (x-3)^2 + 8^2 = x^2 - 6x + 73$$

이라는 식이 성립된다. 따라서 $x = \frac{73}{6} = 12\frac{1}{6}$ 자이다.

今有立木, 繫索其末, 委地三尺. 引索卻行, 去本八尺而索盡. 問索長幾何?
答曰, 一丈二尺, 六分尺之一.
術曰, 以去本自乘, 令如委數而一, 所得, 加委地數而半之, 卽索長.

[9-8] 1장 높이의 담이 있다. 나무를 담 꼭대기에 기대게 하니, 담과 가지런한데, 나무를 잡아당겨, 1자를 물러나게 하면, 그 나무는 땅에 떨어진다. 나무의 길이는 얼마인가?

답 : 5장 5치.

풀이법에 따라서, 담 높이 10자의 제곱을 물러나게 한 길이로 나눠서 얻어진 것에다 물러나게 한 길이를 더해서 반으로 나누면, 곧 나무의 길이가 된다.

주해 나무의 길이를 x라고 하면,

$$x^2 = (x-1)^2 + 10^2 = x^2 - 2x + 101$$

이라는 식이 성립된다. 따라서 $x = \frac{101}{2} = 50.5$자이다.

今有垣高一丈. 倚木於垣,上與垣齊. 引木卻行一尺, 其木至地. 問木長幾何?
答曰, 五丈五寸.
術曰, 以垣高一十尺自乘, 如卻行尺數而一, 所得, 以加卻行尺數而半之, 卽木長數.

[9-9] 원 모양의 (건축)자재가 벽 속에 박혀 있는데, 크기를 알 수 없다. 톱으로 썰어보니, 깊이가 1치이고, 톱으로 썬 길이가 1자였다. 지름은 얼마인가?

답 : 자재의 지름은 2자 6치.

풀이법에 따라서, 톱으로 썬 길이의 반을 제곱한 것을 깊이로 나눈 다음, 깊이를 더하면, 곧 자재의 지름이 된다.

주해 원 모양의 건축자재의 반지름을 r이라고 하면, r은

$$r^2 = (r-1)^2 + 5^2 = r^2 - 2r + 26$$

을 만족시키게 된다. 따라서 $r = 13$치이고, 지름은 26치이다.

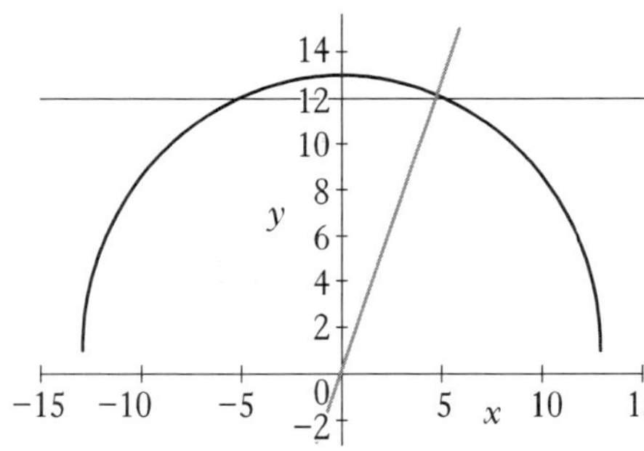

今有圓材, 埋在壁中, 不知大小. 以鐻鐻之, 深一寸, 鐻道長一尺. 問徑幾何?
答曰, 材徑二尺六寸.
術曰, 半鐻道自乘, 如深寸而一, 以深寸增之, 卽材徑.

[9-10] (양쪽 여닫이) 문을 열어 문지방까지의 거리가 1자가 되는데, 벌어진 틈새는 2치이다. (전체) 문의 너비는 얼마인가?

답 : 1장 1치.

풀이법에 따라서, 문지방까지의 거리 1자를 제곱하고, 틈새 2치를 반으로 나눈 것을 뺀 다음, 반으로 나누고, 그 값에 틈새의 반을 더해주면, 곧 문의 너비가 된다.

주해 풀이법에서 말하는 공식은 다음과 같다.

$$\text{문 전체의 너비}=\frac{\text{문지방까지의 거리}^2+\left(\dfrac{\text{틈새}}{2}\right)^2}{\text{틈새}}\times 2$$

$$=\frac{\text{문지방까지의 거리}^2}{\dfrac{\text{틈새}}{2}}+\frac{\text{틈새}}{2}$$

이 문제에 대해서는 또한, 한쪽 문의 너비를 x라고 하면,

$$x^2=(x-1)^2+10^2,$$

$$x=\frac{10^2+1}{2}=\frac{101}{2}\text{치}$$

가 되고, 따라서 문 전체의 너비는 그 2배인 101치, 곧 1장 1치가 되어 답 및 풀이법의 공식과 일치한다는 것을 알 수 있다.

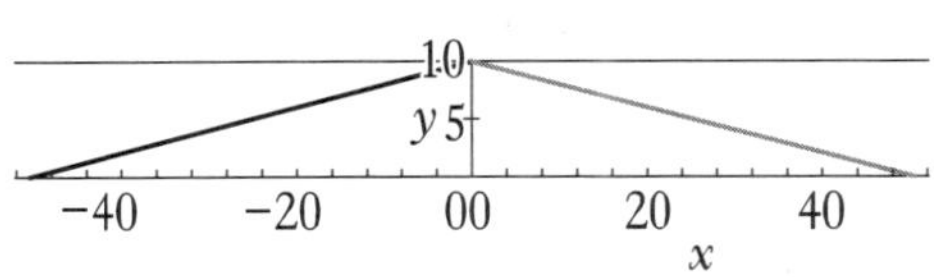

今有開門去閫一尺, 不合二寸. 問門廣幾何?
答曰, 一丈一寸.
術曰, 以去閫一尺自乘, 所得, 以不合二寸半之而一, 所得, 增不合之半, 卽得門廣.

[9-11] 문이 있는데, 높이가 너비보다 6자 8치 많으며, 두 모서리 사이의 거리(즉, 대각선)가 정확히 1장이다. 문의 높이와 너비는 각각 얼마인가?

답 : 너비 2자 8치, 높이 9자 6치.

풀이법에 따라서, 1장의 제곱을 몫으로 삼고, (높이와 너비의) 차이의 반을 제곱하여 2배한 것을 몫으로부터 뺀 나머지의 반의 제곱근을 구한 것에서 차이의 반을 빼면, 곧 문의 너비가 되며, 차이의 반을 더하면, 곧 문의 높이가 된다.

주해 이 문제는 너비나 높이 가운데 하나를 미지수로 택하여 방정식을 세워서 풀면 될 것이다. 예컨대, 너비를 x라고 하면,

$$x^2 + (x+6.8)^2 = 2x^2 + 13.6x + 46.24 = 10^2,$$

$$2x^2 + 13.6x - 53.76 = 0,$$

$$x^2 + 6.8x - 26.88 = 0$$

이라는 관계가 성립된다. 그리고 이 방정식의 근을 구하기 위해서 그래프를 그려보면, 다음과 같이 나타난다.

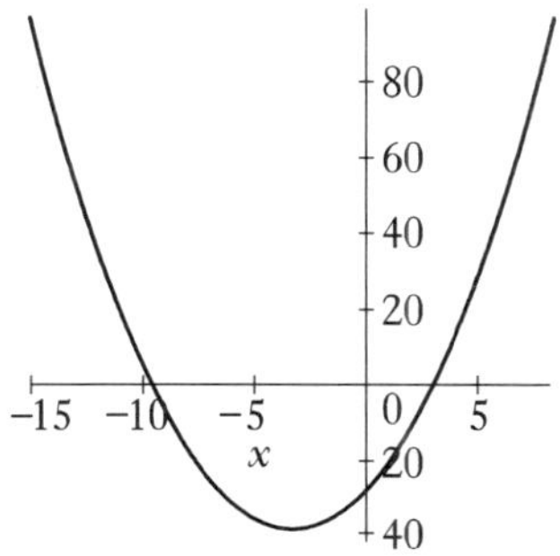

결국, $x^2+6.8x-26.88=(x-2.8)(x+9.6)=0$으로 드러나므로, $x=2.8$자라는 것을 알 수 있다.

그렇다면, "차이의 반"이라는 것을 반복해서 이용하는 풀이법은 과연 무엇을 뜻하는가? "차이의 반"을 운위한다는 것은 미지수를 너비나 높이 중의 하나가 아닌 바로 양자의 중간값(즉, 평균)으로 삼았다는 것을 암시한다. 따라서 그 값을 X라고 놓고 식을 세우기로 하면, 그 식은

$$(X-3.4)^2+(X+3.4)^2=2X^2+2\cdot 3.4^2=10^2$$

으로 드러난다. 즉, X는

$$X=\sqrt{\frac{10^2-2\times 3.4^2}{2}}$$

으로 계산되며, 이것이 바로 풀이법에서 말하는 내용인 것이다.

今有戶高多於廣六尺八寸, 兩隅相去適一丈. 問戶高, 廣各幾何?
答曰, 廣二尺八寸,高九尺六寸.
術曰, 令一丈自乘爲實. 半相多, 令自乘, 倍之, 減實, 半其餘. 以開方除之, 所得, 減相多之半, 卽戶廣. 加相多之半, 卽戶高.

[9-12] 문의 높이와 너비를 모르며, 낚싯대의 길고 짧음도 모른다. 그것을 누이면 4자가 못 나가고, 세우면 2자가 못 나가는데, 비스듬히 기울이니 꼭 맞게 나간다. 문의 높이, 너비, 대각선 길이는 각각 얼마인가?

답 : 너비 6자, 높이 8자, 대각선 길이 1장.

풀이법에 따라서, 가로, 세로로 못 나가는 길이를 서로 곱해서, 2배하여, 제곱근을 구한다. 그 값에 세로로 못 나가는 길이를 더하면, 곧 문의 너비가 되고, 가로로 못 나가는 길이를 더하면, 곧 문의 높이가 되며, 양쪽으로 못 나가는 길이를 더하면, 문의 대각선 길이가 된다.

주해 낚싯대의 길이는 문의 대각선 길이와 같은데, 그것을 x라고 하면, 다음과 같이 계산된다.

$$(x-4)^2+(x-2)^2=x^2,$$

$$x^2-12x+20=(x-10)(x-2)=0 \quad (\text{그런데}, x\geq 4\text{이므로},)$$

$$\therefore x=10\text{자}.$$

今有戶不知高廣, 竿不知長短. 橫之不出四尺, 從之不出二尺, 邪之適出. 問戶高, 廣, 袤各幾何?
答曰. 廣六尺, 高八尺,袤一丈.
術曰. 縱橫不出相乘, 倍, 而開方除之. 所得加從不出卽戶廣, 加橫不出卽戶高, 兩不出加之, 得戶袤.

[9-13] 높이가 1장짜리 대나무가 있는데, 꺾여져서 끄트머리가 땅에 닿았는데, 뿌리로부터의 거리가 3자이다. 꺾여진 높이는 얼마인가?
답 : $4\frac{11}{20}$ 보.

풀이법에 따라서, 뿌리로부터의 거리를 제곱하여 높이로 나눈 값을 대나무 높이에서 뺀 나머지의 반이 곧 꺾여진 높이이다.

주해 꺾여진 높이를 x자라고 하면,

$$x^2 + 3^2 = (10 - x)^2,$$

$$\therefore\ x = \frac{91}{20} = 4\frac{11}{20} \text{ 자.}$$

今有竹高一丈, 末折抵地, 去本三尺. 問折者高幾何?
答曰, 四尺, 二十分尺之一十一.
術曰, 以去本自乘,令 如高而一, 所得, 以減竹高而半餘, 卽折者之高也.

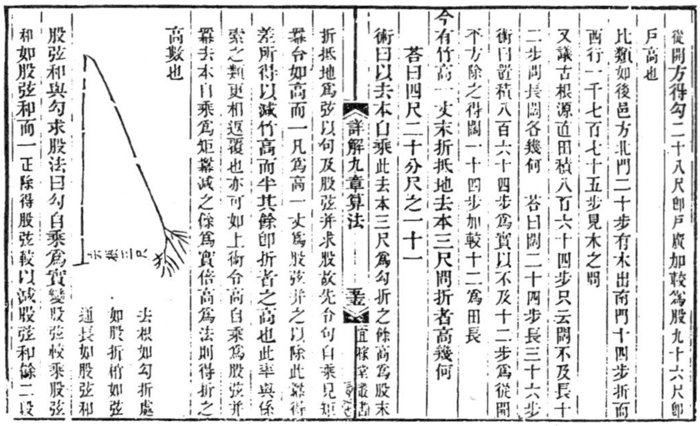

從開方得勾二十八尺即戶廣加較爲股九十六尺即
戶高也
比類如後邑方北門二十步有木出南門十四步折而
西行一千七百七十五步見木之問
又議古根源直田積八百六十四步只云闊不及長十
二步問長闊各幾何　荅曰闊二十四步長三十六步
術曰置積八百六十四步爲實以不及十二步爲從開
平方除之得闊二十四步加較十二爲田長
今有竹高一丈末折抵地去本三尺問折者高幾何
荅曰四尺二十分尺之一十一
術曰以去本自乘此去本三尺爲勾折之餘高爲股末
《詳解九章算法》　宜稼堂叢書
折抵地爲弦以句及股弦并求股故先令句自乘見矩
冪令如高而一凡爲高一丈爲股弦并之以除此冪得
差所得以減竹高而半其餘即折者之高也此率與係
索之類更相返覆也亦可如上術令高自乘爲股弦并
冪去本自乘爲矩冪減之餘爲實倍高爲法則得折之
高數也
法根如勾折處
如股折術如弦
通長如股弦和
股弦和與勾求股法曰勾自乘爲實變股弦較乘股弦
和如股弦和而一正除得股弦較以減股弦和餘二段

[그림 9-2] [9-13]에 대한 양휘, 「상해구장산법」의 삽화

[9-14] 두 사람이 같은 곳에 서 있는데, 갑의 속도는 7이고, 을의 속도는 3이다. 을은 동쪽으로 갔으며, 갑은 남쪽으로 10보 가다가 동북쪽으로 비스듬히 올라가 을과 만났다. 갑과 을이 간 거리는 각각 얼마인가?

답 : 을은 동쪽으로 10.5보를 갔으며, 갑은 14.5보를 비스듬히 가서, 그를 만났다.

풀이법에 따라서, 7을 제곱하고, 3도 제곱하여, 둘을 더한 뒤 반으로 나누어 갑이 비스듬히 간 비율로 삼는다. 비스듬히 간 비율을 7의 제곱에서 뺀 나머지를 남쪽으로 간 비율로 삼으며, 3과 7을 곱하여 을이 동쪽으로 간 비율로 삼는다. 남쪽으로 간 거리를 10보로 놓아서, 갑이 비스듬히 간 비율을 곱하고, 따로 10보를 놓아서, 을이 동으로 간 비율을 곱하여 각각의 나뉨수로 삼아서, 나뉨수들을 남쪽으로 간 비율로 나눠주면, 각각 간 거리를 얻는다.

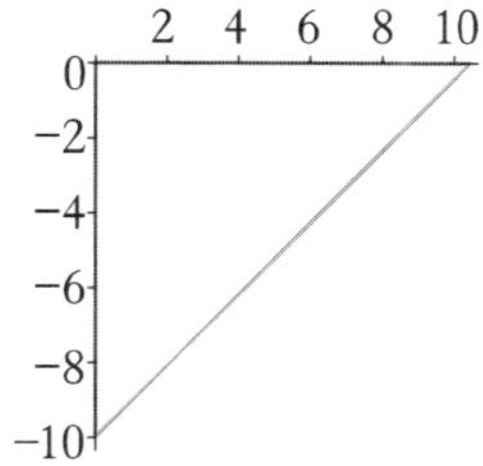

주해 풀이법에서 "7을 제곱하고, 3도 제곱하여, 양자를 더한 뒤 반으로 나누어 갑이 비스듬히 간 비율로 삼는다"고 한 것의 뜻을 알아보기로 하자. 을이 간 거리를 $3k$라고 하면, 갑이 간 전체 거리는 $7k$가 되므로, 갑이 비스듬히 간 거리 x는 $7k-10$이 될 것이다. 풀이법은 통상적인 구고법을 적용하는 대신,

$$(3k)^2+(7k)^2=(3^2+7^2)k^2=58k^2$$

이 된다는 사실로부터 출발한다. 이 관계를 x를 포함하는 식으로 다시 나타내면, $(3k)^2=x^2-10^2$, $(7k)^2=(x+10)^2$이므로,

$$\begin{aligned}&(3k)^2+(7k)^2=58k^2\\&=(x^2-10^2)+(x+10)^2=2x(x+10)=14kx\end{aligned}$$

가 되어, $x=\frac{29}{7}k$라는 것이 드러난다. 이제, 이 값을 갑이 간 거리 전체의 계산에 대입해 보면,

$$x+10=\frac{29}{7}k+10=7k, \quad \therefore\ k=\frac{7}{2}$$

가 되어, 을이 간 거리는 $3k=\frac{21}{2}$, 갑이 비스듬히 간 거리는 $x=\frac{29}{7}k=\left(\frac{29}{7}\right)\left(\frac{7}{2}\right)=\frac{29}{2}$가 된다. 그러므로 풀이법에서 말하는 "갑이 비스듬히 간 비율"은 이러한 계산과정에 개재된 $\frac{3^2+7^2}{2}=\frac{58}{2}=29$라는 값을 가리킨다는 것을 알 수 있다.

그러나 이 문제는 다음과 같이 2차방정식 문제로 취급하여 푸는 것이 보다 효과적일 것이다. 즉, 을이 간 거리를 x라고 하면, x는

$$x^2+10^2=\left(\frac{7}{3}x-10\right)^2$$

라는 관계를 만족시켜야 한다. 그런데 이 식의 좌변을 $f(x)$, 우변을 $g(x)$라고 하고, $f(x)-g(x)=h(x)$라고 하면, $f(x)$, $g(x)$, $h(x)$의 그래프는 각각 다음과 같다.

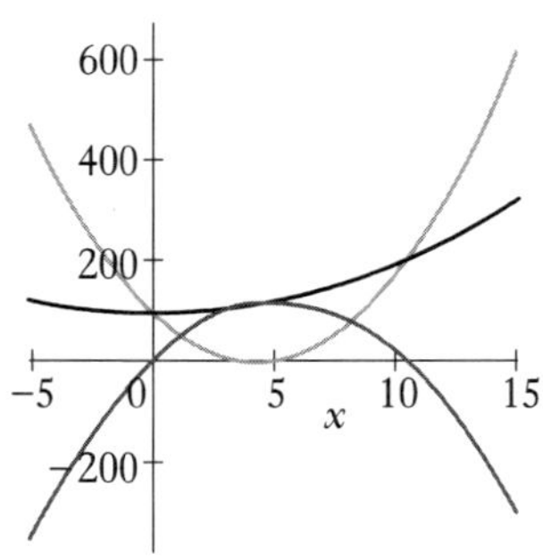

그리하여 $f(x)-g(x)=h(x)=0$을 만족시키는 x의 양수 근을 구하면, $x=10.5$로 드러난다.

今有二人同所立. 甲行率七, 乙行率三. 乙東行. 甲南行十步而斜東北與乙會. 問甲乙行各幾何?
答曰, 乙東行一十步半, 甲斜行一十四步半及之.
術曰, 令七自乘, 三亦自乘, 幷而半之, 以爲甲斜行率. 斜行率減於七自乘, 餘爲南行率. 以三乘七爲乙東行率. 置南行十步, 以甲斜行率乘之, 副置十步, 以乙東行率乘之, 各自爲實. 實如南行率而一, 各得行數.

[9-15] (직각삼각형의) 밑변이 5보이고 높이가 12보이다. 내접정사각형의 한 변은 얼마인가?

답 : 한 변은 $3\frac{9}{17}$ 보.

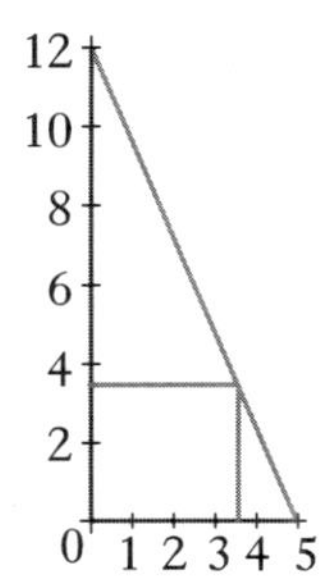

풀이법에 따라서, 밑변과 높이를 더한 것을 나눗수로 삼고, 밑변과 높이를 곱한 것을 나뉨수로 삼아서, 나뉨수를 나눗수로 나누면, 한 변을 얻는다.

주해 내접정사각형의 한 변의 길이를 x라고 하면, 정사각형과 맞닿아 있는 두 삼각형의 밑변과 높이 사이에 $(5-x):x=x:(12-x)$라는 비례관계가 성립된다. 즉,

$$x^2=(5-x)(12-x)=60-17x+x^2 \text{이 되어}$$

$$\therefore\ x=\frac{60}{17}=3\frac{9}{17} \text{로 드러난다.}$$

今有句五步, 股一十二步. 問句中容方幾何?
答曰, 方三步, 十七分步之九.
術曰, 幷句, 股爲法, 句股相乘爲實, 實如法而一, 得方一步.

[9-16] (직각삼각형의) 밑변이 8보이고 높이가 15보이다. 내접원의 지름은 얼마인가?
답 : 6보.

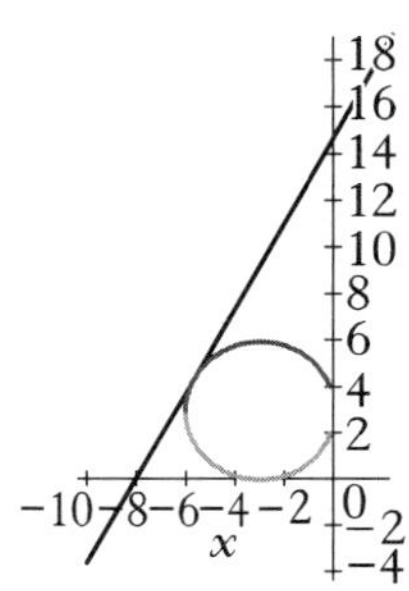

풀이법에 따라서, 8보를 밑변으로 삼고, 15보를 높이로 삼아서, 빗변을 구한 다음, 셋을 더하여 나눗수로 삼고, 밑변과 높이를 곱한

것을 2배하여 나뉨수로 삼아서, 나뉨수를 나눗수로 나누면, 지름이 나온다.

주해 문제에서는 내접원을 그냥 "밑변 속에 들어 있는(따라서, 접한) 원(구중용원)"이라고만 부르고 있는데, 보다 엄밀히 말하자면, "밑변, 높이 및 빗변 속에 접한 원(구고현중용원)"이라고 해야 될 것이다. 풀이법은 내접원의 중심으로부터 세 꼭지점을 연결했을 때 생기는 세 삼각형의 넓이가 원래의 직각삼각형의 넓이와 같음을 이용한 것이다. 이 때 세 삼각형의 높이는 모두 내접원의 반지름이므르, 반지름을 r, 지름을 R이라고 하면, 다음과 같은 계산이 나온다.

$$\frac{r\,(8+15+17)}{2}=\frac{15\times 8}{2}$$

$$\therefore\ r=3$$

$$\therefore\ R=6.$$

이 문제는 또한 내접원의 중심으로부터 세 변에 수선의 발을 내리면, 밑변 8은 $8-r$과 r, 높이 15는 $15-r$과 r, 그리고 빗변 17은 $8-r$과 $15-r$로 나뉘어진다는 것을 이용해서도 풀 수 있을 것이다.

$$(8-r)+(15-r)=17$$

$$\therefore\ r=3.$$

今有句八步, 股一十五步. 問句中容圓, 徑幾何?
答曰, 六步.
術曰, 八步爲句, 一十五步爲股, 爲之求弦. 三位幷之爲法, 以句乘股,倍之爲實. 實如法得徑一步.

[9-17] 정사각형의 읍성이 있는데, 한 변이 200보로서, 각 변의 한 가운데 문이 열려있다. 동문을 나서 15보 되는 곳에 나무 한 그루가 있다. 남문을 나와 몇 보를 가면 나무가 보이겠는가?

답 : $666\frac{2}{3}$ 보.

풀이법에 따라서, 동문 밖으로 나온 보수를 나눗수로 삼고, 읍성 한 변의 길이 반의 제곱을 나뉨수로 삼아서, 나뉨수를 나눗수로 나눈다.

주해 나무가 보일 때까지 남문 아래쪽으로 걸은 거리를 x라고 하면, $15:100 = 100:x$라는 비례가 성립된다.

$$\therefore\ x = \frac{10000}{15} = 666\frac{2}{3}.$$

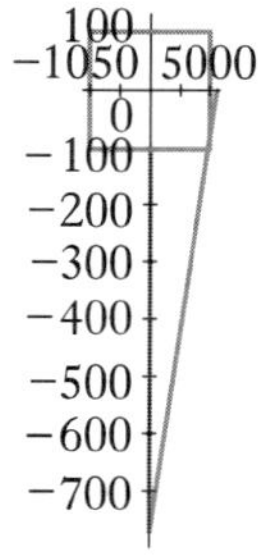

> 今有邑方二百步, 各中開門. 出東門一十五步有木. 問出南門幾何步而見木?
> 答曰, 六百六十六步, 太半步.
> 術曰, 出東門步數爲法, 半邑方自乘爲實, 實如法得一步.

[9-18] 직사각형의 읍성이 있는데, 동서는 7리이고 남북은 9리로서, 각 변의 한 가운데 문이 열려있다. 동문을 나서 15리 되는 곳에 나무 한 그루가 있다. 남문을 나와 몇 보를 가면 나무가 보이겠는가?

답 : 315보.

풀이법에 따라서, 동문에서 남쪽 꼭지점까지의 보수로 남문에서 동쪽 꼭지점까지의 보수를 곱한 값을 나뉨수로 삼고, 나무에서 문까지의 거리를 나눗수로 삼아서, 나뉨수를 나눗수로 나눈다.

주해 나무가 보일 때까지 남문 아래쪽으로 걸은 거리를 x 라고 하면, $15:4.5=3.5:x$라는 비례가 성립되는데, 1리 = 300보이므로, $\therefore x=1.05$리 $=315$보

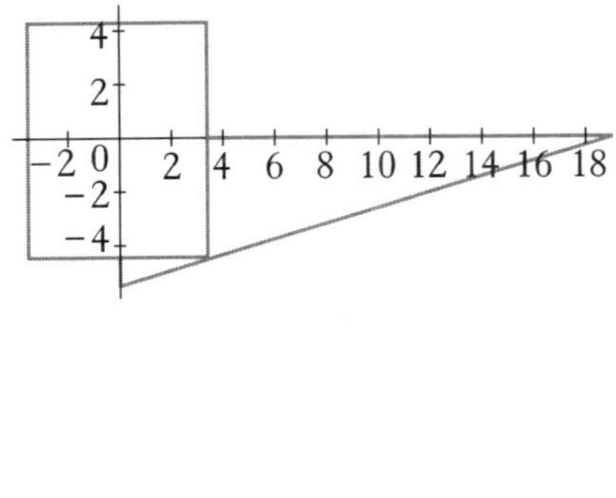

今有邑, 東西七里, 南北九里, 各中開門. 出東門一十五里有木. 問出南門幾何步而見木?
答曰, 三百一十五步.
術曰, 東門南至隅步數, 以乘南門東至隅步數爲實. 以木去門步數爲法. 實如法而一.

[9-19] 정사각형의 읍성이 있는데, 한 변의 길이를 모른다. 각 변의 한 가운데마다 문이 열려 있으며, 북문을 나서 30보 되는 곳에 나무 한 그루가 있는데, 서문을 나와 750보 되는 곳에서 나무가 보였다. 읍성의 한 변은 얼마인가?

답 : 1리.

풀이법에 따라서, 두 문을 나선 보수들을 서로 곱하여 4배한 것을 나뉨수로 삼고, 제곱근을 구하면, 곧 읍성의 한 변의 길이를 얻는다.

주해 읍성의 한 변의 길이를 x라고 하면, $30 : \frac{x}{2} = \frac{x}{2} : 750$ 이라는 비례관계가 성립되므로

$$\frac{x^2}{4} = 30 \times 750$$

$$\therefore\ x = 300\text{보} = 1\text{리}.$$

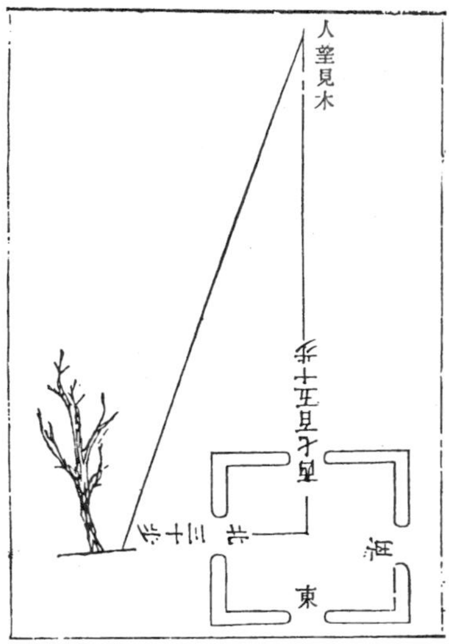

[그림 9-3] [9-19]에 대한 양휘, 「상해구장산법」의 삽화

今有邑方不知大小, 各中開門. 出北門三十步有木, 出西門七百五十步見木. 問邑方幾何?

答曰, 一里.

術曰, 今兩出門步數相乘, 因而四之,爲實. 開方除之, 卽得邑方.

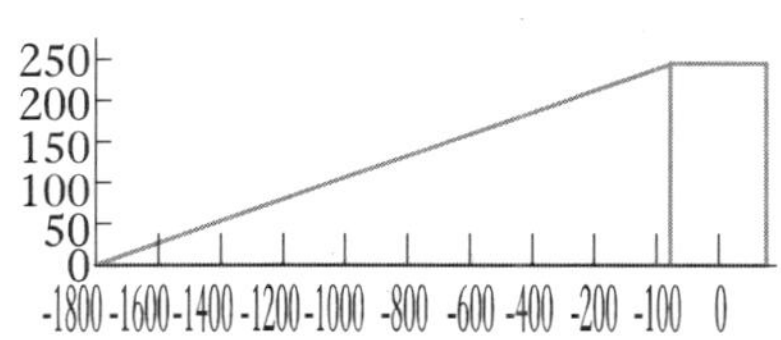

[9-20] 정사각형의 읍성이 있는데, 한 변의 길이를 모른다. 각 변의 한 가운데마다 문이 열려 있으며, 북문을 나서 20보 되는 곳에 나무 한 그루가 있는데, 남문을 14보 걸어 나오다가 길을 꺾어서 서쪽으로 1,775보 가니 나무가 보였다. 읍성의 한 변은 얼마인가?

답 : 250보.

풀이법에 따라서, 북문에서 걸어 나온 보수와 서쪽으로 간 보수를 곱하여 2배한 것을 상수항으로 삼고, 남문에서 걸어 나온 보수를 1차항의 계수로 삼아서, 근을 구하면, 곧 읍성의 한 변의 길이가 된다.

주해 읍성의 한 변의 길이를 x라고 하면, $\frac{x}{2} : 20 = (1775 - \frac{x}{2}) : (x + 14)$라는 비례가 성립된다. 따라서 x는

$$x^2 + 34x - 71000 = 0$$

을 만족시키는 양수 근이며, 34와 71,000이 바로 풀이법에서 말하는 수치들이다. 이 함수의 그래프는 다음과 같다.

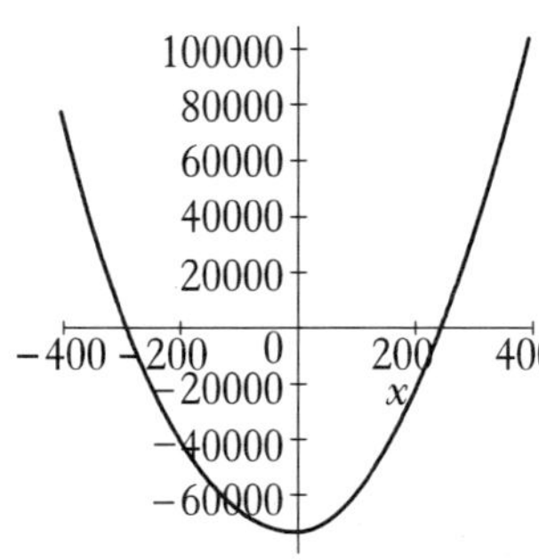

이 함수의 근은 $x = -284$, $x = 250$이므로, 결국, x값은 250보로 드러난다.

> 今有邑方不知大小, 各中開門. 出北門二十步有木. 出南門一十四步, 折而西行一千七百七十五步見木. 問邑方幾何?
> 答曰, 二百五十步.
> 術曰, 以出北門步數乘西行步數, 倍之, 爲實. 并出南門步數爲從法, 開方除之, 卽邑方.

[9-21] 정사각형의 읍성이 있는데, 한 변의 길이가 10리이며, 각 변의 한 가운데마다 문이 열려 있다. 갑과 을은 함께 읍 중앙에서 출발했다. 을은 동쪽으로 나가고, 갑은 남쪽으로 나갔는데, 문을 나선 지 얼마나 되었을지 모르지만, 동북쪽을 비스듬히 향하여 읍과 닿았다가, 을과 만나게 되었다. 갑이 간 속도의 비율은 5이고 을이 간 속도의 비율은 3이다. 갑과 을이 간 거리는 각각 얼마인가?

답 : 갑은 남문 밖으로 800보를 나와, 동북쪽으로 비스듬히 4887.5보를 가서 을과 만났으며, 을은 동쪽으로 4,312.5보를 갔다.

풀이법에 따라서, 5를 제곱하고 3도 제곱하여 더한 다음, 반으로 나누어 비스듬히 간 비율로 삼는다. 비스듬히 간 비율을 5의 제곱에서 뺀 나머지를 남쪽으로 간 비율로 삼는다. 3과 5를 곱해서 을이 동쪽으로 간 비율로 삼는다. 읍성 한쪽 길이를 반으로 나누어 남쪽으로 간 비율과 곱한 것을 동쪽으로 간 비율로 나누면, 남문 밖으로 나간 보수가 나온다. 거기다 읍성 한쪽 길이의 반을 더하면, 곧 남쪽으로 간 거리가 된다. 남쪽으로 간 보수를 놓고 빗변을 구한 다음, 비스듬히 간 비율로 곱하고, 동쪽을 구하여 동쪽으로 간 비율로 곱해서 각각 나뉨수로 삼는다. 나뉨수를 남쪽으로 간 비율로 나누면 보수가 나온다.

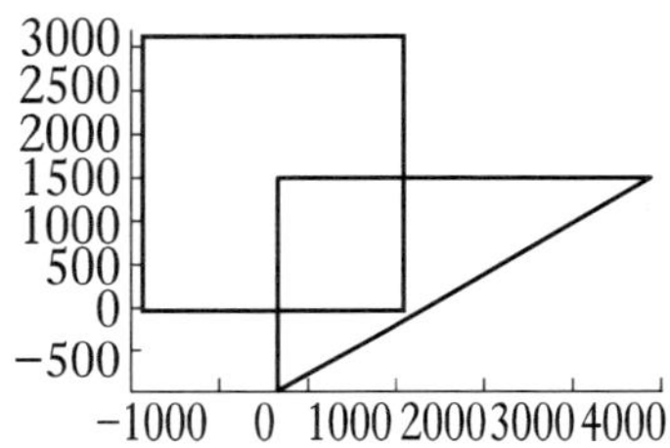

주해 을이 동쪽으로 간 거리를 x, 갑이 남문 밖으로 나간 거리를 y라고 하면, $x : 1500 = 1500 : y$이다. 즉, $xy = 1500^2 = 2{,}250{,}000$이라는 관계가 일단 성립된다. 다음으로는, 구고술에 입각하여

$$(x+1500)^2+(y+1500)^2 = \left(\frac{7}{3}(x+1500)-(y+1500)\right)^2$$

라는 식을 세울 수 있다. 이제, $y=\frac{2250000}{x}$을 이 식에 대입하면,

$$f(x) = -\frac{8}{9}\,\frac{2x^3+375x^2-12375000x-12656250000}{x}$$

로 정돈되며, 그 그래프는 다음과 같다.

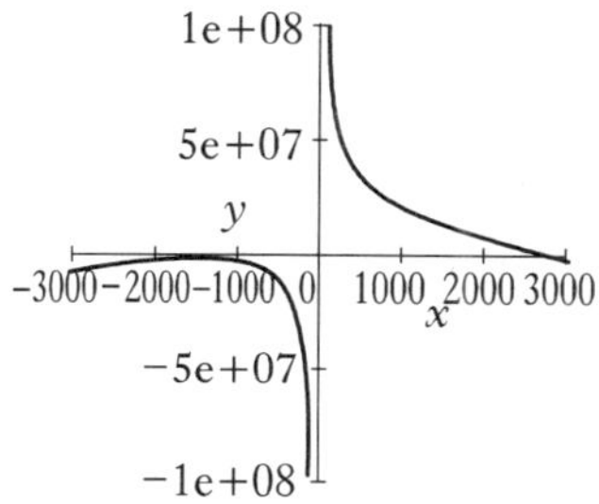

결국, 이 함수를 만족시키는 양수 근은 $x = 2{,}812.5$로 확인된다.

今有邑方一十里, 各中開門. 甲乙俱從邑中央而出. 乙東出, 甲南出,出門不知步數, 邪向東北磨邑, 適與乙會. 率甲行五, 乙行三. 問甲, 乙行各幾何?

答曰: 甲出南門八百步, 邪東北行四千八百八十七步半, 及乙. 乙東行四千三百一十二步半.

術曰. 令五自乘, 三亦自乘, 并而半之, 爲邪行率. 邪行率減於五自乘者, 餘, 爲南行率. 以三乘五, 爲乙東行率. 置邑方半之, 以南行率乘之, 如東行率而一, 卽得出南門步數. 以增邑方半, 卽南行. 置南行步求弦者, 以邪行率乘之, 求東者以東行率乘之, 各自爲實. 實如南行率得一步.

[9-22] 나무가 사람에게서 떨어져 있는데, 그 거리를 모른다. 막대 4개를 세워 서로 서로 1장씩 떨어지게 했으며, 왼쪽 두 막대는 그 나무와 더불어 일직선으로 바라볼 수 있도록 했는데, 오른쪽 뒤에

있는 막대에서 그것을 바라보면, 오른쪽 앞 막대보다 3치 안쪽에 들어왔다. 나무는 사람에게서 얼마나 떨어져 있는가?

답 : 33장 $3\frac{1}{3}$ 자.

풀이법에 따라서, 1장을 제곱하여 나뉨수로 삼고, 3치를 나눗수로 삼아서, 나뉨수를 나눗수로 나눈다.

주해 나무와 사람 사이의 거리를 x라고 하면, $3:10 = 10:x$라는 비례관계가 성립되므로,

$$x = \frac{10^2}{3} = 33\frac{1}{3} \text{ 자이다.}$$

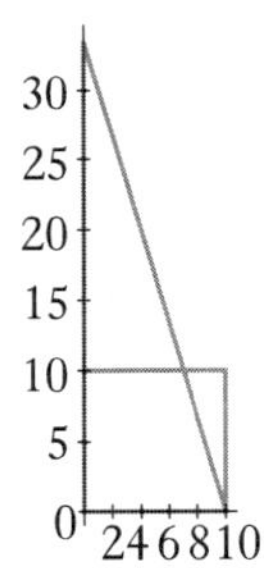

今有木去人不知遠近. 立四表, 相去各一丈, 令左兩表與所望參相直. 從後右表望之, 入前右表三寸. 問木去人幾何?
答曰, 三十三丈三尺三寸, 少半寸.
術曰, 令一丈自乘爲實, 以三寸爲法, 實如法而一.

[9-23] 산이 나무의 서쪽에 있는데, 그 높이를 모른다. 산은 나무로부터 53리 떨어져 있고, 나무의 높이는 9장 5자이다. 사람이 나무로부터 동쪽으로 3리 떨어진 곳에 서서 바라보니, 나무 꼭대기가 산봉우리와 (일직선을 이루며) 고르게 기울어지는데, 사람의 눈 높이는 7자이다. 산의 높이는 얼마인가?

답 : 164장 9자 $6\frac{2}{3}$ 치.

풀이법에 따라서, 나무 높이에서 사람 눈 높이를 뺀 나머지를 53리로 곱해서 나뉨수로 삼고, 사람과 나무 사이의 거리 3리를 나눗수로 삼아서, 나뉨수를 나눗수로 나눠서 얻은 값에 나무 높이를 더하면, 곧 산의 높이가 된다.

今有山居木西, 不知其高. 山去木五十三里, 木高九丈五尺. 人立木東三里, 望木末適與山峯斜平. 人目高七尺. 問山高幾何?
答曰, 一百六十四丈九尺六寸, 太半寸.
術曰, 置木高減人目高七尺, 餘, 以乘五十三里爲實. 以人去木三里爲法. 實如法而一, 所得, 加木高卽山高.

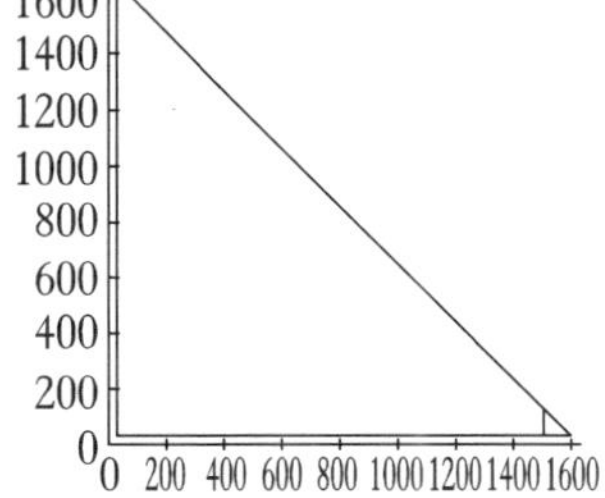

[9-24] 우물이 있는데, 지름은 5자이지만, 그 깊이는 모른다. 우물 가장자리 위에 5자짜리 나무를 세우고, 나무 끝으로부터 물이 닿은 곳까지를 들여다보니, 바깥에서 들어간 길이가 4치였다. 우물의 깊이는 얼마인가?

답 : 5장 7자 5치.

풀이법에 따라서, 우물 지름을 5자로 놓고, 바깥에서 들어간 길이 4치를 뺀 나머지를 세운 나무의 길이 5자와 곱해서 나뉨수로 삼고, 바깥에서 들어간 길이 4치를 나눗수로 삼아서, 나뉨수를 나눗수로 나눈다.

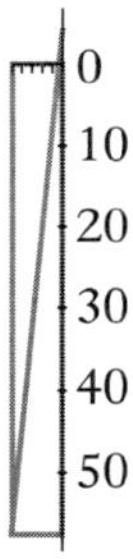

주해 우물의 깊이를 x라고 하면, $0.4 : 5 = 4.6 : x$라는 비례가 성립된다.

$$\therefore\ x = 57.5\text{자} = 5\text{장 } 7\text{자 } 5\text{치}.$$

今有井徑五尺, 不知其深. 立五尺木於井上, 從木末望水岸, 入徑四寸. 問井深幾何?

答曰, 五丈七尺五寸.

術曰, 置井徑五尺, 以入徑四寸減之, 餘, 以乘立木五尺爲實. 以入徑四寸爲法. 實如法得一寸.

『구장산술』 해설

적어도 동양수학에 관한 한, 「구장산술」이 차지하는 위치는 많은 산학사가들에 의하여 서양수학에 있어서 유클리드의 「기하원본(幾何原本)」에 비견될 만한 것으로 간주되어 왔다(小倉金之助, 1933 ; 李迪, 1982 ; Martzloff, 1987 : 127). 「구장산술」은 중국 산학 전통의 효시로서 그후의 발달을 결정지었을 뿐만 아니라, 우리나라, 일본, 베트남은 물론, 심지어 인도에까지 커다란 영향을 미쳤던 것이다(李迪, 1982). 이미 7, 8세기경에 신라의 국학에서 산학과를 두고 "산학박사 또는 조교 1인을 가려 철경, 삼개, 구장, 육장을 교재로 삼아 그들을 가르쳤다"(或差算學博士若助敎一人, 以綴經三開九章六章敎授之)는 「삼국사기」 직관조의 기록은 이 책이 우리하고 맺어온 인연이 얼마나 깊은지를 생생하게 증언해준다. 고려시대에도 산학시험을 볼 때, "첫날에는 「구장산술」의 9장 10조를 접어서 암송시키고, 다음날에는 육장을 접어 그 일부를 암송시키며, 그 다음날에는 여섯 문제를 풀어서 네 문제를 통과해야 한다"고 한 것을 보면, 당시 산과 지망생들이 이 책을 아예 하나의 경전처럼 통채로 외워야만 했다는 것을 알 수 있다. 이런 영향이 직·간접적으로 조선시대 말까지 계속되었던 점을 감안하면, 이 책은, 적어도 우리의 근대사를 지배해 온 근대화·서구화의 물결에 따라서 버림받고 잊혀지기 전까지는, 천년이 훨씬 넘도록 우리 민족의 수학적 사고와--따라서, 그것과 불가불 관련되지 않을 수 없는--일상생활, 더 나아가서는, 여러 방면의 문화를 크게 결정지었던 것임에 분명하다.

「구장산술」은 263년 위나라의 유휘(劉徽)가 주를 붙이고, 당나라 초기에 이순풍(李淳風, 602-670) 등이 그 위에 주석을 덧붙임으로써 현재와 같은 모습을 갖추게 된 책이다. 비록 3세기에 와서 정착되었다고는 하지만, 유휘 서문의 도입부가 시사하는 바와 같이, 이 책의 체제와 내용은 그 자체로서 오랜 세월에 걸친 발전과 전승에 따른 산물이었음에 틀림없다.

옛날에 포희씨는 처음으로 팔괘를 그려, 신명스러운 덕을 체득하고 만물의 실정을 헤아렸으며, 구구 곱셈법을 만들어 육효의 변화에 부합되었다. 황제에 이르러서는 그것을 더욱 신통하게 발달시켜서, 적용하고 확대하여 역법을 세우고, 음률을 조화롭게 하고, 도의 근본을 논하는 데 썼으니, 그런 다음에야 비로소 음양과 사상의 오묘한 현상을 이해하고 배울 수 있었던 것이다. 기록에는 예수(隷首)가 수를 만들었다고도 하나, 그 자세한 것은 알 길 없다. 돌이켜 보면, 주공이 예를 제정하면서 구수를 두었는데, 구수를 계승·발전시킨 것이 바로 이 구장이다.

지난날 포악한 진시황이 분서갱유를 일으켜 경서와 술서들이 흩어지고 파괴되었다. 그후 한나라 북평후 장창(張蒼)과 대사농중승 경수창(耿壽昌)이 모두 산술을 잘해서 세상에 이름이 드높았다. 장창 등은 옛 글 가운데 남은 것들에 의거하여 각각 헤아려서 첨삭을 가했다. 그러므로 그들이 교열한 항목들은 간혹 옛 것과 다를 수 있어도, 가깝다고 말하는 논자들이 많은 것이다.

이 책의 제목은 당·송·명을 거치는 동안에는 주로 「구장산경」이라는 이름으로 불렸었는데, 「구장산술」이라는 원래의 제목을 되찾게 된 것은 청나라 중엽 대표적인 고증학자의 한 사람인 대진(戴震,

1724-1777)이 이것을 정리하여 「사고전서(四庫全書)」에 수록하면서부터이다. 그 밖에 주요 판본으로는 북송 원풍 7년(1084년)의 비서성 간행본, 1148년의 영계(榮棨)가 펴낸 「황제구장(黃帝九章)」, 남송 포한지(鮑澣之)의 포각본(鮑刻本), 「영락대전(永樂大典)」 본, 양휘(楊輝)의 「상해구장산법(詳解九章算法)」 등을 들 수 있다. 이 번역을 위해서 모본(母本)으로 삼게 된 것은 전보종(錢寶琮)의 「산경십서」 본인데, 그것은 「산경십서」 본이 주요판본의 본문들을 꼼꼼히 교감(校勘)한 데다가 구두점까지 곁들여 놓았으므로 매우 신뢰할 만하고 편리하였기 때문이다.

이 책은 「구장산술」이라는 제목 자체가 잘 말해주듯이, 9개의 장으로 이루어져 있으며, 수록된 문제는 총 246개로서, 본문은 대개 문제와 해답, 그리고 풀이법의 3단 구조로 제시되어 있다. 워낙 오래된 책이라 다양한 판본이 존재하기는 하나, 정작 판본에 따른 내용상의 차이는 그다지 크지는 않은 편이다. 여기서는 오늘날 표준판으로 인정받고 있는 전보종의 「산경십서」 본을 기준으로 삼아서 각 장의 내용을 살펴보기로 한다. 첫째 장 "방전(方田)"은 모두 38문제로 되어 있는데, 여러 가지 모양의 밭들과 관련된 길이나 넓이를 구하는 내용이 대부분이지만, 아울러 다양한 분수계산법을 소개하고 있기도 하다. 이 장에서 다뤄진 모양들은 정사각형, 직사각형, 이등변삼각형(圭田), 사다리꼴(邪田과 箕田, trapezoid), 원, 호시(弧田, arc), 고리(環田, ring)와 같은 평면기하 문제들이 주종을 이루는데, 특이하게도 완전(宛田)--흔히 둥근 언덕의 표면적(tumulus)이라고 믿어지는--과 같이 입체기하와 평면기하가 결합되었다고 볼 수 있는 것도 들어있다. 분수와 관련된 계산법으로는 통상적인 약분, 통분과 각각 분수의 덧셈, 뺄셈, 곱셈을 가리키는 합분, 감분, 승분에 덧붙여서, 과분(課分), 평분(平分), 경분(經分)과 같이 오늘날에는 생소하게 들릴 만한 것들까지 따로 구분하여 거론하고 있는데, 과분은 분수들의 크기를 비교하는 것, 평분은 분수들의 평균을 구하는 것, 그리고 경분은 한 사람에게 돌아가는 몫을 구하는 것을 각각 의미한다.

둘째 장 "속미(粟米)"는 46문제로 이루어져 있는데, 농산물들간의 교환비율을 이용해서 교환량을 계산하는 것이 위주지만, 그 밖에도 경률(經率)이나 경술(經術)과 같이 물건의 단가를 구하는 것과 기율(其率)이나 반기율(反其率)과 같이 상·하급품을 섞어서 일정한 양을 미리 정해진 금액으로 구매할 때, 각각의 양을 구하는 것이 포함되어 있다.

셋째 장 "쇠분(衰分)"은 20문제로 이루어져 있으며, 특히 처음 10문제는 개별적으로 비율이 다를 때, 각각의 할당량을 따지는 것을 주 내용으로 하고 있다. 그 가운데 몇몇 문제는 비율의 성격에 따라서 등차 또는 등비수열 및 급수와 관련되는 것으로 나타나기도 한다. 그러나 이 장의 후반부는 단가와 수량을 토대로 총금액을 계산하는 문제나 교환비율과 관련된 문제 등으로 채워져 있다.

넷째 장 "소광(少廣)"은 24문제로 이루어져 있으며, 처음에는 세로가 일정한 일련의 밭들이 있는데, n번째 밭의 가로가 $\frac{1}{n}$이고, 넓이의 합, 즉, $\sum_{n=1}^{N}\frac{1}{n}$이 1무일 때, 세로를 구하라는 문제들이 $N=2, \cdots, 12$일 경우에 대해서 일일이, 따라서 11 차례나 반복해서 등장하고, 그 다음에는 정사각형과 정육면체의 한 변을 구하거나(각각 開平方과 開立方), 원의 넓이를 알고 둘레를 구하거나(開圓), 구의 한 변을 구하는(開立圓) 문제들이 뒤를 잇고 있다.

다섯째 장 "상공(商功)"은 토목공사의 공사량과 1인당 노동량을 알고 소요인원을 구하는 문제들과 여러 가지 입체기하적 형태와 관련된 부피나 길이를 구하는 문제들 28개로 채워져 있다. 이 장에서 거론된 입체 형태들은 등변사다리꼴기둥, 정사각기둥(方堡壔), 원기둥(圓堡壔), 정사각뿔대(方亭), 원뿔대(圓亭), 정사각뿔(方錐), 원뿔(圓錐)과 같이 보다 기본적인 것들뿐만 아니라, 참도(塹堵), 양마(陽馬), 자라팔꿈치(鱉臑), 선제(羨除), 대마루(芻甍), 여물통(芻童), 굽은 연못(曲池), 사각쟁반 모양의 연못(盤池), 무덤구덩이(冥谷)처럼 오늘날의 독자들에게는 매우 생소하게 여겨질 만한 것들까지를 포함한다. 또한 이 장의 말미에는 쌓아 놓은 곡물의 부피를 계산하는, 이른 바 "위속술(委粟術)"이라는 것에 관한 논의들도 보인다.

여섯째 장 "균수(均輸)"는 28문제로 이루어져 있는데, 특히 네 문제는 한 무제때의 부세제도인 균수가 구체적으로 어떻게 집행되었을지 가늠케 해주는 것들이며, 나머지 가운데는 "속미"나 "쇠분" 장을 연상시키는 비례문제들이 다수 눈에 띈다.

일곱째 장 "영부족(盈不足)"은 20문제로 이루어져 있으며, 기본적으로 $y = a + bx = a' + b'x$의 관계로부터 x, y 값을 구하는 것을 내용으로 한다.

여덟째 장 "방정"(方程)은 18 문제로 이루어져 있는데, 1차 연립방정식과 관련된 것들이다.

마지막의 "구고(句股)"장은 24문제로 이루어져 있으며, "구고술(句股術)"--또는, 그것의 서양식 명칭으로 불러서, 피타고라스 정리--을 활용하여 얼마나 다양한 문제들을 처리했는지 엿볼 수 있게 한다.

「구장산술」에 실려있는 문제들이 오늘날의 독자들에게 안겨다 줄 가장 강력한 첫인상은 아마도 틀림없이 그것들의 현실관련성--오구라 키노스케(小倉金之助, 1933)의 용어를 빌리자면, “사회성”--의 측면일 것이다. 그것들이 드러내 보여주는 것이란 한결같이 바로 당시의 농·상·공업, 행정, 토목·건축, 교통·수송 등 각 분야에서, 다시 말해서, 실제 사회생활 전체에서 발생되었던 현실 문제이니 말이다. 그 속에서는 심지어 자연물, 생태계의 움직임까지도 현실 문제와 무관치 않거나, 현실문제의 연장으로 등장할 정도이다. 때때로 이와 같은 강한 현실관련성은 또한 이 책의 장 분류마저도 순수히 수학적인 고려와는 무관한 방향으로 왜곡·교란시키는 요인이 되고 있다. 그러나 그 문제들은, 동시에, 당시의 사회적 질서와 관행의 면모를--예컨대, 작서(爵序)의 순위와는 정반대로 지위가 낮은 사람일수록 더 과중한 부담을 져야 했던 사실과 같이--생생히 전달해 주기도 한다. 결국, 「구장산술」의 이와 같은 강한 현실관련성은 이 책을, 단순한 수학교과서의 차원을 넘어서, 동양 전통사회에 관한 훌륭한 정치경제학서가 되게 하고 있다. 이 책에 실려있는 문제들과 풀이들이 전통사회에서 조세, 토지정리, 물물교환 등이 과연 어떤 논리와 방법을 토대로 이루어졌는가라는 질문에 대한 매우 구체적인 정보와 합리화(또는 해결책)를 제공해주고 있는 이상, 전통사회에 대한 이해를 위해서 이 책은 지금껏 인정된 것보다도 훨씬 중요한 기초자료 내지 지침서로 쓰일 수 있어야 마땅하다.

한편, 「구장산술」의 문제들을 보다 순수히 수학적인 측면에서, 그것도 오늘날의 유리한 고지로부터 바라본다면, 그것들은 대부분 초보적인 수준을 크게 넘지 못하는 것으로 평가될 것이다. 따라서 문제의 난이도랄까 수준 자체가 독자들을 곤경에 빠뜨릴 가능성은 일단 희박하다고 할 수밖에 없다. 이런 상황에서 독자들을 정작 당혹스럽게 할 것은 오히려 말로 풀어놓아 때때로 지극히 장황하게 비치는 산가지(算木) 계산법이 아닐까 싶다. 그러나 그에 대한 본격적인 해설을 시도하자면, "천원술(天元術)"--정작 완성되기는 13세기이지만--과 이어지게 되어 따로 자리를 크게 마련해야 할 처지이고, 사실상 같은 이유로 해서 이 번역의 주해 부분에서도 가급적 산가지 계산법에 대한 설명은 회피되거나 자제되었다. 그러므로 이 자리에서는 본문 중에 등장하는 몇 가지 예들을 엮어서--중복의 위험을 무릅쓰면서까지--미리 훑어보는 형식을 취하기로 한다.(단, 산가지는 숫자를 나타내는 것일 뿐이고, 일일이 그리기도 번거로우므로, 아예 숫자로 바꿔 표시해도 무방할 것이다.) 그러면 먼저, 가감승제부터 시작해보자. 하긴, 이 경우에도 네 가지를 다 들먹일 필요는 없을 터이니, 간단한 곱셈 하나만 들여다보아도 족할는지 모른다.

문 1-2 또 다른 밭이 있는데, 가로가 12보, 세로가 14보이다. 밭의 넓이는 얼마인가? **답** : 168보^2.

이제, 이 계산(12×14 = 168)을 산가지 계산으로 표시하면, 아래와 같다.

1)

被乘數		1	2
積			
乘數		1	4

2)

被乘數		1	2
積	1		
乘數		1	4

3)

被乘數		1	2
積	1	4	
乘數		1	4

4)

被乘數			2
積	1	6	
乘數		1	4

5)

被乘數			2
積	1	6	8
乘數		1	4

6)

被乘數			
積	1	6	8
乘數			

다음으로는, 少廣 장에 등장하는 제곱근 계산을 살펴보자.

문 4-12 지금 넓이가 55,225보^{2}인 정사각형이 있다. 한 변은 얼마인가? 답 : 235보.

이제, 풀이법이 지시하는 바를 좇아서, 계산과정을 더듬어 내려가 보기로 한다.

1) "넓이를 나뉨수로 놓고, 산가지 하나를 빌어 놓고, 걸리는데, 매 걸음마다 한 자리를 건너뛴다. 몫을 따져서, 그것을 차산에 한 번 곱하여 나눗수로 삼아서 나뉨수에서 뺀다."

商			2		
實	5	5	2	2	5
法	2				
借算	1				

이 문제는 원래 $\sqrt{55225}=100a+10b+c$가 되게 하는, 다시 말해서,

$$55225=(100a+10b+c)^2$$
$$=1000000a^2+1000(2ab)+100(b^2+2ac)+10(2bc)+c^2$$

을 성립시키는, 음이 아닌 한자리 정수 a, b, c를 구하라는 것이다. 이 단락의 마지막 문장이 가리키는 바는 몫을 $a=2$로 잡아서

$$\begin{aligned}&55225-10000a^2\\&\qquad=1000(2ab)+100(b^2+2ac)+10(2bc)+c^2,\end{aligned}$$

즉,

$$\begin{aligned}&55225-40000=15225\\&\qquad=(4000+100b)b+400c+10(2bc)+c^2\end{aligned}$$

으로 계산하라는 것이다.

2) "뺐으면, 나눗수를 배로 해서 정해진 나눗수로 삼고, 또다시 빼서는, 한 자리 물려서 밑에 놓는다. 다시 차산을 놓고, 처음처럼 그것을 걸린 다음, 다시 따진 몫으로 그것을 한 번 곱하여, 얻어진 값들을 덧붙여서 정해진 나눗수로 더하고, 뺀다."

商			2	3	
實	1	5	2	2	5
法		4			
借算			1		

$$15225=(4000+100b)b+400c+10(2bc)+c^2$$

라는 식에다 새로운 몫 $b=3$를 적용하면,

$$15225-3(4000+300)=2325=400c+60c+c^2$$

이 된다.

3) "얻어진 값으로 정해진 나눗수에 덧붙이고, 다시 빼서, 한 자리 물려서 밑에 놓는다."

商			2	3	
實		2	3	2	5
法		4	3		
借算			1		

4)

商			2	3	5
實		2	3	2	5
法			4	6	5
借算					1

이 때, $c=5$로 놓으면,

$$\begin{aligned} 460c + c^2 &= c(460+c) \\ &= 5(460+5) \\ &= 5 \cdot 465 \\ &= 2325 \end{aligned}$$

가 되어, 결국 $\sqrt{55225}=235$라는 것을 알 수 있다.

이상과 같이 해서 「구장산술」의 제곱근 계산과정을 살펴보았지만, 정작 계산과정 자체는 오늘날 학생들이 사용하는 방식과 대동소이하다고 할 수 있다. 그러므로 사람에 따라서는 이것으로 미루어 산가지 계산의 기본 논리나 가치에 대해서--미처 제대로 알아보기도 전에--어떤 부정적인 선입견같은 것을 재빨리 강화하게 될는지 모른다. 그러나 다음 예가 보여주듯이, 그 옛날의 산학자들은 제곱근 계산과 정확히 마찬가지 논리에 의해서 세제곱근 계산마저 능숙히 다룰 수 있었으니, 이쯤 되면 그들의 솜씨를 분명 호락호락 보아

넘길 수는 없는 일이다.

문 4-19 지금 부피가 1,860,867자^{3}인 정육면체가 있다. 한 변은 얼마인가? **답** : 123자.

1) “풀이법에 따라서, 부피를 나뉨수로 놓는다. 산가지 하나를 빌어 놓고 걸리는데, 매 걸음마다 2자리를 건너뛴다. 몫을 따져서, 그것을 차산에 두 번 곱하여 나눗수로 삼아서 나뉨수에서 뺀다.”

商					1		
實	1	8	6	0	8	6	7
法	1						
中							
借/下	1						

이 문제는 원래 $\sqrt[3]{1860867}=100a+10b+c$가 되게 하는, 다시 말해서,

$$\begin{aligned}1860867 &= (100a+10b+c)^3\\ &= 1000000a^3+100000(3a^2b)\\ &\quad +10000(3a^2c+3ab^2)+1000(6abc+b^3)\\ &\quad +100(3ac^2+3b^2c)+10(3bc^2)+c^3\end{aligned}$$

을 성립시키는, 음이 아닌 한자리 정수 a, b, c를 구하라는 것이다. 이 단락의 마지막 문장이 가리키는 바는 몫을 $a=1$로 잡아서

$$1860867-1000000\times1\times1=860867$$

로 계산하라는 것이다.

2) “뺐으면, 3으로 곱해서 정해진 나눗수로 삼는다. 또 다시 빼서는, 한자리 물려서 밑에 놓는다. 몫을 3으로 곱한 수를 가운데 행에 놓고, 다시 차산을 아래 행에 놓는다. 그것을 걸려서, 가운데 행은 한 자리를 건너뛰고, 아래 행은 두 자리를 건너뛴다.”

商					1		
實		8	6	0	8	6	7
法		3					
中			3				
借/下				1			

이 단락은

$$860867 = (300000 + 30000b + 1000\,b^2)b$$
$$+ 10000(3c) + 1000(6bc) + 100(3\,c^2 + 3\,b^2c)$$
$$+ 10(3b\,c^2) + c^3$$

라는 등식 가운데 $(300000 + 30000b + 1000\,b^2)b$ 부분을 가리킨다.

3) “다시 나뉨수를 놓고 몫을 따져서, 가운데 행은 한 번 곱하고, 아래 행은 두 번 곱한 다음, 모두 덧붙여서 정해진 나눗수로 더하여, 정해진 나눗수로 뺀다.”

商					1	2	
實		1	3	2	8	6	7
法		3	6	4			
中			3				
借/下				1			

새로 따진 몫은 $b=2$이며, 또 새로 정해진 나눗수는, 다음 식에서도 볼 수 있듯이, $300000+60000+4000=364000$이다.

$$\begin{aligned} 860867 &= 2(300000+30000\cdot 2+1000\cdot\ 2^{2})+10000(3c) \\ &\quad +1000(12c)+100(3\ c^{2}+12c) \\ &\quad +10(6\ c^{2})+\ c^{3} \\ &= 2(300000+60000+4000)+10000(3c) \\ &\quad +1000(12c)+100(3\ c^{2}+12c)+10(6\ c^{2})+\ c^{3} \end{aligned}$$

$$\begin{aligned} \therefore\ 860967-728000 &= 132867 \\ &= (30000+12000+1200)c+(300+60)\ c^{2}+\ c^{3}. \end{aligned}$$

4) "뺐으면, 아래 행을 2배하여 또다시 빼서는, 앞서와 마찬가지로 한 자리 물려서 밑에 놓는다."

商					1	2	
實		1	3	2	8	6	7
法			4	3	2		
中					3	6	0
借/下							1

$$132867=43200c+360\ c^{2}+\ c^{3}.$$

5)

商					1	2	3
實		1	3	2	8	6	7
法			4	4	2	8	9
中					3	6	0
借/下							1

이 때, $c=3$으로 놓으면,

$$\begin{aligned}43200c+360\ c^2+\ c^3 &= c(43200+360c+\ c^2)\\ &= 3(43200+1080+9)\\ &= 3\cdot 44289\\ &= 132867\end{aligned}$$

가 되어, 결국 $\sqrt[3]{1860867}=123$이라는 계산이 나온다.

그러면, 이번에는, 또 하나의 예로서 "방정"장에 실려 있는 3원1차 연립방정식의 풀이법을 살펴보도록 하자.

문 8-1 벼 상품 3단, 중품 2단, 하품 1단은 알곡이 39말이며, 상품 2단, 중품 3단, 하품 1단은 알곡이 34말이고, 벼 상품 1단, 중품 2단, 하품 3단은 알곡이 26말이다. 상·중·하품 1단의 알곡은 각각 얼마인가?

답 : 상품 1단은 $9\frac{1}{4}$ 말, 중품 1단은 $4\frac{1}{4}$ 말, 하품 1단은 $2\frac{3}{4}$ 말.

1) "풀이법에 따라서, 벼 상품 3단, 중품 2단, 하품 1단의 알곡 39말을 오른쪽 열에 놓아라. 가운데와 왼쪽의 벼 열도 오른쪽과 같이 하라."

1	2	3
2	3	2
3	1	1
26	34	39

2) "그리고 나서 오른쪽 행의 상품으로 중간 행을 곱하여 막 바로 빼버리시오. 또한 그 다음 것을 곱하여 역시 막 바로 빼버리시오."

0	0	3
4	5	2
8	1	1
39	24	39

3) "그런 다음 중간 행 가운데 중품 남은 것으로 왼쪽 행을 곱하여 막 바로 빼버리시오. 왼쪽의 하품 남은 것에 대해서 위를 나눗수로 삼고 아래를 나뉨수로 삼는데, 그 나뉨수가 곧 하품(1단)의 알곡이다."

0	0	3
0	5	2
4	1	1
11	24	39

이러한 "방정술" 계산법은 다음과 같은 통상적인 3원1차 연립방정식 풀이법과 정확히 일치하는 것으로 드러난다.

1) 먼저, 벼 상품, 중품, 하품 1단의 알곡을 각각 x, y, z라고 놓고, 3원1차 연립방정식을 세운다.

$$3x + 2y + z = 39 \qquad \text{-------①}$$

$$2x + 3y + z = 34 \qquad \text{-------②}$$

$$x + 2y + 3z = 26 \qquad \text{-------③}$$

2) ②×3 − ①×2하여, 식 ④를 얻고,

$$6x + 9y + 3z = 102$$

$$\underline{6x + 4y + 2z = 78} \ (-$$

$$5y + z = 24 \qquad \text{-------④}$$

③×3－①하여, 식 ⑤를 얻는다.

$$\begin{array}{r} 3x+6y+9z=78 \\ 3x+2y+\ \ z=39\ (- \\ \hline 4y+8z=39 \end{array} \quad \text{-------⑤}$$

3) 이어서, ⑤×5－④×4하면, 식 ⑥을 얻어, z값을 구한다.

$$\begin{array}{r} 20y+40z=195 \\ 20y+\ \ 4z=96\ \ (- \\ \hline 36z=99 \end{array} \quad \text{-------⑥}$$

$$\therefore\ z=\frac{99}{36}=\frac{11}{4}=2\frac{3}{4}\text{말}.$$

이 책의 문제들 가운데에는 당시의 수학 수준으로는 완벽하게 풀어낼 길이 없어서 근사값을 구하는 데 그치고 만 것들도 더러 포함되어 있다. 그런데 문제는 그렇게 구한 근사값들이 종종 매우 당황스러울 정도로 조악하게 드러난다는 데 있다. 그러나 역자의 소견으로는,「구장산술」의 이런 측면에 대해서 한갓 미숙성을 나타낼 뿐이라고 치부해버리기 보다는 오히려 그 자체로서 하나의 중대한 발견이자 업적이며, 또한 끊임없이 도전을 요구함으로써, 그 후의 과학발달을 위해서 추동력이 되었다고 인식할 필요가 있다는 생각이다. 그것은 무엇보다도, 삶의 신비 가운데 어떤 것을 과학적 탐구의 대상으로서 인식해내고, 어설프나마 동원가능한 이지력을 활용하여 나름대로 해결책을 모색해보는 것 자체가--특히 그것이 난제일수록--완답의 발견에 조금도 뒤지지 않는 소중한 과학행위이자 합리화를 뜻한다는 점에서 그렇다. 역자는 때마침 이런 종류의 사례

가운데 하나인 호시 문제에 관해서 최근에 논의한 바 있으므로, 그 글을 이 해설의 곁가지로 삼아서 따로 책 말미에 덧붙이게 되었다.

「구장산술」의 주석과 논평으로는 유휘와 이순풍의 것이 가장 대표적이지만, 그 밖에도 당 이적(李籍)의 「구장산술음의(九章算術音義)」, 송 영계(榮棨)의 「황제구장서(黃帝九章序)」, 포한지(鮑澣之)의 「구장산경후서(九章算經後序)」, 양휘의 「상해구장산법」, 청 대진의 「구장산술제요(九章算術提要)」, 「구장산술발(九章算術跋)」, 공계함(孔繼涵)의 「구장산술발」, 전보종의 「구장산술제요」 등 주목할 것들이 많다. 마츠로프(Martzloff, 1987)도 지적한 바 있지만, 이러한 주석과 논평들은 마치 서양수학의 증명과도 같은 역할을 하는 것으로 읽혀질 수 있을 것이다. 곽서춘(郭書春)의 「구장산술」(1990)에는 이것들 가운데 중요한 것들이 망라되어서, 시대에 따라 이 책이 어떻게 받아들여졌는지 용이하게 파악할 수 있도록 도움을 주고 있다. 한편, 백상서(白尙恕)의 「구장산술주석(九章算術注釋)」(1980)과 심강신(沈康身)의 「구장산술도독(九章算術導讀)」(1997)은 지금까지 나온 주해본 가운데 가장 자세한 해설을 담고 있는 것들로 보이지만, 유감스럽게도 역자가 번역작업을 마친 뒤에야 입수하게 되어 정작 참조할 기회는 거의 얻지 못하고 말았다.

끝으로, 우리 문화의 어떤 독특한 분위기 내지 성격으로 미루어 볼 때, 사상이나 문학 분야의 다른 고전과는 달리, 「구장산술」과 같은 순수자연과학 방면의 유산을 복권시키려는 시도에 대해 아마도 어떤 형식으로든 변호가 덧붙여져야 할는지 모른다는 생각이 든다. 그것은 무엇보다도, "동도서기(東道西器)"와 같은 어구가 잘 드러내 주듯이, 과학기술에 관한 한, 동양의 문화전통이 "서세동점(西勢東漸)" 시절 이래로 무릎을 꿇은 지 오래고, 따라서 그 존재근거를 완전히 상실한 것으로 믿어버리는 경향이 우리들 가운데 깊이 각인되어 있는 게 아닌지 의심되기 때문이다. 그러나 임진왜란때 우리에게서 소위 "조선간 동활자판(朝鮮刊 銅活字版)"으로 된 「산학계몽(算學啓蒙)」을 얻어간 일본이, 아이러니컬하게도, 바로 그것을 시발점으로 하여 그네들의 자랑거리인 "화산(和算)"을 발달시키고(加藤平左エ門, 昭和 32 : 2), 그 과정에서 세키 다카카즈(關孝和)처럼 세계 최초로 행렬대수를 개발해내는 등의 괄목할 성과를 올리기까지 했던 사실은 바로 이런 문화전통 속에 숨어있는 엄청난 잠재력의 일단을 우리에게 새삼스럽게 일깨워주는 역사적인 실례가 아니고 뭐란 말인가? 또한, 특히 중국과 일본을 중심으로 그 잠재력의 비밀을 파헤치는 작업이, 우리가 근대화를 빌미로 자신들의 문화유산을 내팽개치고 허비해버린 그 기나긴 세월동안에도, 부단히, 다부지게 추진되어 온 것은 과연 무엇을 뜻하는가? 그러므로 이제 와서 산학을 들춰낸다고 해서 그것이 반드시 골동 취향이나 복고주의적 태도와 결부될 필요는 없으리라. 산학은 최소한 우리로 하여금 자신들의 역사를 제대로 이해할 수 있게 하는 불가결한 잣대가 되어 줄 테지만, 또한 우리들의 수리적 사고의 원형을 보여준다는 점만으로도 되돌아 볼 값어치는 충분할 것이다. 산학이 앞으로 어떻게 국제적인 경쟁--그것이 과학이든, 문화든, 또는 다른 어떤 분야이든 간에--의 대열 속에서 우리들만의 독특한 자원, 유리한 고지가 되어 줄 것인가는 전적으로 우리의 집단적 노력과 관계된다. 그러나 유휘가 가리켰던 그 수리적 사고의 잠재력이 어떻게 발굴되고 활용될 것인가는 여전히 일차적으로 개별 독자의 몫일는지 모른다. "경험적으로 유추하여 확장시켜 나가노라면, 제아무리 깊고, 멀고, 괴이하고, 숨겨져 있다 한들 파고들지 못할 곳이 없으리라. 박물군자들이시여, 자세히 살피시라."

조선시대의 중국산학 수용 검토 : 호시론을 중심으로123)

1. 문제제기

한 사회가 제 아무리 유구한 세월동안 유지·발달시켜 온 문화라고 할지라도, 거시적인 맥락이 바뀔 경우에 얼마나 쉽사리 그것을 저버리게 되고 마는가는 우리의 근대화·서구화 과정이 특히 중국 편향에 의해서 이루어졌던 "전통문화"와 관련해서 생생하게 증언해주고 있다. 사실상, 오늘날의 우리들 역시 대부분 알게 모르게 전통문화에 대한 그러한 거부를 계승하면서 또 다음 세대로 대물림하고 있는 주체들임이 분명하다. 그러나 우리들의 문화적 자생력과 정체성은 세계질서의 재편에 편승하여 수입선만 바꾼다고 해서 그냥 얻어지는 것은 아니며, 상당한 정도까지는 여전히 중심부 문화의 지배적 영향에 대해서 얼마나 숙지하면서 그것과 실속 있는 상호작용을 벌려나가느냐에 달려있을 뿐이다. 이런 측면에서 현재와 같은 선진국 편향에 대해 비판적 내성을 추구하는 데에는 오히려 과거에 우리 선조들을 사로잡았던 중국 편향에 대한 검토로부터 시사 받을 점이 결코 적지 않을 것으로 보인다.

그런데 이제까지 우리의 문화형성이 토착적인 요소와 외래적인 요소들에 의하여 어느 정도로, 어떠한 영향을 받았으며, 시대에 따라 어떻게 변화했는지 등을 조사하는 일은 전반적으로 크게 미흡했던 것이 사실이다. 더구나 범위를 과학사회학 분야에 한정시키면, 그러한 분석을 찾기란 더더욱 어려워진다. 이 글은 근대 이전에

123) 「과학사상」 33(2000년 여름), 44-65쪽으로부터 재수록.

이뤄졌던 문화수용에 관한 탐색을 중국과 조선시대의 산학, 그 가운데에서도 특히 "호시론"에 초점을 맞춰서 추구하려고 하는 시도이다. 호시는 원의 한 쪽을 직선, 즉, 현으로 잘랐을 때 생기는 조각(a segment of a circle)[124]을 말하며, 여기서 특히 호시론에 주목하려고 하는 것은 호시와 그 관련 문제들이 전통산학의 평면기하 문제 가운데에서도 가장 난제에 속하기 때문이다.

논의는 중국 호시론의 역사적 전개와 특징을 먼저 살펴보고, 조선시대의 산학에 호시론이 어떻게 받아들여졌는지를 추적한 다음, 그러한 수용양태에서 도출될 수 있는 시사점들을 따지는 순서를 밟아나가도록 하겠다. 그리하여 우리는 결과적으로 이 글의 분석이 단순히 문화수용의 한 단면을 보여주는 이상의 쓰임새가 있게 되기를 바라고자 한다. 그것은 무엇보다도 과거에 실제로 쓰여졌던 수리적 방법에 대한 정확한 이해야말로 당시의 경제, 과학은 물론 사회생활 전반을 이해하는 데 전제가 되는 필수적인 지식이며, 자신들의 역사적 체험--전통문화를 포함하여--에 대한 정확한 인식이야말로 그 자체로 역사를 지닌 민족과 사회의 경쟁력인 때문일 것이다. 그런데 수학문제들을 분석대상으로 삼아야 되는 주제의 특성상, 이 글의 논의가 자칫 기술적(technical)으로 흐를 위험이 없지 않고, 또 사실상 자주 오늘날의 접근법에 의존하는 것이 불가피해지기도 한다. 그러나 이제까지 이런 종류의 분석이 전무하다시피 했던 실정을 감안하면, 그와 같은 기술적인 서술쯤은 충분히 너그럽게 용인될 수 있으리라고 기대하며, 앞으로 이 분야의 연구가 활성화되어, 전통문화가 지금까지처럼 한갓 "실패한 역사적 실험"을 의미하는 데 그치는 게

124) 히포크라테스(Hippocrates)나 아리스토텔레스가 호시를 가리켜 *τμῆμα*라고 부른 것도 정확히 원의 한 쪽을 직선으로 잘랐을 때 생기는 조각이라는 뜻에서였다. cf. Heath(1981), Vol. I: 184.

아니라, 적극적으로 발굴하고 이용하기에 따라서는 얼마든지 소중한 자산으로 변모될 수 있다는 인식이 널리 확산되었으면 하는 희망을 걸어본다.

2. 중국산학의 호시론

중국산학에서의 호시론의 원천은 「구장산술(九章算術)」의 첫째 장인 방전(方田)에 등장하는 이른 바 "호전(弧田)" 넓이를 계산하는 다음 두 문제--[1-35], [1-36]--라고 할 수 있다.

今有弧田, 弦三十步, 矢十五步. 問爲田幾何? 答曰, 一畝九十七步半.
又有弧田, 弦七十八步二分步之一, 矢十三步九分步之七. 問爲田幾何? 答曰, 二畝一百五十五步八十一分步之五十六.
術曰, 以弦乘矢,矢又自乘, 幷之, 二而一.

그러면 먼저 이 문제들의 풀이법을 오늘날 식의 표기법으로 나타내 보도록 하자. 시를 b, 현을 c, 그리고 호전의 넓이를 A라고 하면, 이 풀이법은

$$A = \frac{bc + b^2}{2} = \frac{b(b+c)}{2}$$

가 된다는 것을 나타낸다[125]. 이것은 호시의 넓이를 현과 시를 각각

125) 여기서는 이 공식이 고대 그리스에서도 사용되어 헤론(Heron of Alexandria)이 개선하려고 했다는 것만 지적하기로 하며, 자세한 비교연구는 추후의 과제로 넘기기로 한다. cf. Heath(1981), Vol. II: 330.

밑변과 높이로 하는 2등변삼각형과 그것의 빗변으로 인해 새로이 생기는 두 개의 작은 호시로 분할할 때, 작은 호시들의 넓이의 합이 시를 한 변으로 하는 정사각형 넓이의 반에 해당한다는 것을 뜻한다. 그러나 언뜻 보아서도 근사(approximation) 공식이 분명한 이 절차의 정확도나 의미에 관해서는 아무래도 실제로 문제들을 통해서 검토하는 것이 좋을 것이다.

위의 두 문제 가운데 첫 번째([1-35])는 반지름이 15보인 반원의 넓이를 구하라는 것이다. 그리하여 그 넓이를 공식에 따라 구하면,

$$A=\frac{15(15+30)}{2}=337\frac{1}{2}\text{ 보}^2=1\text{무 }97\frac{1}{2}\text{ 보}^2$$

으로 나타나는데, 그 값은, 어쩌면 당연하다고 할는지 몰라도, π를 3으로 했을 때의 반원 넓이와 일치한다. 그러나 엄밀한 의미에서 우리의 관심사는 이 풀이법이 반원과 같은 특수 사례보다는 오히려 그 다음 문제와 같은 좀더 일반적인 경우에 얼마나 잘 들어맞느냐이다.

그래서 이번에는 [1-36]을 살펴보되, 특히 오늘날의 분석기하학적 방식으로 접근해 보도록 하겠다. 이 접근을 위해서, 편의상, 호전을 중심이 원점에 놓여 있고, 반지름이 r보인 원의 상단부에 위치시키기로 한다. 그러면 r, b, c 사이에는

$$r=\frac{b^2+\left(\frac{c}{2}\right)^2}{2b}$$

이라는 관계가 성립되므로, 원의 반지름은 62.7964보로 드러난다. 또한, 호전이 속한 부채꼴의 내각--다시 말해서, 호전의 양끝이 원의 중심과 이루는 각--을 2θ라고 하면,

$$\theta = \arcsin \frac{\left(\frac{c}{2}\right)}{r}$$

이다. 따라서 호전 넓이 A'는

$$A' = \arcsin \frac{\left(\frac{c}{2}\right)}{r} r^2 - \frac{c(r-b)}{2} = 738.50557\text{보}^2,$$

즉, 3무 18.50557보^{2}로 밝혀진다.[126)]

또한, 이와 같은 분석 결과를 토대로 하여 이 문제가 상정하는 내용을 정밀하게 복원하면, 다음의 [그림 1-2]와 같이 제시될 수 있다.

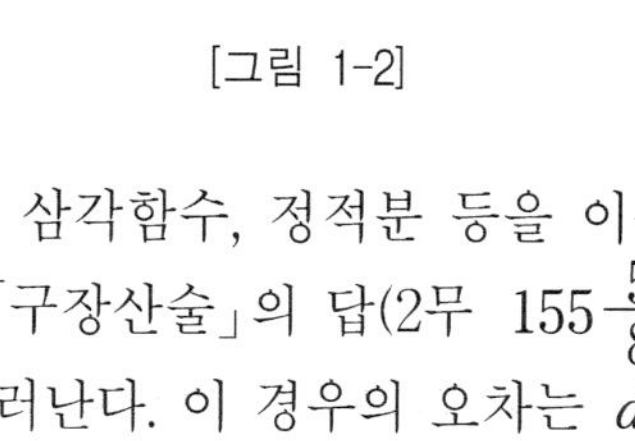

[그림 1-2]

그리하여, 이와 같이 삼각함수, 정적분 등을 이용해서 구한 정밀한 값에 비추어 볼 때, 「구장산술」의 답(2무 $155\frac{56}{81}$보^2)은 상당한 오차가 있는 것으로 드러난다. 이 경우의 오차는 $d=(A'-A)/A'$라는 상대적 오차로 나타내면, .13922, 즉, 13.922%이다.

이 문제에 대한 일반적인 풀이법을 위해서 큰 도움을 주는 것은 마츠로프(Martzloff, 1987 : 326-327)의 접근법이다. 그것은 그가 앞

126) 이 넓이를 정적분을 이용해서 구해도, 결과는 마찬가지이다.

$$A' = \int_{-39.25}^{39.25} \sqrt{62.7964^2 - x^2} - 49.0186\, dx = 738.50557\text{ 보}^2$$

서 제시된 필자의 풀이법과 비슷한 방식으로--그러나 적분에 의존함이 없이--호시 문제에 접근하여, 이미 A'와 d를 산출해서 제시한 바 있기 때문이다. 그에 따르면, 그 값들은 각각

$$A' = 2\left(\frac{c^2+4b^2}{8b}\right)\arctan\frac{2b}{c} - \frac{c(c^2+4b^2)}{16b} + \frac{bc}{2}$$

과

$$d = \frac{(1-e^2)^2\arctan e - e(1-e^2+e^3)}{(1-e^2)^2\arctan e - e(1-e^2)}$$

이라는 것이다. 단, 이 때 후자의 식에 등장하는 e는 $\frac{2b}{c}$를 가리킨다. 그는 호시의 꼭지점들과 원의 중심이 이루는 내각의 범위 $(0 \leq 2\theta \leq \pi)$ 내에서 d가 $0.045 \leq d \leq 0.25$ 범위 내의 값을 가질 수 있음에 대해서도 지적하고 있다.

그러나 여기서 주목할 점은 정밀한 값을 계산하는 이러한 절차가 「구장산술」의 호전문제 풀이법과 더불어 호전 넓이를 2등변삼각형과 그것의 빗변으로 인해 생기는 두 개의 호시로 분할할 것을 함축하고 있다는 사실이다. 즉, 두 방법 모두 원래의 호시를 그 내각 (2θ)의 반에 대응되는 호시들로 분할하는 사고방식을 보여주며, 그러한 분할은 확장하면 미분이 되는 것이다.

「구장산술」의 호전 문제는 그것과 함께 "산경십서"로 손꼽히는 「하후양산경(夏侯陽算經)」이나 「오조산경(五曹算經)」과 같은 다른 산학고전에서도 찾아볼 수 있다. 우선, 「하후양산경」에서는 호전이 "궁전(弓田)"이라는 이름으로 지칭되고 있을 뿐, 계산법은 「구장산술」의 그것과 정확히 일치한다.[127]

---

127) 任繼愈 編(1993), 1권 385쪽을 참조.

弓田, 形如弓樣.
術曰, 矢乘弦, 矢又自乘, 幷之, 二而一, 以畝法, 除之.

한편, 「오조산경」에서는 호시 관련 문제들이 첫째 권인 "전조(田曹)" 부분에서 호전, 복월전, 우각전의 이름으로 다뤄지고 있다.[128] 그것은, 다시 말해서, 복월전이나 우각전의 "종(從)"이 호전의 현에 해당하고, 또한 복월전의 "경"이나 우각전의 "구광(口廣)"이 호전의 시에 해당한다고 본다면, 복월전과 우각전도 기본적으로 호시의 응용문제들로 간주될 수 있기 때문이다.

今有弧田, 弦八十步, 矢五步. 問爲田幾何? 答曰, 二百步.
術曰, 列弦八十步, 半之, 得四十步, 以矢五步乘之, 卽得.
今有覆月田, 從三十步, 徑十步. 問爲田幾何? 答曰, 一百五十步.
術曰, 列徑十步, 半之, 得五步, 以從三十步乘之, 卽得.
今有田形如牛角, 從五十步, 口廣二十步. 問爲田幾何? 答曰, 二畝奇二十步.
術曰, 列口廣二十步, 半之, 得十步, 以從五十步乘之, 卽得五百步, 以畝法除之, 卽得.

그런데 놀랍게도 여기서는 호시의 넓이가 「구장산술」에서의 $A=\frac{bc+b^2}{2}=\frac{b(b+c)}{2}$라는 공식과는 달리 $A=\frac{bc}{2}$라는 계산에 의해서 산출되는 것으로 나타난다. 이는 곧 「오조산경」이 호시 넓이를 삼각형 넓이로 매우 조야한 근사적 접근을 하는 데 그치고 있다는 것을 뜻한다.

128) 任繼愈 編(1993), 1권 299-300쪽을 참조.

또한, 명 정대위(程大位)의 「산법통종(算法統宗)」 "소광(少廣)"장과 관련 난제(難題) 부분에도 호시와 관련된 문제들이 발견된다. 그 가운데 호시의 넓이와 원지름을 주고 현과 시에 대하여 묻는 것은 요즘 기준에 비춰 보아도 쉽게 풀리지 않는 것이어서 주목할 만하다.129)

今有圓田, 徑二十六步. 今從旁截一弧矢, 積一百二十八步. 問截弦矢各若干? 答曰, 矢八步, 弦二十四步.

그러면 이 문제에 대해서도 우선 오늘날의 대수기하학적 방식을 써서 접근해 보기로 하자. 원의 중심을 원점에 일치시키고, 호시의 현을 지름이 놓인 x축과 평행되게 놓고, 원점에서 현까지의 거리를 a라고 하면, 이 문제가 말하는 호시의 넓이는

$$f(a)=\int_{-\sqrt{13^2-a^2}}^{\sqrt{13^2-a^2}}\sqrt{13^2-x^2}-a\,dx$$

라는 함수로 표시될 수 있으며, 그것의 그래프는 [그림 1-4]와 같다.

129) 「算法統宗」, 328쪽, 靖玉樹 編, 中卷 2235쪽을 참조.

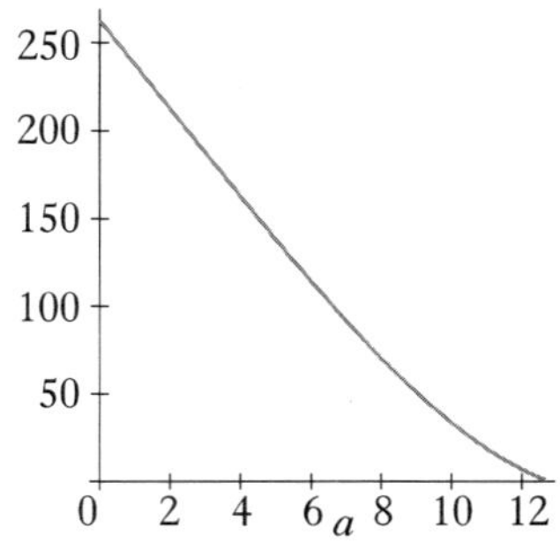

[그림 1-4]

그림에서 볼 수 있듯이, 이 함수는 거의 직선함수에 가까운 모습을 띠고 있는데, 결국, $f(a)=128$이 되게 하는 a 값은 5.4514로 나타난다. 따라서 시의 길이인 $13-a$는 7.5486, 현의 길이는 23.603579로 나타나며, 원문의 답과는 조금씩 차이를 보여준다. 아무튼 이렇게 얻어진 값들을 토대로 문제의 호시를 플롯하면, [그림 1-5]와 같다.

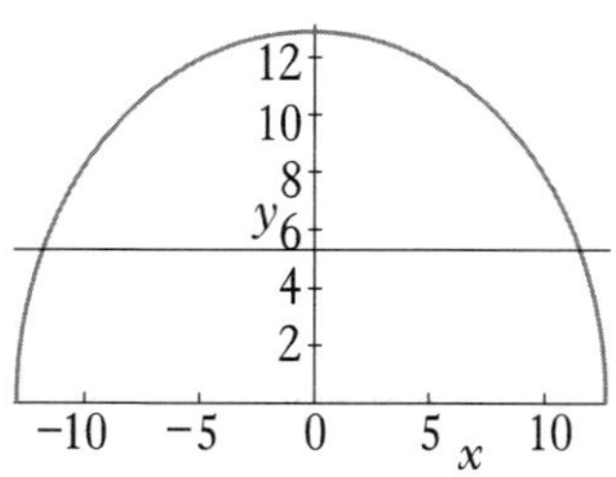

[그림 1-5]

여기서 우리가 보다 직접적으로 관심을 갖는 것은 어디까지나 시 8보라는 답이 도출된「산법통종」의 계산과정이다.130)

法曰, 倍積自乘, 得六萬五千五百三十六步爲實, 另以四因積, 得五百一十二步爲上廉, 又以四因徑, 得一百○四步爲下廉, 以五爲負隅法, 商得八於左上爲法, 以乘上廉, 得四千零九十六步. 又以商八乘隅五得四十以減下廉餘六十四步, 另以商八步自乘,得六十四步, 以乘餘下廉, 得四千○九十六步, 倂上廉, 共八千一百九十二步爲下法, 除實, 得矢八步.

사실상, 전형적인 양휘(楊輝)나 유익(劉益)류의 방정식 해법을 보여주는 이 풀이법은 다름 아닌

$$-5x^4+104x^3+512x^2-65536$$
$$=(x-8)(-5x^3+64x^2+1024x+8192)=0$$

이라는 계산과정을 가리키는 것이다. 여기서 우리는, 한 걸음 더 나아가, 그것이 송・원대의 할원술(割圓術)의 호시론, 그 중에서도 특히 양휘의 그것과 결부된다는 점을 지적하지 않을 수 없다. 그러면, 호시의 호를 a, 시를 b, 현을 c, 그리고 넓이를 A라고 하고, 호시가 속한 원의 지름을 d라고 하면서, 잠시 호시론자들이 발달시킨 몇몇 공식들을 음미해 보기로 하자.[131] 그러한 공식들은 모두 a, b, c, d, A 간의 관계를 근사적으로 접근한 것이다. 먼저, 「구장산술」의 호시 넓이를 구하는 공식은 이미 앞에서도 누누이 등장한 바와 같이

130) 「算法統宗」, 328쪽, 靖玉樹 編, 中卷 2235쪽을 참조.
131) 李儼(1937), 143-144쪽을 참조.

$$A = \frac{bc + b^2}{2}$$

이다. 한편, 송의 심괄(沈括)은 「몽계필담(夢溪筆談)」 18권에서 호시형의 현과 호를 구하는 공식--그가 "회원술(會圓術)"이라는 이름으로 불렀던--을 각각

$$c = 2\sqrt{\left(\frac{d}{2}\right)^2 - \left(\frac{d}{2} - b\right)^2}$$

$$a = \frac{2b^2}{d} + c$$

으로 제시한 바 있다. 그리고 양휘는 「상해구장산법(詳解九章算法)」에서 호시의 현과 원지름을 각각

$$c = \frac{2A}{b} - b$$

$$d = \frac{\left(\frac{c}{2}\right)^2}{b} + b$$

라는 식으로 표시했는데, 그의 c-식과 d-식은 바로 「구장산술」의 A-식과 심괄의 c-식을 재정돈한 것에 지나지 않는다. 그렇지만 그가 두 식을 결합시켜서

$$-5b^4 + 4db^3 + 4Ab^2 - (2A)^2 = 0$$

이라는 4차 방정식으로 나타낸 것은 나름대로 대단히 신선한 착상이라고 여겨진다. 이 결과는 계수를 이루고 있는 d와 A, 다시 말해서, 원지름과 호시의 넓이를 알면, b를 4차 방정식의 근으로 구할

수 있다는 것을 의미하는 것이다. 그러므로 이제 우리는 상기 풀이법이 가리키는 바가 정확하게 양휘의 4차 방정식을 적용한 말이었다는 사실을 확인하게 되고, 어째서 8이 답인지도 이해할 수 있게 된다. 그러나 [그림 1-6]의 그래프가 보여주듯이,

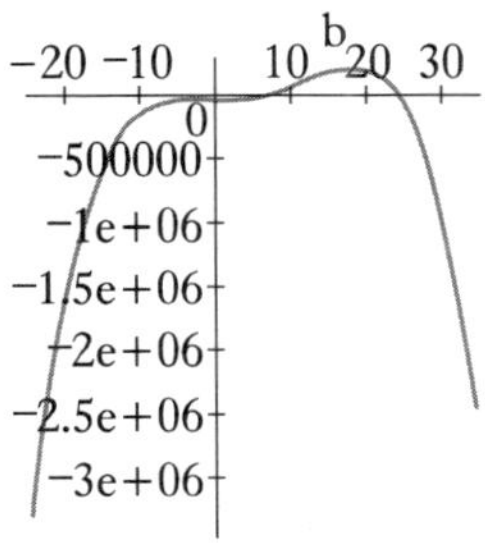

[그림 1-6]

$f(b) = -5b^4 + 104b^3 + 512b^2 - 65536 = 0$이라는 방정식은 8뿐만 아니라 24.11185944라는 또 하나의 근을 가진다는 것이 드러난다. 물론 24.11이라는 답은 어처구니없는 것이기는 하지만, 그럼에도 불구하고, 이 공식을 따르자면 피할 길 없이 마주치게 되는 하나의 엄연한 논리적 귀결이다. 아마도 이 점에 이르러서는 양휘든 정대위든 전혀 짐작도 하지 못했던 듯하다. 요컨대, 그들의 공식에 따라 근사값을 구해보면, 정밀하지 못한 수가 많으며, 때때로 엉뚱한 답에 이르기까지 한다는 것을 이 예는 보여준다.

「산법통종」에는 또한 "방전"장에 다음과 같은 "미전(眉田)"의 넓이를 구하는 문제도 실려 있는데, 이 역시 호시와 관련지어서 우리의 관심을 끈다.

假如眉田, 上周四十步, 下周三十步, 徑八步. 問積若干? 答曰, 一百四十步.

이 문제는 작은 원이 큰 원과 겹쳐져서 잠식된 때 발생하는 형태의 면적을 구하라는 것인데, 크고 작은 원의 지름들 대신에 호의 길이와 호간 거리만 알려주고 있기 때문에 당시의 산학 수준으로는 결코 쉽사리 풀 수 있는 종류로 여겨지지 않는다. 그러나 덧붙여진 풀이법을 보면, 뜻밖에도, 다음과 같이 간단히 답을 구할 수 있는 것으로 되어 있다.

法曰, 置上下二周, 相倂得七十步, 折半得三十五步, 另以徑八步, 折半得四步, 乘之, 得積, 合問.

그러나 이 풀이법이 뜻하는 바를 따지기 전에, 먼저 이 문제를 오늘날의 대수기하학적 방법으로 접근해 보는 것이 좋으리라고 여겨진다. 이제, 크고 작은 원이 원점 위쪽의 y축을 중심으로 놓여있다고 생각하면, 작은 원과 큰 원의 함수를 각각

$$f(x)=\sqrt{r1^2-x^2}-a1$$
$$g(x)=\sqrt{r2^2-x^2}-a2$$

이라고 나타낼 수 있다. 이것은 작은 원과 큰 원의 반지름을 $r1$과 $r2$로, 그리고 중심을 $(0,-a1)$과 $(0,-a2)$이라고 설정한 것이다. 그리하여,

$$(r1-a1)-(r2-a2)=8$$

$$2\ \arcsin\left(\frac{\sqrt{\ r1^{2}-\ a1^{2}}}{r1}\right) r1 = 40$$

$$2\ \arcsin\left(\frac{\sqrt{\ r2^{2}-\ a2^{2}}}{r2}\right) r2 = 30$$

라는 조건들을 충족시키는 $f(x)$와 $g(x)$를 구하면,

$$f(x) = \sqrt{\ 14.74^{2}-\ x^{2}} - 3.1295$$

$$g(x) = \sqrt{\ 30.5375^{2}-\ x^{2}} - 26.927$$

로 밝혀진다. $f(x)$와 $g(x)$를 미전의 양끝을 잇는 현 위에 플롯하면, [그림 1-7]의 그래프와 같다.

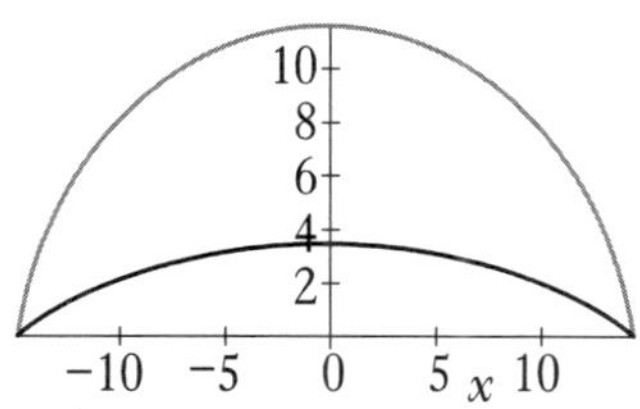

[그림 1-7]

그리고 이 때의 미전 넓이를 구해보면

$$\int_{-14.373}^{14.373} f(x) - g(x)\ \ dx = 179.514\ 보^{2}$$

로 나타난다. 이는 정답으로 제시된 140보^{2}를 크게 웃도는 것이다.

그렇다면, 두 결과간의 차이는 어디서 나오는 것일까? 바꿔 말하

자면, 호간 거리를 두 호의 평균값으로 곱해서 둘로 나누라고 한 풀이법이 과연 어떤 발상에서 유래했느냐는 것이다. 그런데 우리는 그러한 풀이법의 의미를 규명할 열쇠를 다음과 같은 "반각전(半角田)" 문제로부터 쉽게 발견하게 된다.

假如半角田, 中依灣長十七步五分, 濶八步. 問積若干? 答曰, 七十步.

즉, 이 문제를 보면, 밑변 8보에다 안팎 둘레의 중간선 17.5보를 마치 삼각형의 높이처럼 곱해서 반으로 나눠 넓이를 70보^{2}로 계산했음을 알 수 있는데, 상당한 정도까지 우각전을 비롯한 호시관련 문제들에 대한 「오조산경」의 해법을 연상시키는 것이다. 그리고 반각전이 미전의 허리 부분을 잘라낸 형태를 취하고 있으므로 마찬가지 공식이 적용되었을 것도 짐작하기 어렵지 않다. 요컨대, 반각전이나 미전의 넓이는 휘어진 삼각형처럼 간주해서 접근했다고 볼 수 있다.

미전 넓이는 또한 「구장산술」의 호전 공식을 응용하여, 큰 호에서 작은 호를 뺀 넓이로 계산해도 좋을 것인데, 그럴 경우의 결과는 오늘날의 대수기하학을 적용한 계산 결과에 보다 가까운 171.88보^{2}로 나타난다. 필자로서는 일단 정대위가 「산법통종」의 미전 공식과 「구장산술」 이래의 호전 공식이 미전 넓이를 계산함에 있어서 이처럼 모순을 일으킨다는 사실을 미처 깨닫지 못한 것으로 여길 수밖에 없다. 아무튼, 결국 이런저런 계산법들이 모두 근사적 접근에 그칠 뿐, 진정한 의미의 풀이가 되지 못한다는 것은 이상의 논의에 비춰볼 때 명백할 것이다.

지금까지 우리는 호전이나 그와 관련된 문제들이 중국산학의 호시론에서 어떻게 다뤄져 왔는지를 살펴보았다. 이 자리에서는 요약

을 위해서 호시론에 대한 체계적 정리를 꿈꾸기보다는 상기 논의로부터 얻어진 몇 가지 측면을 걸러서

1) 중국산학의 호시론의 근간이 되어 온「구장산술」의 호전 풀이법은 호시를 그에 내접하는 2등변삼각형과 그 외부에 남겨지게 되는 두 개의 합동인 호시로 분할하는 사고방식을 함축하고 있다. 그렇게 해서 새로 생긴 호시들의 내각은 원래 호시의 그것의 반각인데, 이는 확장하면 미분과 이어지는 것이다.

2) 호시 관련 문제들은 주로 현과 시를 주고 넓이를 구하라고 하거나, 또는 역으로 지름과 넓이를 주고 현과 시를 구하라는 형태로 제기되어 왔는데, 한결같이 답과 그것을 구하기 위해서 전제가 되는 정보간의 관계를 정확히 이해하고 있었음을 보여준다.

3) 그러나「구장산술」의 호전 공식을 비롯한 일련의 호시론 풀이법들이 모두 조야한 근사적 접근임에도 불구하고, 역대 산학자들로 하여금 새로운 개선을 모색하는 대신, 의례주의적(ritualistic)인 답습에 그치게 만들고 만 것은 과학에 있어서도 전통주의의 영향력이 얼마나 컸던가를 말해준다고 하겠다.

4) 양휘는 호시의 넓이, 현 및 원지름이라는 세 값의 관계를「구장산술」의 호전 공식과 심괄의 회원술을 결합시켜서 4차 방정식으로 개념화했는데, 이것은 그 자체로서 전통과학에서 일어난 누적적인 발전의 한 증거로 내세울 만하다.

5) 한편, 미전 넓이의 계산에 있어서 「산법통종」의 미전 공식과 「구장산술」 이래의 호전 공식은 상호 모순적인 결과를 드러내는 것으로 드러나는데, 이것은 풀이법들이 목전의 근사적 접근에만 치중하다가 자칫 내적인 논리적 연결을 놓치기 쉬웠다는 것을 보여준다. 고 특징짓는데 그치고자 한다.

3. 조선시대 산학의 호시론

그러면 이번에는 중국산학에서 이와 같이 전개되어 온 호시론이 조선시대 산학서들에서는 과연 어떻게 다뤄졌는지 알아보기로 하겠다. 먼저, 현존하는 조선시대 산학서 가운데 가장 오래된 것의 하나인 경선징(慶善徵, 1616-?)의 「묵사집산법(默思集算法)」에는 호시 관련 문제들이 다음과 같이 나타난다.[132]

今有牛角田一段, 東長一十八步, 西長一十六步, 北濶六步. 問田幾何? 答曰, 二分一厘二毫半.
法曰, 置東長倂入西長, 半之, 得一十七步, 又北濶折半, 得三步, 以此乘一十七步, 得五十一步爲案, 以畝法除之,得合問.
今有眉田一段, 上周八十一步, 下周七十五步, 中徑一十八步. 問田幾何? 答曰, 二畝九分二厘半.
法曰, 置上周倂入下周, 半之, 得七十八步, 又中徑折半, 得九步, 以

132) 金容雲 編(1985), 1권 162-164쪽을 참조.

此乘七十八步, 得七百二步爲案, 以畝法除之, 得合問.
今有弧矢田一段, 弦長四十步, 矢濶八步. 問田幾何? 答曰, 八分.
法曰, 置弦長併入矢濶, 得四十八步, 卽折半, 得二十四步, 又以矢濶八步乘之, 得一百九十二步爲案, 以畝法除之, 得合問.
今有半月田一段, 濶二十八步, 徑一十四步. 問田幾何? 答曰, 一畝二分二厘半.
法曰, 置濶步併入徑步, 得四十二步, 以徑一十四步乘之折半, 得二百九十四步爲案, 以畝法除之, 得合問.
又曰, 置濶以徑相乘, 得三百九十二步, 四歸三因, 得二百九十四步爲案, 以畝法除之, 得合問.

이 인용문은 사실상 그 이후의 다른 산학서들에서도 지속적으로 발견되는 몇 가지 전형적 또는 고식적인 특징을 드러내 주는 것이다. 우선 눈에 띄는 점은 서술 체제가 문, 답, 풀이로 이어지는 중국 산학서들의 삼중구조를 그대로 답습하고 있다는 것이다. 그리고 실망스럽게도 독자적이거나 비판적인 검토의 흔적은 좀처럼 찾아볼 수 없는 채로 호전과 반월전은 「구장산술」의 고전적인 공식에 따라서, 또 미전과 우각전은 「산법통종」의 미전, 반각전 풀이법에 따라서 각각 접근되어 있다는 것도 드러난다.

조태구(趙泰耉, 1660-1723)의 「주서관견(籌書管見)」에는 호시전과 미전 문제가 각각 하나씩 등장한다[133].

今有弧矢田, 弦長二十八尺, 矢濶十二尺. 問積? 答, 二百四十尺.
術曰, 弦矢相併, 以矢乘之,折半得積.

133) 金容雲 編(1985), 2권 46-47쪽을 참조.

今有眉田, 腰濶五步, 大弦五十四步, 內弦四十步. 問積? 答, 一百十七步半.
術曰, 兩弦相倂, 以腰濶乘之, 以四除之, 得積

그러나 「주서관견」의 경우, 미전의 위아래 호가 현--각각 "대현"과 "소현"--이라고 잘못 지칭되어 있음--비록 전통산학에서 흔히 발견되는 혼동이기는 하나--을 볼 수 있다.

그리고 홍정하(洪正夏, 1684-?)의 「구일집(九一集)」에는 호시전, 미전, 우각전이 다음과 같이 다뤄져 있다[134].

今有弧矢田, 弦長十二步, 濶四步. 問積及圓中徑若干? 答曰, 積三十二步, 圓中徑一十三步.
法曰, 倂弦矢折半, 得八步, 以矢濶乘之, 得積合問(覆月田同).

一法置弦, 半之,自乘,, 以矢除之, 又加矢得圓中徑也.
一法置弦, 半之, 自乘, 又矢自乘, 二位倂之, 爲實以矢除之, 亦得圓中徑也.
今有眉田, 上周十六步, 下周十二步, 徑六步. 問積若干? 答曰,四十二步.
法曰, 倂上下周, 折半, 又徑折半, 相乘合問(牛角田同).
今有牛角田, 中長十五步, 濶六步. 問積若干(形如半眉)? 答曰,四十五步.
法曰,置長以濶乘之,折半, 合問.

---

134) 洪正夏, 「九一集」, 한국과학사학회 편(성신여자대학교 출판부, 1983), 40-41쪽.

그의 서술은, 이를테면, 우각전의 "형태가 눈썹의 반과 같다"고 한 것처럼, 호시전과 복월전, 미전과 우각전이 각각 별개의 유형으로 취급되어야 한다는 점을 좀더 명시적으로 강조한 것이다.

한편, 황윤석(黃胤錫, 1729-1791)의 「산학입문(算學入門)」--그의 대작인 「이수신편(理藪新編)」의 마지막 두 권(21-22권)에 걸쳐 있는--에는 호시전과 우각전이 각각 하나씩 소개되어 있는 것이 보인다[135]. 먼저, 호시전에 대해서는

圓田之半也(如矢闊七步, 卽弦長一十四步也.).
弦長幷矢濶, 又以矢濶乘之, 半之, 得積(弦幷矢, 卽弧圓周. 矢闊倍之, 得弦長, 卽圓徑也, 三之, 得圓周, 半之, 得弧圓周(半圓), 自之, 六而一, 得積. 此古注也. 矢闊六之, 得圓周, 圓周自之, 二十四而一, 得弧矢積. 又術十二而一, 半之, 得積. 又術矢與弦相乘, 三之, 又四而一, 得積.).

라고 서술하고 있어서, 그가 호시를 반원에 국한시키고 있음을 알 수 있다. 그리고 우각전에 관해서는

牛角一段, 角長一十六步, 口闊六步. 答曰, 二分一厘二毫半.
半闊以幷角長, 以闊乘之, 得一百一十四步(台刊量田圖用弧矢田法此說方是. 五曹有牛角田用角. 乘角面折半, 卽句股田勢非牛角也.).

라고 서술하고 있는데, 이것은 곧 우각전을 "눈썹 반쪽" 모양이 아닌 호시의 반으로 취급하고 있음을 나타내는 것이다.

배상열(裵相說, 1759-?)의 「서계쇄록(書計瑣錄)」은 여러 가지 호전류의 넓이 계산에 관해서 문답은 생략한 채 공식만을 열거하고

135) 金容雲 編(1985), 3권 117, 120, 121쪽을 참조.

있다[136]. 그 가운데 하나인 "남전"은 합동인 호시 둘을 현을 따라 맞붙인 형태를 하고 있어서 "감람(olive)"를 닮았다는 뜻이다.

弧矢田, 卽半圓也. 成强半圓少半圓, 亦用此法. 併弦矢, 折半, 以矢乘. 又法以矢乘弦, 又矢自乘併二位.
欖田, 卽二段弦矢田. 以濶折半, 乘長, 又半濶自乘併二位.
眉田, 併上下周, 折半後, 以徑乘之, 又折半.
牛角田, 以口廣乘中長, 折半. 又法併上下周, 折半, 以口廣乘之.

19세기 중엽 남병길(南秉吉, 1820-1869)이 지은 「구장술해(九章術解)」를 보면, 「구장산술」의 호전 문제 둘이 전재되어 있고, 그 말미에 다음과 같은 풀이가 덧붙여져 있다.[137]

此圓面積折半以爲弧矢積之率也. 圓面積, 原是圓徑自乘積四分之三, 而圓徑自乘積三倍也, 以全徑爲弦, 半徑爲矢, 以矢乘弦, 得半徑自乘積二倍, 矢自乘又爲一半徑自乘積乃併之, 得半徑自乘積三倍, 亦卽圓面積也. 是故折半爲弧矢面積也.

그런데 그는 황윤석처럼 호시를 반원으로만 취급함으로써, 풀이도 원의 넓이를 구하는 몇 가지 공식을 열거하는 것에 그치고 말았다.

그리고 조선조 후기에 통용되던 산학교양서인 저자 미상의 「동산초(東算抄)」에는 호시전, 미전, 우각전, 남형전 문제들이 각각 다음과 같이 나타난다.[138] 그 가운데 호시전 문제는 「구일집」에서의

136) 金容雲 編(1985), 4권 201, 202-205쪽을 참조.
137) 金容雲 編(1985), 6권 278쪽을 참조.

홍정하의 서술과--풀이 속의 "一法"을 "又曰"이라고 바꾼 것을 제외하고는--사실상 같다.

今有弧矢田, 弦長十二步, 濶四步. 問積及圓中徑各若干? 答曰, 積三十二步, 圓中徑一十三步.
法曰, 倂弦矢折半, 得八步, 以矢濶乘之, 得積合問(覆月田同).
又曰, 置弦, 半之, 自乘,, 以矢除之, 又加矢得圓中徑也.
又曰, 置弦, 半之, 自乘, 又矢自乘, 二位倂之, 爲實以矢除之, 亦得圓中徑也.

그리고 미전이나 우각전 문제 역시 그것에 관한 홍정하의 서술과 비슷하거나 동일하게 드러나, 양자간의 유사성을 다시 한번 확인시켜준다.

今有眉田, 上周二十步, 下周十五步, 徑六步. 問積若干? 答曰, 五十二步.
法曰, 倂二周, 折半, 相乘, 合問(牛角田同).
今有牛角田, 中長十五步, 濶六步. 問積若干? 答曰, 四十五步.
法曰, 置長以濶乘之, 折半, 合問.

그러나 남형전 문제는 「구일집」에 수록되어 있지 않으므로, 적어도 그것에 관한 한, 「동산초」의 저자가 홍정하보다는 오히려 배상열과 더불어 유사한 문헌을 참조했을 가능성이 있다고 추측된다.
今有欖形田, 中長二十步, 濶八步. 問積若干(欖形者, 卽二弧矢

---

138) 金容雲 編(1985), 8권 96-97쪽을 참조.

也.)? 答曰, 九十六步.
法曰, 置長加半濶, 折半, 得一十二步, 以濶乘之, 合問.

이상으로써 17세기 이래로 조선시대의 산학에서 호시 문제들이 어떻게 다뤄져 왔는지를 검토해 보았는데, 그 결과는 아마도 다음과 같이 요약될 수 있을 것이다.

1) 조선시대 산학서에 나타난 호시론 논의는 기본적으로 「구장산술」의 호전 문제와 「산법통종」의 미전 문제 취급--특히 문답과 풀이법에만 국한된--을 그대로 추종·답습하는 수준에 그치고 있으며, 생산적이고 비판적인 검토나 여과 과정의 흔적은 좀처럼 찾아보기 어렵다.

2) 또한, 호시를 반원으로만 보려고 한다거나 우각전을 호시로 간주하는 것과 같은 개념상의 혼란도 심심지 않게 발견된다.

3) 그러므로 정작 제한적 범위에서나마 중국산학이 보여주고 있는 접근 방법상의 발달 같은 것을 조선시대의 산학서들로부터는 더욱 더 기대할 수 없는 것인지 모른다.

결국, 이상의 검토 결과는, 적어도 호시에 관한 한, 조선의 산학자들이 중국산학서를 의례주의적으로 추종하는 데서 벗어나지 못하고 있었으며, 따라서 시대의 흐름에 따른 적절한 변화를 이뤄내는 문제 같은 것에 대해서는 아예 대처조차 할 수 없었다는 사정을 보여준다고 하겠다.

4. 결론과 함의

지금까지 우리는 전통산학의 호시론에 초점을 맞춰서 중국에서의 전개과정과 조선시대의 수용 상태를 구체적으로 살펴보았다. 그 결과, 중국산학의 호시론 전통에서는 「구장산술」의 호전 풀이법을 근간으로 한 의례주의적인 답습이 없지는 않았지만, 동시에 심괄이나 양휘와 같이 고도로 정치한 분석기하학적인 풀이법을 개발하기도 한 것으로 드러난 반면, 조선시대 산학의 호시론 논의는 기본적으로 「구장산술」의 호전 문제와 「산법통종」의 미전 문제 취급을 그대로 추종하는 수준에서 크게 벗어나지 못했던 것을 알 수 있었다. 조선시대의 산학이 타문화에 대한 단순한 추종과 정체성을 드러내는 데 그쳤다는 발견은 특히 그 후예인 우리로서는 일단, 사실의 당혹스러움이나 불쾌함을 떠나서, 앞으로 여러 모로 곰씹어 볼 만한 가치가 있다고 여겨진다.

혹시 논자에 따라서는 이 글에서 취급된 중국과 우리 나라의 산학사 상의 시대가 서로 같지 않아서 단순비교가 무리라는 견해를 가질는지 모른다. 그러나 다시 한번 강조하지만, 같은 시기의 국가간 문화비교는 처음부터 이 글의 목표가 아니며, 또한, 이 글에서 조선시대라고 해도 유독 17세기 이후 경선징 이래의 몇몇 산학자만을 다루게 된 것도 모두 현재 남아있는 문헌들이 그것들밖에 추적할 수 없게 하기 때문에 빚어진 것이다. 그러나 조선시대 산학의 전개과정을 같은 시기의 국가간 비교를 통해서 특징짓는 문제는 앞으로 중국은 물론, 거의 비슷한 시기의 문헌자료들이 축적되어 있는 일본의 경우와 함께 견주면, 보다 선명하게 부각될 수 있을 것으로 본다. 특히 후자의 경우에는, 우리보다 훨씬 늦게 중국산학을 수용하게 되었음에도 불구하고, 그것을 단기간 내에 토착화시켜서 소위 "화산(和算)"이라는 이름으로 크게 발달시켰기 때문에 좋은 대조가 될 것이 확실하다.

그리고 물론, 전반적인 수준에서의 조선시대 산학의 정체성 유무나 본질 문제는 앞으로 호시론을 넘어선 다른 다양한 산학 분야에 대한 고찰을 통해서 추가로 조심스럽게 규명되어야 할 주제이다. 또한, 그와 같은 기술적인 검토와 병행해서, 실제로 조선시대를 통해서 산학을 연마하고 활용했던 주체들인 산학자들에 대한 역사사회학적 검토 역시 장차 전통산학을 둘러싼 문화사회학적 내지 과학사회학적 연구가 본격화되기 위해서는 반드시 활성화되어야 할 것이라고 여겨진다.

참고문헌

慶善徵,「默思集算法」.

金容雲 編,「韓國科學技術史資料大系: 數學篇」, 全10卷(驪江出版社, 1985).

南秉吉,「九章術解」.

裵相說,「書計瑣錄」, 金容雲 編,「韓國科學技術史資料大系: 數學篇」, 4卷(驪江出版社, 1985).

저자미상,「東算抄」, 金容雲 編,「韓國科學技術史資料大系: 數學篇」, 8卷(驪江出版社, 1985).

趙泰耉,「籌書管見」, 金容雲 編,「韓國科學技術史資料大系: 數學篇」, 2卷(驪江出版社, 1985).

洪正夏,「九一集」, 한국과학사학회 편(성신여자대학교 출판부, 1983).

黃胤錫,「算學入門」(「理藪新編」 21-22권); 국립중앙도서관소장).

「五曹算經」, 任繼愈/郭書春 主編,「中國科學技術典籍通彙」, 數學卷 1(河南教育出版社, 1993).

「九章算術」.

「夏侯陽算經」, 任繼愈/郭書春 主編,「中國科學技術典籍通彙」, 數學卷 1(河南教育出版社, 1993).

沈括,「夢溪筆談」.

楊輝,「詳解九章算法」, 任繼愈/郭書春 主編,「中國科學技術典籍通彙」, 數學卷 1(河南教育出版社, 1993).

李儼,「中國算學史」(臺北: 臺灣商務印書館, 1965).

任繼愈/郭書春 主編, 「中國科學技術典籍通彙」, 數學卷(河南教育出版社, 1993).

程大位, 「算法統宗」.

靖玉樹 編, 「中國歷代算學集成」, 全3卷(濟南 : 山東人民出版社, 1997).

Martzloff, Jean-Claude, *A History of Chinese Mathematics*(New York : Springer, 1987).

Heath, Thomas, *A History of Greek Mathematics*, 2 vols.(New York : Dover, 1981).

Reception and Appropriation of Chinese Mathematics in Joseon Dynasty : With Special Respect to *Hushilun*[139)]

Cha Jongchun
Professor of Sociology
Sungkyunkwan University

1. Introduction

In the course of their pursuit for modernization and westernization for more than a century, Koreans have neglected at least some aspects of their cultural tradition. Their neglect of suanxue(K. sanhak) or traditional mathematics is one such example. Today there are virtually few who can appreciate and understand their mathematical heritage remaining in the peninsula. However, it represents in itself a cultural object that people in this semi-peripheral region had long ardently tried to adopt and appropriate. Thus, a comparative study of Korean and Chinese traditional mathematics could be quite useful and informative for the understanding of the present

---

139) Reprinted from *Sungkyun Journal of East Asian Studies* 2(February 2002), pp. 233-247.

as well as the past particularly for contemporary Koreans.

From the viewpoint of this problematic, we will investigate how traditional Chinese and Korean mathematicians used to deal with problems related to hushi(K. hoshi) or a segment of a circle. Our focus on hushilun(K. hoshiron) or discussions for solving hushi-related problems is particularly stimulated by the fact that those problems represent one of the most difficult brain teasers devised by traditional East Asian mathematics. For this purpose in mind, we will first survey the development of hushilun in China, and then review Korean discussions of the same subject in Joseon dynasty.

2. Hushilun in Chinese Mathematics

Now, we will first examine how hushi figures used to be conceptualized in traditional Chinese mathematics. There is hardly any doubt that the first available source of hushilun is found in the beginning chapter--titled "Fangtian" 方田--of *Jiuzhang suanshu*, which includes two problems about hutian 弧田 or bow-shaped fields.

<Problem 1-35> Now there is a bow-shaped field. Its chord is 30 bu, and its arrow is 15 bu. What is its area?

Answer : 1 mu $97\frac{1}{2}$ bu^2.

<Problem 1-36> Also, there is another bow-shaped field. Its chord is $78\frac{1}{2}$ bu, and its arrow is $13\frac{7}{9}$ bu. What is its area? **Answer** : 2 mu $155\frac{56}{81}$ bu^2.

According to the solution technique, multiply chord by arrow, square the arrow, add both outcomes together, and then divide the sum by 2.

What the 'solution technique' prescribes can be recast into the following formula:

$$A = \frac{bc + b^2}{2} = \frac{b(b+c)}{2},$$

where A, b and c denote the area, arrow and chord of a circle segment, respectively.[140] This formula implies that a hushi may be divided into two parts, i.e., an isosceles triangle whose base and height correspond respectively to its chord and arrow, and the remainder, which turns out to be none other than the two hushis whose central angles are just a half of that of the original hushi, and that the area of the two smaller hushis

140) Another mathematical classic that prescribes the same formula for a hushi-related problem is *Xiahou Yang suanjing*. Cf. Ren Jiyu(1993), Vol. I, p. 385.

combined is supposed to match a half of that of the arrow squared. However, this latter prescription for approximating the area of the two smaller hushis looks hardly tenable even at a glance. In an effort to appraise the accuracy and implications of this procedure which is evidently an approximation formula, we will put it in the light of the problems themselves.

<Problem 1-35> refers to a case where the hushi in question coincides with a semicircle. If we apply the above formula to this case, the area is calculated as

$$A=\frac{15(15+30)}{2*240}=1.40625mu=1mu\,97\frac{1}{2}\ bu^2.$$

It is worth noting that the result corresponds exactly to the amount when 3--so-called 'gulü' 古率 or old rate--is used as the value of π.

Now, let's turn to <Problem 1-36> and examine it in terms of modern analytic geometry. For the sake of convenience, let us suppose that the hutian is located on the uppermost part of a circle whose center matches the origin point in a coordinate space. Then, the radius of the circle r is

$$r=\frac{b^2+\left(\frac{c}{2}\right)^2}{2b},$$

and in this case, it turns out to be 62.7964. Also, if we denote the central angle subtended by the arc as 2θ,

$$\theta = \arcsin \frac{\left(\frac{c}{2}\right)}{r}.$$

Thus, the exact area of the hushi A′ is

$$A' = \arcsin \frac{\left(\frac{c}{2}\right)}{r}\, r^2 - \frac{c(r-b)}{2} = 738.50557\ bu^2$$

or 3 mu 18.50557 bu^2.141) If we reconstruct the hushi on the basis of these results, it will look like the diagram in [Figure 2-1].

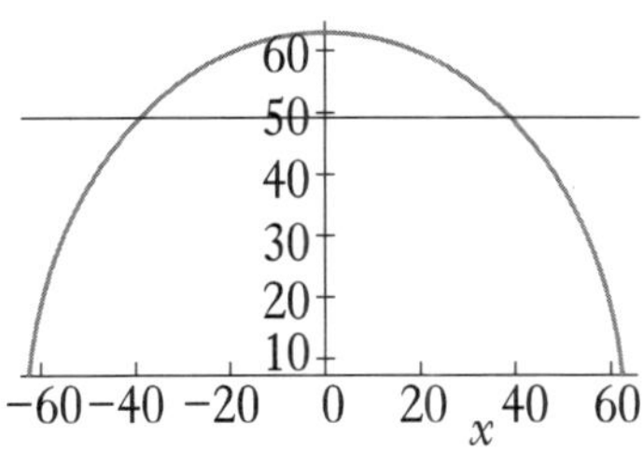

[Figure 2-1] The hutian depicted in <Problem 1-36> of *Jiuzhang suanshu*

Thus, it becomes evident that there is a considerable discrepancy between the answer provided by *Jiuzhang suanshu*

141) Or, one may use definite integration to derive the same result:

$$A' = \int_{-39.25}^{39.25} \sqrt{62.7964^2 - x^2} - 49.0186\, dx = 738.50557\ bu^2.$$

(2mu $155\frac{56}{81}$ bu^2) and the exact one. In order to evaluate the discrepancy, we will relativize it after Martzloff(1987 : 326-327). He defines the relative error as

$$d=\frac{A'-A}{A'}$$

and points out that d can get a value within the range of $0.045 \leq d \leq 0.25$. Actually, the relative error function shows a curve pattern of monotonic decrease, as is evident from the graph in [Figure 2-2].[142] The relative error in this case turns out to be .13922 or 13.922%.

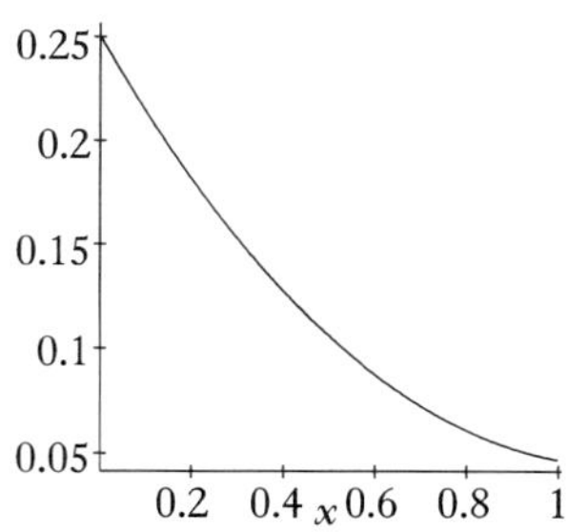

[Figure 2-2] The relative error function

142) The relative error function can be expressed as

$$d=\frac{4\arctan\dfrac{b}{\sqrt{1-(1-b)^2}}-2\sqrt{1-(1-b)^2}-b^2}{4\arctan\dfrac{b}{\sqrt{1-(1-b)^2}}-2\sqrt{1-(1-b)^2}+2b\sqrt{1-(1-b)^2}}$$

where b and c denote, respectively, the arrow and chord of a hushi.

However, even though the approximations generated by the formula turn out to be coarse, it is still noteworthy that the formula implies, as we have already mentioned, a division of hushi into an isosceles triangle and two new hushis whose central angles are just a half of that of the original hushi. If we pursue this division procedure repeatedly, a hushi can be decomposed into a series of consecutively differentiated triangles. Indeed, the same logic is clearly visible in various attempts to get the exact value of π. Zhao Yuhsin 趙友欽 of Yuan dynasty is just one of them who have tried to calculate the areas of a series of regular polygons by summing up the areas of consecutively differentiated isosceles triangles, starting from a square inscribed in a circle. The results obtained by Zhao are as follows (Li Yan, 1936: 157).

<Table 2-1> Zhao Yuhsin's calculation of the areas of a series of regular 2^{i+1}-gons (i=1...7) inscribed in a circle whose radius is equal to 1 and of those of isosceles triangles attached to the areas of regular 2^{i}-gons

i	polygon	area of a 2^{i+1}-gon	area of attached triangles
1	square	2.00	---
2	octagon	2.82842712	.82842712

3	hexadecagon	3.06146602	.2330389
4	32 -gon	3.12144352	.0599775
5	64 -gon	3.13654652	.015103
6	128-gon	3.14033552	.003784
7	256-gon	3.14128742	.0009519

Source: Li Yan(1936 : 157).

For example, if we let the radius of a circle be equal to 1, the exact area of a regular hexadecagon inscribed to it $A'_{16\text{-gon}}$ is calculated as

$$A'_{16-gon} = 2*1 + 2^2*\sqrt{2}\left(1-\frac{1}{\sqrt{2}}\right) + 2^3*\left(\frac{1}{2}\right)*\sqrt{\left(1-\frac{1}{\sqrt{2}}\right)^2+\left(\frac{1}{\sqrt{2}}\right)^2} = 3.06146746.$$

One should not overemphasize here the extent of the computing errors made. Suffice it to say that the logic of approximation underlying the formula of *Jiuzhang suanshu* is analogous to and consistent with the logic involved in the numerous attempts to get the exact value of π such as Zhao's.

The reverse case of the above problems appears in Shaoguang 少廣 chapter and its related section of *nanti* 難題 or 'difficult exercises' in *Suanfa tongzong*「算法統宗」written by Cheng Dawei 程大位 of Ming dynasty.[143] Whereas the problems in *Jiuzhang suanshu* ask us to find out the area of a hushi--and hence sometimes the diameter of the circle extended from it as well--on the basis of the values of arrow and chord, this problem asks us to derive the values of the chord and of the arrow from those of the diameter and the area.

There is a circular field whose diameter is 26 bu. Now a hushi is cut down along one side, and its area turns out to be 128 bu^2. What is the size of the chord and the arrow of the cut-down patch? Answer : The arrow is 8 bu, and the chord is 24 bu.

Since this problem involves much more difficult computations than the former ones, we will approach it first from the vantage point of today's analytic geometry. For the sake of simplification, let us set the center of the circle extended from the hushi on the origin point of the coordinate space, make its chord run parallel to the x-axis, and denote the distance between the chord and the origin point by a. Then, the area of the hushi can be expressed as

143) Cf. *Suanfa tongzong*, p. 328; Jing Yushu(1994), Vol. II, p. 2235.

$$f(a)=\int_{-\sqrt{13^2-a^2}}^{\sqrt{13^2-a^2}}\sqrt{13^2-x^2}-a\ dx,$$

and the graph of this function takes the form of the curve displayed in [Figure 2-3].

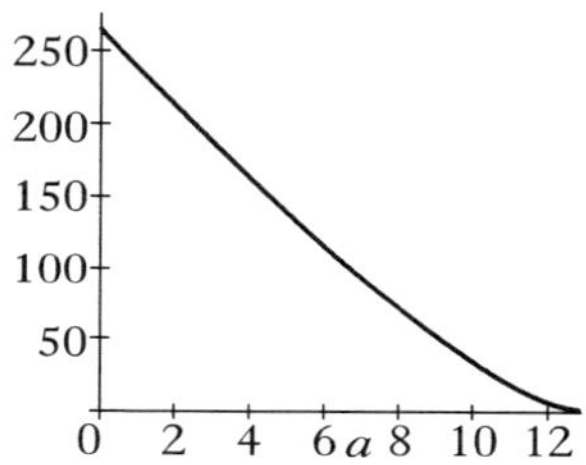

[Figure 2-3] The graph of $f(a)=\int_{-\sqrt{13^2-a^2}}^{\sqrt{13^2-a^2}}\sqrt{13^2-x^2}-a\ dx$

From the graph, it is quite evident that the function shows a pattern of monotonic decrease, and the value of a corresponding to $f(a)$=128 turns out to be 5.4514. Thus, the arrow, 13- a, is 7.5486, and the chord is 23.603579, both of which differ slightly from the numbers presented in the answer. The hushi figure reconstructed on the basis of these results looks like the diagram in [Figure 2-4].

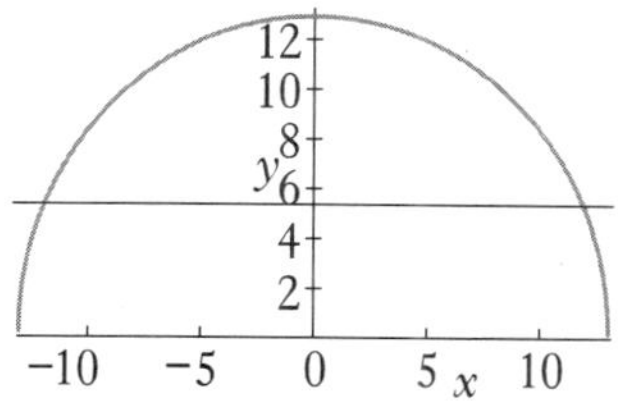

[Figure 2-4] Hushi figure reconstructed on the basis of the values of diameter and of area for the problem in *Suanfa tongzong*

In its original form, this problem seems to show that a semicircle whose radius is 13 bu is divided into two parts whose areas are almost equal--if we take 3 as a value of π, 128 bu^2 and 125.5 bu^2, respectively--when it is cut by a chord which is distanced by 5 bu from its diameter. However, at least for the moment we are more concerned with the way of calculation adopted by *Suanfa tongzong* than with the implications of its results. It turns out that the calculation procedure used by *Suanfa tongzong* to solve the problem incorporates a quartic equation in the following form:

$$-5x^4+104x^3+512x^2-65536$$
$$=(x-8)(-5x^3+64x^2+1024x+8192)=0.$$

Actually this procedure is typical of Yang Hui 楊輝 and Liu Yi 劉益, and also reveals characteristic features of the geyuanshu 割圓術 of Sung and Yuan dynasties. So it seems apposite to review several formulas developed by hushilun theorists.144) As for the hushi-formula of *Jiuzhang suanshu*, it is not necessary to reiterate any longer. Shen Gua 沈括 of Sung dynasty presents in his *Mengqi bitan*「夢溪筆談」formulas to obtain the lengths of a chord or of an arc of a hushi--under the name of *huiyuanshu* 會圓術--as follows:

$$c=2\sqrt{\left(\frac{d}{2}\right)^2-\left(\frac{d}{2}-b\right)^2},$$

$$a=\frac{2\,b^2}{d}+c,$$

where a and d denote, respectively, the arc of a hushi and the diameter of the circle extended from the arc. Meanwhile, Yang Hui expresses the chord and diameter as

$$c=\frac{2A}{b}-b$$

and

$$d=\frac{\left(\frac{c}{2}\right)^2}{b}+b$$

in his *Xiangjie jiuzhang suanfa*「詳解九章算法」. These equations are none other than the reformulated versions of A-equation of *Jiuzhang suanshu* and of Shen Gua's c-equation, and both can be easily transformed into a quartic equation:

144) Cf. Li Yan(1965), pp. 143-144.

$$-5\ b^4+4d\ b^3+4A\ b^2-\ (2A)^2=0.$$

This equation implies that once d and A--i.e., the diameter and area of a hushi--is known, we may be able to get the value of b--hence, of course, that of the chord as well--by solving it. And this is exactly what the above solution technique tries to achieve. However, as the graph in [Figure 2-5] clearly shows,

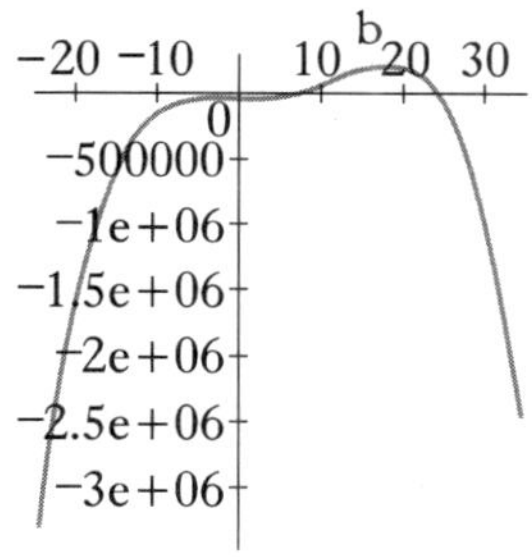

[Figure 2-5] The graph of $f(b)=-5\ b^4+104\ b^3+512\ b^2-65536$

this particular equation $f(b)=-5b^4+104b^3+512b^2-65536=0$ appears to have two roots: not only the so-called zhenggen 正根 or right root 8 but also 24.11185944. This new value 24.11 is, of course, quite absurd, however, it is still one of the logical end results of the above Chinese procedure. We can not make sure whether Yang Hui or Cheng Dawei ever realized the existence of such an additional answer. After all, this exercise clearly exemplifies that their formula can sometimes lead to an erroneous approximation.

Finally, one should also note that Chinese mathematicians conventionally treat meitian(K. mijeon) 眉田 or eyebrow-shaped field,[145] niujiaotian(K. wugakjeon) 牛角田 or horn-shaped field and similar figures as curved or bent triangles, but not as variants of hushi. In *Wucao suanjing*「五曹算經」, even a hushi appears to be treated in such a way.

3. Presentation of Hushilun in the Mathematical Textbooks of Joseon Dynasty

Now that we have surveyed hushilun in Chinese mathematics, it will be our next step to examine how it tends to be received and appropriated by Joseon-dynasty mathematicians in Korea. Among currently ascertainable works of traditional mathematics, Kyeong Seonjing(1616-?) 慶善徵's Mooksajipsanbeop「默思集算法」appears to be the first that has dealt with hushi-related problems. In his book, we can find out the following problems:

There is a hushitian(K. hoshijeon) whose chord is 40 bu, and whose arrow is 8 bu. What is the area? **Answer** : 8 fen.

According to the rule for solution, add the chord and the arrow, and divide the sum 48 bu by 2, then the outcome will be

145) This type of crescent-shaped figure is commonly called a lune.

24 bu. Again, multiply it by the arrow 8 bu, then the outcome 192 bu is taken as a tentative answer. Divided by mufa, it will make the answer.

There is a banyuetian(K. banwoljeon) 半月田 or half-moon-shaped field whose chord is 28 bu, and whose arrow is 14 bu. What is the area? **Answer**: 1 mu 2 fen $2\frac{1}{2}$ li.

According to the rule for solution, add the chord and the arrow, then the sum will be 42 bu. Multiply it by the arrow 14 bu, and divide the outcome by 2, then the resulting 294 bu is taken as a tentative answer. Divided by mufa, it will make the answer. Or alternatively, multiply the chord by the arrow, then the outcome will be 392 bu. Multiply it by $\frac{3}{4}$, then the outcome 294 bu is taken as a tentative answer. Divided by mufa, it will make the answer.[146)]

As these examples clearly indicate, he applies the hushi-formula of *Jiuzhang suanshu* to hushitian and banyuetian. Meanwhile, he treats meitian and niujiaotian as variants of triangle by applying to them the meitian-formula of *Wucao suanjing* and *Suanfa tongzong*. In a sense, his handling of hushi-related problems typifies the level of hushilun throughout Joseon dynasty in that discussions of other later mathematicians are not so different from Kyeong Seonjing's separate treatment of hushitian and

146) Cf. Kim Yong-Woon(1985), Vol. I, pp. 162-164.

meitian problems. Hence, Jo Taegu(1660-1723) 趙泰耉 in his Juseogwangyeon「籌書管見」handles hushitian with the formula of *Jiuzhang suanshu* and meitian with that of *Suanfa tongzong*.[147] Hong Jeongha(1684-?) discusses in his Guiljip「九一集」problems of hushitian, meitian, and niujiaotian(Cf. pp. 40-41.) in the same way.

Under this predominant convention, the only way of contributing to the existing wisdom often appears to identify other, new shapes that can be explained by hushi-formula. One such example could be the case of Bae Sangyeol(1759-?) 裵相說 who regards in his Seogyesoerok「書計瑣錄」a lantian(K. namjeon) 欖田 or olive-shaped field as a figure corresponding to two equal-sized hushitians put together.[148] Yet the authenticity of his argument still remains to be critically scrutinized. Sometimes writers even show signs of regression in understanding the matter. Such aspect of traditional mathematics in Korea may be illustrated by a tendency to consider hushi in terms of semi-circle. For instance, Huangyunseok(1729-1791) 黃胤錫 discusses hushi and niujiaotian in his Sanhakipmun「算學入門」as follows:

A hushi is a semi-circular field.(So, if its arrow is 7 bu, the chord is 14 bu.)

Add the chord and the arrow, also multiply the sum by the

147) Cf. Kim Yong-Woon(1985), Vol. II, pp. 46-47.
148) Cf. Kim Yong-Woon(1985), Vol. IV, pp. 201, 202-205.

arrow, and divide the amount by 2, then the outcome will be the area.(Sum of the chord and the arrow is nothing but the arc. The arrow multiplied by 2 is the chord, which is nothing but the diameter. If it is multiplied by 3, the amount will be the circle. If the amount is divided by 2, we will get the (semicircular) arc. Square it, and divide the amount by 6, then the outcome will be the area [of the hushi]. This is what the old footnote says. Multiply the arrow by 6, then the outcome will be the circle. Square the circle, and divide the amount by 24, then the outcome will be the area of the hushi. Or alternatively, divide it by 12, and again divide the amount by 2, then the outcome will also be the area. Or still alternatively, multiply the arrow and the chord, multiply the sum by 3, and again divide the amount by 4, then the outcome will also be the area.)[149]

Nam Byeonggil(1820-1869) 南秉吉 who reproduces the two hushi problems of *Jiuzhang suanshu* in his Gujangsulhae「九章術解」 attaches to them a comment similar in content to the above.[150]

In general, Korean mathematicians' writing styles appear to be highly convergent, interspersed with so many densely-knit, stereotypical and formularized expressions. For example, the wording for the hushitian-formula in Huang Yunseok's textbook is identical with that in Kyeong Seonjing's. Or, to take just

149) Cf. Kim Yong-Woon(1985), Vol. I, pp. 162-164.
150) Cf. Kim Yong-Woon(1985), Vol. VI, p. 278.

another example, the wording for the hushitian, meitian, and niujiaotian problems in Dongsancho is virtually the same as that for the counterparts in Hong Jeongha's Guiljip. Such resemblance may largely have to do with the magnitude of Chinese influences and the relative smallness of their scholarly community.

4. Conclusion and Discussions

So far we have examined the nature and development of hushilun in China and reviewed Korean discussions of hushi-related problems in Joseon dynasty. The famous hushi-formula of *Jiuzhang suanshu* which implies consecutive subdivision of a hushi into an isosceles triangle and two smaller hushis conceals in it and thus strongly forebodes the reasoning of modern-day calculus. The approach to hushi-related problems using quartic equation made by Sung-dynasty mathematicians may be evaluated as an example of cumulative development that had its origin in the hushi-formula. However, at the same time, it should be recorded as a historical irony that generation after generation the formula of *Jiuzhang suanshu* had made mathematicians pay merely ritualistic tributes to its sway and thus continued to be a sinister impediment to scientific progress.

Meanwhile, our survey of mathematical works of Joseon dynasty shows that their discussions of hushi-related problems had been largely confined within the level of following the prescriptions of Chinese sources, lacking in critical and innovative appropriation efforts. This situation is in sharp contrast with the fact that wasan 和算 or Japanese mathematics had flourished during about the same period, even though their start was far belated. We feel further research is needed to investigate the historical causes--including social and economic ones--that had yielded such an intellectual paucity.

References

Anonymous, Dongsancho「東算抄」, Kim Yong-Woon ed., Hangukgwahakgisulsadaugye: Suhakpyeon, Vol. VIII (Yeogangchulpansa, 1985).

Bae Sangyeol 裵相說, Seogyesoerok「書計瑣錄」, Kim Yong-Woon ed., Hangukgwahakgisulsadaugye: Suhakpyeon, Vol. IV(Yeogangchulpansa, 1985).

Cheng Dawei 程大位, *Suanfa tongzong*「算法統宗」.

Hong Jeongha 洪正夏, Guiljip「九一集」, Hangukgwahaksahakhoi ed. (Seongshin Women's University Press, 1983).

Huang Yunseok 黃胤錫, Sanhakipmun「算學入門」.

Jing Yushu 靖玉樹 ed., *Zhongguo lidai suanxue jicheng*「中國歷代算學集成」, 3 vols. (Shandong Renmin Chubanshe, 1997).

Jiuzhang suanshu「九章算術」.

Jo Taegu 趙泰耉, Juseogwangyeon「籌書管見」, Kim Yong-Woon ed., Hangukgwahakgisulsadaugye: Suhakpyeon, Vol. II (Yeogangchulpansa, 1985).

Kim Yong-Woon 金容雲 ed., Hangukgwahakgisulsadaugye: Suhakpyeon「韓國科學技術史資料 大系: 數學篇」, 10 vols. (Yeogangchulpansa, 1985).

Kyeong Seonjing 慶善徵, Mooksajipsanbeop「默思集算法」.

Li Yan 李儼, *Zhongsuanshi luncong*「中算史論叢」(Shangwu Yinshuguan, 1936).

------, *Zhongguo suanxue shi*「中國算學史」(Taiwan Shangwu

Yinshuguan, 1965[1937]).

Martzloff, Jean-Claude, *A History of Chinese Mathematics* (New York : Springer, 1987).

Nam Byeonggil 南秉吉, Gujangsulhae「九章術解」.

Needham, Joseph, *Science and Civilisation in China*, vol. 3 : *Mathematics and the Sciences of the Heavens and the Earth* (Cambridge: Cambridge University Press, 1959).

Ren Jiyu/Guo Shuchun 任繼愈/郭書春 eds., *Zhongguo kexue jishu dianji tonghui : shuxue juan*「中國科學技術典籍通彙」, 數學卷(Henan Jiaoyu Chubanshe, 1993).

Shen Gua 沈括, *Mengqi bitan*「夢溪筆談」.

Wucao suanjing「五曹算經」, Ren Jiyu/Guo Shuchun eds., *Zhongguo kexue jishu dianji tonghui : shuxue juan*, Vol. I (Henan Jiaoyu Chubanshe, 1993).

Xiahou Yang suanjing「夏侯陽算經」, Ren Jiyu/Guo Shuchun eds., *Zhongguo kexue jishu dianji tonghui: shuxue juan*, Vol. I (Henan Jiaoyu Chubanshe, 1993).

Yang Hui 楊輝, *Xiangjie jiuzhang suanfa*「詳解九章算法」, Ren Jiyu/Guo Shuchun eds., *Zhongguo kexue jishu dianji tonghui: shuxue juan*, Vol. I (Henan Jiaoyu Chubanshe, 1993).

주비산경 周髀算經

조상 주(趙爽 注)

조상의 『주비산경』 서문

높고 크기로는 하늘보다 더 큰 것이 없고, 두텁고 넓기로는 땅보다 더 넓은 것이 없다. 그것들의 부피는 어마어마하고 아스라하며, 그것들의 모습은 넓게 펼쳐져 있으면서도 그윽히 맑기만 하다. 천체들로써 그것들의 진퇴를 살필 수도 있겠으나, 너무나 크고 멀기만 하여 제대로 포착할 수가 없고, 해 그림자를 재는 도구와 천구의로써 그것들의 장단을 가늠할 수도 있겠으나, 너무나 거창하여 측정할 수가 없다. 비록 그 조화를 알고자 하여 정신을 다 쏟아 봤자, 그 오묘함은 이루 다 헤아릴 수가 없으며, 감감한 것을 찾아내고 감춰진 것을 들춰내 봤자, 그 정미함은 다 알 수가 없다.

그래서 이상한 이론들이 대두되고, 의아스러운 원리들이 제기되어, 마침내 혼천과 개천이 생겨났다. 그 둘을 함께 고찰하면, 천지의 길 사이의 간격을 메워 천지의 깊이를 드러내 줄 것이다. 혼천에 관해서는 「영헌」의 글이 있으며, 개천에 관해서는 「주비」의 방법이 있으니, 누대에 걸쳐서 그것들을 보존하고, 해당 관청에서 그것들을 소장하는 것은 "삼가 넓은 하늘을 따르고 공경히 백성들에게 계절을 부여하려는" 때문이다.

재주가 보잘 것 없고 학식도 짧은 나로서는 그저 이웃한 높은 산을 바라보며 그 그림자가 지나가는 궤적이나 살피는 격이다. 땔감을 지면서 보낸 며칠동안 무심코 「주비」를 보았더니, 그 논지가 간결하면서도 원대하고 그 말이 곡진하면서도 정확하기에, 장차 버려져 이해하기 어려워져서, 하늘을 논하는 자가 이로부터 얻을 것이 없어질까 봐 두려웠다. 따라서 나는 즉시 본문에 맞춰 그림을 만들었는데, 나의 진정한 바램은 겹겹이 쌓인 높은 담을 허물고 그 안의 집들의 오묘함을 드러내게 하려는 것이다. 박식하신 분들께서 어서 이에 대해 널리 관심을 가져주기만을 바랄 뿐이다.

周髀算經序

趙君卿[151] 撰

夫高而大者莫大於天, 厚而廣者莫廣於地. 體恢洪而廓落, 形脩廣而幽淸. 可以玄象課其進退, 然而宏遠不可指掌也. 可以晷[152]儀驗其長短, 然其巨闊不可度量也. 雖窮神知化不能極其妙, 探賾[153]索隱[154]不能盡其微. 是以詭異之說出, 則兩端之理生, 遂有渾天, 蓋天[155], 兼而並之. 故能彌綸天地之道, 有以見天地之賾, 則渾天有靈憲[156]之文, 蓋天有周髀之法. 累代存之, 官司是掌. 所以欽若昊天, 恭授民時. 爽以暗蔽, 才學淺昧. 鄰高山之仰止, 慕景行之軌轍. 負薪餘日, 聊觀周髀. 其旨約而遠, 其言曲而中. 將恐廢替, 濡滯不通, 使談天者無所取則. 輒依經爲圖, 誠冀頹毁重仞[157]之牆, 披露堂室之奧. 庶博物君子時迥[158]思焉.

---

151) 자(字)는 상(爽)이며, 이적(李籍)의 「주비음의」(周髀音義)에서도 "어느 시대 사람인지 모르겠다"(不詳何代人)고 했으나, 대체로 3세기경의 인물로 추정된다.

152) "귀"(晷)는 해 그림자(日影也)를 가리킨다.

153) "색"(賾)은 "함축"을 가리키며, 따라서, "탐색"(探賾)은 "함축을 찾으면, (그것에) 도달할 수 있다"(含蓄者,探之可及)는 뜻으로서, 「주역」 계사전 상(周易 繫辭傳 上)에 나오는 말이다. 유휘(劉徽)의 「구장산술」(九章算術) 서문에도 인용된 것을 볼 수 있다.

154) "색은"(索隱)은 "감춰진 것은 찾으면, 얻을 수 있다"(隱匿者,索之可得)는 뜻으로서, "탐색"(探賾)과 더불어 「주역」 계사전 상에 나오는 말이다.

155) "개천설"에 관해서는 양웅(楊雄), 「법언」 중려편(法言 重黎篇)과 「진서」 천문지(晉書 天文志)를 참조할 것.

156) 「혼천의」(渾天儀)와 더불어 후한의 장형(張衡, 78-139)이 남긴 혼천설의 고전.

157) "인"(仞)은 여덟 자(八尺) 되는 길이를 가리킨다.

158) "형"(迥)은 "멀다"(遠也)는 뜻이다.

주비산경 상권

상권 (1)

전에 주공(周公)이 상고(商高)에게 묻기를, "대부가 수에 능하다는 말을 내 들었다. 청컨대, 옛날에 포희(包犧)가 하늘 둘레의 역도(曆度)를 세운 것에 대해 묻고자 하노라. 하늘은 계단을 밟아 오를 수가 없고, 땅은 자를 얻어 잴 수가 없다. 청컨대, 그 수들이 어디서 나왔는지 묻고자 한다"고 했다.

상고가 말하기를, "그 수들의 법은 원과 정사각형으로부터 나왔는데, 원은 정사각형으로부터 나오고, 정사각형은 곡척(曲尺)으로부터 나오며, 곡척은 $9 \times 9 = 81$(즉, 구구단)로부터 나온 것이다.

그러므로 곡척을 접어서 밑변의 폭을 3, 높이의 길이를 4로 하면 지름은 빗변 5가 된다. 그 정사각형의 한 변으로 곡척을 반으로 나눠서, 둘레를 그려 바탕을 함께 하면 3 : 4 : 5가 되고, 두 곡척의 곱은 25가 되는데, 이것을 가리켜서 '곡척의 넓이(積矩)'라고 일컫는다. 그러므로 우 임금이 천하를 다스린 데서 이 수들이 생겨난 것이다"라고 했다.

周髀算經卷上

卷上之一

昔者周公問於商高曰, 竊聞乎大夫善數也, 請問古者包犧[159]立周天曆度, 夫天不可階而升, 地不可得尺寸而度, 請問數安從出? 商高曰, 數之法出於圓方. 圓出於方, 方出於矩, 矩出於九九八十一. 故折矩以爲句廣三, 股脩四, 徑隅五. 旣方其外, 半之一矩, 環而共盤, 得成三四五. 兩矩共長二十有五, 是謂積矩. 故禹之所以治天下者, 此數之所生也.

<句股圓方圖>

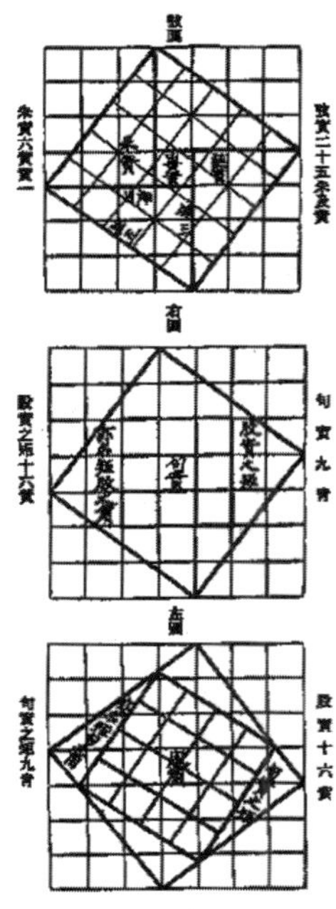

직각삼각형, 원 및 정사각형의 그림

1) 밑변과 높이의 각각의 제곱을 더하면, 빗변의 몫(넓이)이 되는데, 그것의 제곱근을 구하면, 곧 빗변이 된다.

주해 1.1 "빗변 그림"(弦圖), "오른쪽 그림"(右圖), "왼쪽 그림"(左圖)의 셋으로 이루어진 이 "구고원방도"와 관련해서 조상(趙爽)은 다음과 같은 일련의 주를 덧붙이고 있다. 이것들은 구고술 내지 피타고라스 정리에 대한 고대 중국의 이해 정도를 과시하는 것으

159) 복희(伏羲)로도 불리는 전설적인 인물로서 결승(結繩), 구구(九九), 컴퍼스와 곡척(規矩), 팔괘를 만들었다고 전해진다. 즉, 중국문명 초창기의 지배자는 동시에 수학, 기하학, 천문학의 혁신자였던 셈이다.

로 볼 수 있으므로, 이하에서는 다른 주들과 달리 취급하여, 특별히 그 내용을 음미해 보기로 한다. 단, 3:4:5로 예시되어 있는 밑변, 높이, 빗변은 일반적으로 a, b, c 라고 표시하기로 하겠다.

$$\sqrt{a^2+b^2}=\sqrt{c^2}=c.$$

> 句股圓方圖 句股各自乘, 并之爲弦實. 開方除之, 卽弦.

2) "빗변 그림"을 살펴보면, 또한 밑변과 높이를 서로 곱함으로써 붉은 몫(朱實) 둘을 얻는데, 그것을 두 배 하면, 붉은 몫 넷이 된다. 밑변과 높이의 차이를 제곱하면 가운데의 노란 몫(黃實)이 된다. 차이의 몫 1을 더해도, 역시 빗변의 몫이 된다.

주해 1.2 이것은, 붉은 몫 둘이 ab에 해당하고 $b-a=1$이므로,

$$2ab+(b-a)^2=a^2+b^2=c^2$$

이 된다는 것을 가리킨다. 그림과 주석에서 볼 수 있듯이, 기하적인 설명을 위하여 색채까지 활용했다는 것이 주목된다.

> 案弦圖又可以句股相乘爲朱實二, 倍之爲朱實四. 以句股之差自相乘, 爲中黃實. 加差實一, 亦成弦實.

3) 차이의 몫을 빗변의 몫에서 뺀 나머지의 반을 구하고, 차이의 비를 곱해서 제곱근을 구하면, 또다시 밑변이 된다.

주해 1.3

$$\sqrt{\left(\frac{c^2-(b-a)^2}{2}\right)\left(\frac{a}{b}\right)} = \sqrt{\left(\frac{2ab}{2}\right)\left(\frac{a}{b}\right)} = \sqrt{a^2} = a.$$

以差實減弦實, 半其餘. 以差爲從法[160], 開方除之, 復得句矣.

4) 밑변에다 차이를 더하면, 곧 높이가 된다.

주해 1.4 $a+(b-a)=b.$

加差於句卽股.

5) 무릇 밑변과 높이의 몫을 더하면, 곧 빗변의 몫이 된다.

주해 1.5 $a^2+b^2=c^2.$

160) "종법"(從法)을 Cullen(1996: 209)은 "보조 나눗수"(auxiliary divisor)라고 옮기고 있다.

凡幷句股之實, 卽成弦 實.

6) 그 각각은 내부의 정사각형일 수도 있고, 외부의 곡척일 수도 있는데, 형체는 비록 변하고 다를 망정, 양은 균등하고 값이 같다. 밑변의 몫의 곡척은 빗변과 높이의 차이를 너비로 삼고 빗변과 높이의 합을 길이로 삼는다.

주해 1.6 $(c-b)(c+b)=c^2-b^2=a^2.$

或方於內, 或矩於外. 形詭而量均, 體殊而數齊. 句實之矩. 以股弦差爲廣, 股弦幷爲袤.

7) 빗변의 몫에서 곡척 밑변의 몫을 빼서, 그 나머지의 제곱근을 구하면, 곧 높이가 된다.

주해 1.7 $\sqrt{c^2-a^2}=\sqrt{b^2}=b.$

減矩句之實於弦實, 開其餘卽股.

8) 양변에 높이를 기준 삼아서 겹치게 하여 곡척 밑변 각의 제곱근을 구하면, 곧 빗변과 높이의 차이가 된다.(그것에다) 높이를 더하면 빗변이 된다.

주해 1.8 이것은,

$$c^2 - b^2 = a^2 = 2b(c-b) + (c-b)^2$$

라는 관계에서 볼 수 있듯이, 곡척의 겹쳐진 부분, 즉 $(c-b)^2$의 제곱근이 $c-b$라는 것을 가리킨다.

> 倍股在兩邊爲從法, 開矩句之角卽股弦差. 加股 爲弦.

9) 밑변의 몫을 (빗변과 높이의) 차이로 나누면, 높이와 빗변의 합이 된다.

주해 1.9 $\dfrac{a^2}{c-b} = \dfrac{c^2 - b^2}{c-b} = c + b.$

> 以差除句實得股弦幷.

10) 밑변의 몫을 (높이와 빗변의) 합으로 나누면, 또한 빗변과 높이의 차이가 된다.

주해 1.10 $\dfrac{a^2}{c+b} = \dfrac{c^2 - b^2}{c+b} = c - b.$

以幷除句實, 亦得股弦差.

11) (높이와 빗변의) 합을 제곱하여 밑변의 몫에 더해서 나뉨수로 삼고, 합을 두 배 하여 나눗수로 삼을 때, 얻어지는 것도 또한 빗변이다.

주해 1.11

$$\frac{(c+b)^2 + a^2}{2(c+b)} = \frac{(c+b)^2 + c^2 - b^2}{2(c+b)} = \frac{2c^2 + 2bc}{2(c+b)} = \frac{2c(c+b)}{2(c+b)} = c.$$

令幷自乘與句實爲實. 倍幷爲法. 所得亦弦.

12) 합의 제곱에서 밑변의 몫을 뺀 것에다 나눗수를 덧붙이면 높이가 된다.

주해 1.12 $$\frac{(c+b)^2-a^2}{2(c+b)}=\frac{(c+b)^2-c^2+b^2}{2(c+b)}$$
$$=\frac{2b^2+2bc}{2(c+b)}=\frac{2b(c+b)}{2(c+b)}=b.$$

句實減幷自乘, 加法爲股.

13) 높이의 몫의 곡척은 밑변과 빗변의 차이가 너비가 되고, 밑변과 빗변의 합이 길이가 되는데, 밑변의 몫은 그것으로 휩싸인 정사각형이 된다. 빗변의 몫에서 높이의 몫을 뺀 나머지의 제곱근을 구하면 곧 밑변이 된다. 양변에 밑변을 기준 삼아서 겹치게 하여 곡척 높이 각의 제곱근을 구하면, 곧 빗변과 밑변의 차이가 된다.(그것에다) 밑변을 더하면 빗변이 된다. 높이의 몫을 (빗변과 밑변의) 차이로 나누면, 밑변와 빗변의 합이 된다. 높이의 몫을 (밑변과 빗변의) 합으로 나누면, 또한 빗변과 밑변의 차이가 된다. (밑변과 빗변의) 합을 제곱하여 높이의 몫에 더해서 나뉨수로 삼고, 합을 두 배 하여 나눗수로 삼을 때, 얻어지는 것도 또한 빗변이다. 합의 제곱에서 높이의 몫을 뺀 것에다 나눗수를 덧붙이면 밑변이 된다.

주해 1.13 이 부분에 대해서는, 앞서 6)-12)까지의 논의에 비추어 보면 되기 때문에, 불필요한 중복을 피하기 위하여 풀이를 생략한다.

> 股實之矩以句弦差爲廣, 句弦幷爲袤. 而句實方其裏. 減矩股之實於弦實, 開其餘卽句. 倍句在兩邊爲從法, 開矩股之角卽句弦差. 加句爲弦. 以差除股實得句弦幷. 以幷除股實,亦得句弦差. 令幷自乘與股實爲實. 倍幷爲法. 所得亦弦. 股實減幷自乘, 加法爲句.

14) (각각 빗변에서 밑변, 빗변에서 높이를 뺀) 두 차이를 서로 곱하고, 두 배 하여 제곱근을 구한 것에다 빗변에서 높이를 뺀 것을 더하면, 밑변이 되고, 빗변에서 밑변을 뺀 것을 더하면, 높이가 되며, 두 차이를 더하면, 빗변이 된다.

주해 1.14 이것은

$$\sqrt{2(c-a)(c-b)}+(c-b)=a$$
$$\sqrt{2(c-a)(c-b)}+(c-a)=b$$
$$\sqrt{2(c-a)(c-b)}+(c-a)+(c-b)=c$$

라는 공식으로 나타낼 수 있다. 다시 말해서,

$$\sqrt{2(c-a)(c-b)}=a+b-c$$

라는 것이다(cf. Martzloff, 1987 : 127). 이 식의 양변을 제곱하면,

$$\begin{aligned}2(c-a)(c-b) &= (a+b-c)^2\\ &= ((c-b)-a)^2\\ &= (c-b)^2-2a(c-b)+a^2\end{aligned}$$

이 되는데, 이 때, 좌변을 우변으로 이동시키면,

$$(c-b)(c-b-2a-2c+2a)+a^2$$
$$=a^2-(c-b)(c+b)=a^2+b^2-c^2=0$$

이 되는 것을 알 수 있다.

兩差相乘, 倍而開之, 所得, 以股弦差增之爲句,以句弦差增之爲股,兩差增之爲弦.

15) 빗변의 몫을 두 배 한 것에 밑변과 높이의 차이의 몫을 놓으면(즉, 빼면), (밑변과 높이의) 합의 몫이 된다는 것은, 그림으로 살펴보면, 빗변의 몫의 두 배가 바깥의 큰 정사각형을 채우고도 노란 몫만큼 남는다는 것으로 드러난다. 노란 몫만큼 남는 것은 곧 밑변과 높이의 차이의 몫이다. (빗변의 몫을 두 배한 것에서 밑변과 높이의) 차이의 몫을 빼면, 바깥의 큰 정사각형이 된다. 바깥의 큰 정사각형의 한 변은 곧 밑변과 높이의 합이다.

주해 1.15 여기서 말하는 그림은 일단 "빗변 그림"을 가리킨다고 보면 좋을 것인데, 노란 몫과 바깥의 큰 정사각형은 각각 $(b-a)^2$과 $(a+b)^2$에 해당하므로,

$$\sqrt{2c^2-(b-a)^2}=\sqrt{2(a^2+b^2)-(b-a)^2}$$
$$=\sqrt{(a+b)^2}=a+b$$

라는 관계가 성립된다는 것을 알 수 있다.

> 倍弦實列句股差實見幷實者, 以圖考之, 倍弦實滿外大方而多黃實. 黃實之多, 卽句股差實. 以差實減之, 開其餘, 得外大方. 大方之面卽句股幷.

16) (밑변과 높이의) 합을 제곱하여 빗변의 몫을 두 배 한 것으로부터 뺀 나머지의 제곱근을 구하면, 가운데 노란 정사각형을 얻는다. 노란 정사각형의 한 변은 곧 밑변과 높이의 차이이다.

주해 1.16 $\sqrt{2c^2-(a+b)^2}$

$$=\sqrt{2(a^2+b^2)-(a+b)^2}$$
$$=\sqrt{(b-a)^2}=b-a.$$

> 令幷自乘, 倍弦實乃減之. 開其餘, 得中黃方. 黃方之面, 卽句股差.

17) (밑변과 높이의) 합에서 (밑변과 높이의) 차이를 빼서 반으로 나누면, 곧 밑변이 된다.

주해 1.17 $\frac{(a+b)-(b-a)}{2}=\frac{2a}{2}=a.$

以差減幷而半之, 爲句.

18) (밑변과 높이의) 합에다 (밑변과 높이의) 차이를 더해서 반으로 나누면, 곧 높이가 된다.

주해 1.18 $\frac{(a+b)+(b-a)}{2}=\frac{2b}{2}=b.$

加差於幷而半之, 爲股.

19) 빗변을 두 배 한 것을(곡척의) 너비와 길이의 합으로 하고, 밑변이나 높이로 보이는 것을 제곱하여 그 몫으로 삼도록 하면, 그것(즉, 빗변을 두 배 한 것이 한 변인 정사각형)에서 네 몫을 뺀 나머지의 제곱근을 구하여 얻어지는 값은(너비와 길이의) 차이이다.

주해 1.19 이것과 다음에 오는 주석 20)의 의미가 전적으로 명백하다고 하기는 어려워 보인다. 편의상, 한 변이 빗변의 두 배인

정사각형에서 높이가 한 변인 정사각형 네 개를 빼는 경우를 생각해 보기로 한다면, 이 공식은 아마도

$$(2c)^2 - 4b^2 = 4 \cdot 2b(c-b) + 4(c-b)^2$$

으로 정리될 수 있는 관계를 가리키는 듯하다.

其倍弦爲廣袤合. 令句股見者自乘, 爲其實. 四實以減之, 開其餘, 所得爲差.

20) (너비와 길이의) 합에서(너비와 길이의) 차이를 뺀 나머지를 반으로 나누면, 너비가 된다. 빗변으로부터 너비를 뺀 것이 곧 구하려는 것이다.

주해 1.20 마지막으로 빗변을 한 변으로 하는 정사각형 속에 높이를 한 변으로 하는 정사각형을 내접시킨 "왼쪽 그림"에 주목해 보기로 하자. 이 경우에는 빗변의 길이 5를 $x:(5-x)$로 내분하는 값 x를 구할 필요가 있는데, 그 값은 다음과 같이 계산된다.

$$x^2 + (5-x)^2 = 4^2$$

$$2x^2 - 10x + 9 = 0$$

$$\therefore x = 1.177124344,\ 3.822875656.$$

즉, 빗변을 한 변으로 하는 정사각형의 각 변을 1.177 : 3.823으로 내분했을 때, 밑변을 한 변으로 하는 정사각형의 넓이--또는 밑변의 몫--가 9가 되는 것이다.

> 以差減合, 半其餘爲廣. 減廣於弦, 卽所求也.

주공은 "그대는 그 수들에 대해서 참으로 거창하게도 말하니, 청컨대, 곡척 사용법을 묻겠노라"고 했다.

상고는 "곡척을 수평되게 하면 실을 바르게 하고, 곡척을 눕히면 높이를 바라볼 수 있고, 곡척을 뒤집으면 깊이를 잴 수 있고, 곡척을 모로 누이면 원을 알고, 곡척을 돌리면 원이 되고, 곡척을 합치면 정사각형이 된다.

정사각형은 땅에 속하고, 원은 하늘에 속하는데, 하늘은 둥글고, 땅은 반듯하(기 때문이)다. 정사각형의 수가 기본이고, 원은 정사각형으로부터 나오며, 하늘은 삿갓처럼 그리면 된다. 하늘은 푸르고 검으며, 땅은 노랗고 붉으며, 하늘의 수는 삿갓을 이루는데, 푸르고 검은 쪽은 겉, 붉고 누런 쪽은 속으로 하여 천지의 위치를 헤아린다.

그리하여 땅을 아는 자는 지혜롭고, 하늘을 아는 자는 성스럽다. 지혜는 밑변에서 나오고, 밑변은 곡척으로부터 나온다. 그것을 곡척으로 재서 수치화하는 것은 만물을 통제하는 것일 따름입니다"라고 했다.

주공은 "좋다!"고 했다.

周公曰, 大哉, 言數, 請問用矩之道?
商高曰, 平矩以正繩, 偃矩以望高, 覆矩以測深, 臥矩以知遠, 環矩以爲圓, 合矩以爲方.
方屬地, 圓屬天, 天圓地方. 方數爲典, 以方出圓. 笠以寫天. 天青黑,地黃赤. 天數之爲笠也, 青黑爲表, 丹黃爲裏, 以象天地之位.
是故知地者智, 知天者聖. 智出於句, 句出於矩. 夫矩之於數, 其裁制萬物, 唯所爲耳.
周公曰, 善哉!

상권(2)

하루는 영방(榮方)이 진자(陳子)에게 묻기를, "내가 이제 들으니, 선생의 도는 해의 높이와 크기, 빛이 비치는 범위, 하루해의 운행, 그 멀고 가까운 거리, 사람들이 바라보는 범위, 네 극지까지의 거리, 뭇 별자리, 천지의 크기를 안다고 한다. 선생의 도가 그것들을 모두 알고 있다는 것이 사실인가?"라고 했다.

진자는 "그렇다"고 했다.

영방은 “내 비록 영민하지는 못하나, 선생이 그것들을 설명해 주기를 원한다. 오늘 그대가 내게 이 도를 가르쳐 줄 수 있겠는가?”고 했다.

진자는 “그러지요. 이 모두는 산술로 얻을 수 있는 바이니, 그대의 산술 능력, 만약 성실히 이에 대해 반복해서 생각하게 되면, 이것들을 깨우치는 데 충분하리라”고 했다.

영방은 이 말을 듣고 돌아가서 며칠씩이나 그에 대해 생각했으나 이해가 되지 않자, 다시 진자를 만나 “내가 그에 대해 생각해 봤지만 이해가 되지 않으니, 감히 그것을 묻기를 청하오.”라고 했다.

진자는 말하기를, “그것들을 생각했다고는 하나 충분치 않으므로, 이것이 또한 거리를 조사하고 높이에 오르는 방법일지라도 그대가 알 수 없는 것이다. 그대가 수와 관련된 범주들에 통달하지 못하므로, 이것이 바로 ‘아는 바도 부족하고 정신도 충분치 못하다’는 경우이다. 도술 가운데에서는 진술이 간략하면서도 응용범위가 넓은 것이 이해의 범주들을 가장 잘 밝혀준다. 하나를 물어 만사에 통달하면 ‘도를 깨우쳤다’(知道)고 불릴 만하다. 이제 그대는 산수라는 학문을 배우려고 하며, 이것은 지식의 활용을 요구하는데, 여전히 어려움이 있으니, 이는 범주들에 대한 그대의 이해가 단순한 때문이다. 도술을 깨우치기 어려운 까닭은 이미 배웠더라도 박식하지 못함을 염려해야 되고, 박식하더라도 연습 부족을 염려해야 되며, 연습을 해도 이해력의 부족을 염려해야 되기 때문이다. 그러므로 서로 비교하여 같은 방법을 배우고, 서로 비교하여 같은 현상을 알아내는 것이 바로 뭇 선비들 사이에 우매한 자와 깨우친 자, 현명한 자와 못난 자를 구별짓는 것이다. 그러므로 범주들을 합함으로써 범주들을 다뤄내는 능력이야말로 현명한 자의 학업이 정미해지고, 학습이 지혜롭게 되는 특질이다. 같은 학업을 배우고도 그것의 정신에 도달하지 못하는 것은 바로 미련한 자가 지혜롭지 못하여 정미하게 학습할 수 없음을 가리킨다. 따라서 그대의 산술 학습이 정미하지 못한 것이 어찌 내가 도로써 그대를 미혹시킨 때문이겠는가? 오직 다시 그것만을 열심히 생각하시오."라고 했다. 영방은 다시 돌아가서 며칠동안 그에 대해 생각했으나 알 수 없었으므로, 또다시 진자를 만나 "내가 그에 대해 열심히 따져 봤지만 아는 바에 진전이 없고 정신은 막혀버려서, 이해에 도달할 수가 없다. 마침내 그것을 설명해 주기를 청하오."라고 했다.

진자는 "다시 앉으시오. 내가 그대에게 이것에 대해 얘기해 주겠노라."고 했다. 영방은 다시 앉아서 청했다.

진자는 그것을 설명하여 말하기를, "하지에는 남방 16,000리에 이르고, 동지에는 남방 135,000리에 이른다. 해가 남중할 때 막대를 세워서 그림자를 측정하는 것, 이 한 가지가 바로 '천도의 수'이다.

주비(周髀)는 길이가 8자인데, 하지 때의 해 그림자는 1자 6치이다. 비(髀)는 높이이고 정오의 그림자는 밑변이다. 정남향으로 천리 밖에서는 밑변이 1자 5치이고, 정북향으로 천리 밖에서는 밑변이 1자 7치이다. 해가 점차 남쪽으로 기울어지면, 그림자가 길어진다.

밑변이 6자가 될 때를 기다려서, 즉, 구멍의 지름이 1치이고 길이가 8자인 대나무를 취하여, 햇빛을 포착하고, 구멍이 해를 정확히 에워싸는 것을 관찰하면, 해는 빈 구멍에 맞게 될 것이다. 이러한 관찰 비율 80치로부터 지름 1치를 얻는다. 그러므로 밑변에서 시작하여 막대를 높이로 삼는다. 막대로부터 해 바로 밑까지 6만리를 가면 막대의 그림자가 생기지 않는다. 이 지점으로부터 위로 해까지는 곧 8만리이다. 만약 해 아래를 밑변, 해의 높이를 높이로 삼아서, 해까지 이르는 빗변을 구한다고 하자. 밑변과 높이를 각각 제곱하여 합한 다음, 그것의 제곱근을 구하면, 막대가 있는 곳으로부터 해가 있는 곳까지 잇는 빗변은 10만리가 되는데, 80리에 대해 지름 1리를 얻는 비율로써 그것의 비례를 구하면, 10만리에 대해서는 1,250리가 된다. 그러므로 해의 지름은 1,250리이다."라고 했다.

주해 2.1 대나무 통을 이용하여 해의 지름을 구하는 법에 대해서는 유휘(劉徽)의 「구장산술」 서문에도 개략적이나마 지적되어 있다. 해 바로 아래의 지점으로부터 6만리 떨어진 관측장소에서 8자짜리 대나무 그림자를 재보니 6자였다면, 해로부터 관측장소까지의 거리는

$$\sqrt{6\text{만리}^2 + 8\text{만리}^2} = 10\text{만리}$$

가 된다. 그런데 그 대나무 통을 태양관측도구로 사용했을 때, 해가 통을 가득 메웠다면, 대통 속의 2등변삼각형을 10만리 높이로 확대시킨 삼각형의 밑변이 바로 해의 지름이 된다. 즉, 해의 지름 x는

$$x = 100,000 \times \frac{1}{80} = 1,250\text{리}$$

가 되는 것이다. 이 내용을 도해하면, [그림 2]와 같다. 물론, 해가 워낙 멀리 떨어져 있으므로 척도를 신축적으로 조정하지 않을 수는 없으나, 이 경우 작은 삼각형의 밑변과 높이가 각각 4자 8치, 6자 4치라는 점만 분명히 하면 충분하리라고 본다.

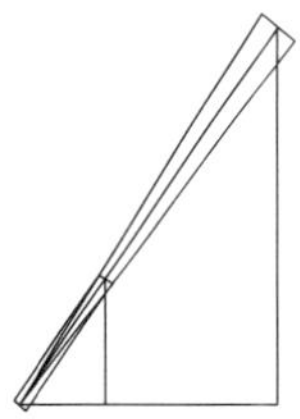

[그림 2] 대나무 통을 이용한 해의 지름 계산

역자가 여기서 진자(陳子)의 실험설계를 굳이 도해하려고 한 것은 이 관찰을 두고 컬른(Cullen, 1996 : 77-80)이 진자가 닮은꼴도 몰랐다는 주장을 펼치고 있기 때문이다.

우리는 그런 사고방식을 단지 순수하게 피크윅적인 의미에 있어서의 '닮은 삼각형 원칙의 적용'이라고 부를 수 있을 뿐이다. 본문에 아무런 언급도 없는데, 그것을 주의 깊게 명명된 유클리드식 도형으로 나타낸다는 것은 아마도 진자가 진짜 하려고 한 말에 대해서 훨씬 더 오해에 빠져들게 하는 길일 것이다.(We can only call such reasoning 'an application of the principle of similar triangles' in a purely Pickwickian sense. To illustrate it by a carefully labelled Euclidean diagram when none is referred to in the text is perhaps only a way of misleading oneself further about what Chen Zi is really up to.)

물론 해의 지름이 1,392,000 km이고 지구로부터 해까지의 평균 거리가 149,600,000km라는 것을 알고 있는 현대인들로서는 해의 지름이 고작 천리 남짓하다는 「주비산경」의 이와 같은 "엉터리" 결과 보고서를 받아들이기가 매우 난처할 것이다. 그러나 눈길을 서양으로 돌려서 고대 그리스의 과학발달사를 살펴보아도 "엉터리"들은 한두 가지에 그치지 않는다. 이를테면, 기원전 5세기의 엠페도클레스(Empedocles)는 달이 해보다 지상으로부터 2배나 멀리 떨어져 있다고 했고, 또 그나 피타고라스 학파의 필로라우스(Philolaus)는 해가 불로 되어 있지 않고, 불빛을 반사하는 투명한 거울에 불과하다는 억지를 부렸던 것이다(cf. Heath, 1991 : 22-23, 35). 이런 점을 감안한다면, "개천설"이라는 기본가정의 오류와 측정오차가 문제일 뿐, 구고술, 닮은꼴을 이용한 비례계산, 광학을 총동원한 진지한 관찰 및 추론 절차만큼은 오히려 오늘날에도 찬사를 보낼 만하다고 여겨진다. 동양의 고대문명이 바로 이런 합리성을 바탕으로 열리고, 또 이뤄졌다는 사실은 보다 심각하게 인식되어야 마땅할 것이다.

卷上之二

昔者榮方問於陳子曰, 今者竊聞夫子之道. 知日之高大, 光之所照, 一日所行, 遠近之數, 人所望見, 四極之窮, 列星之宿, 天地之廣袤. 夫子之道皆能知之. 其信有之乎?

陳子曰, 然.

榮方曰, 方雖不省, 願夫子幸而說之. 今若方者可教此道邪?

陳子曰, 然. 此皆算術之所及. 子之於算, 足以知此矣. 若誠累思之.

於是榮方歸而思之, 數日不能得. 復見陳子曰, 方思之不能得, 敢請問之.

陳子曰, 思之未熟. 此亦望遠起高之術, 而子不能得, 則子之於數, 未能通類. 是智有所不及, 而神有所窮. 夫道術, 言約而用博者, 智類之明. 問一類而以萬事達者, 謂之知道. 今子所學, 算數之術, 是用智矣, 而尙有所難, 是子之智類單. 夫道術所以難通者, 旣學矣, 患其不博. 其博矣, 患其不習. 旣習矣, 患其不能知. 故同術相學, 同事相觀, 此列士之愚智, 賢不肖之所分. 是故能類以合類[161], 此賢者業精習智之質也. 夫學同業而不能入神者, 此不肖無智而業不能精習. 是故算不能精習, 吾豈以道隱子哉. 固復熟思之.

榮方復歸, 思之, 數日不能得. 復見陳子曰, 方思之以精熟矣. 智有所不及, 而神有所窮, 知不能得. 願終請說之. 陳子曰, 復坐, 吾語汝. 於是榮方, 復坐而請.

陳子說之曰, 夏至南萬六千里, 冬至南十三萬五千里, 日中立竿無影. 此一者天道之數.

周髀[162]長八尺, 夏至之日晷一尺六寸. 髀者, 股也. 正晷者, 句也.

---

161) Cullen(1996: 75)도 지적한 바와 같이, "범주들을 종합하기 위해서 구분한다"(類以合類)는 것이야말로 진자의 분석-종합적 접근법(analytic/synthetic approach)을 잘 드러내준다고 할 수 있다.

162) "비"(髀)는 해를 관측하기 위한 막대(따라서, 해시계)를 가리키며, 그것을 구태여 "주비"(周髀)라고 한 것은 전적으로 주공(周公)과 대부 상고(商高)가 복희씨로부터 내려오던 이 관측법을 중시했다고 전하는 이 책 덕분이다. "비"는 영어로는 "gnomon"이라고 불리며, 헤로도투스는 고대 그리스인들이 바빌로니아로부터 그것의 사용법을 배웠다고 전하고 (Herodotus, II, 109), 다른 출처는 아낙시만드로스(Anaximander)가 최초로 그것을 세웠다고 전한다 (Eusebius, *Preparatio evalgelica*, *X*, 14, 11 ; cf. Heath, 1991 : 7).

正南千里, 句一尺五寸. 正北千里, 句一尺七寸. 日益表南, 晷日益長. 候句六尺, 卽取竹, 空徑一寸, 長八尺, 捕影而視之, 空正掩日, 而日應空之孔. 由此觀之, 率八十寸而得徑一寸. 故以句爲首, 以髀爲股. 從髀至日下六萬里而髀無影. 從此以上至日, 則八萬里. 若求邪至日者,以日下爲句, 日高爲股. 句, 股各自乘, 并而開方除之, 得邪至日, 從髀所衺至日所十萬里. 以率率之, 八十里得徑一里. 十萬里得徑千二百五十里. 故曰, 日晷徑千二百五十里.

<日高圖>

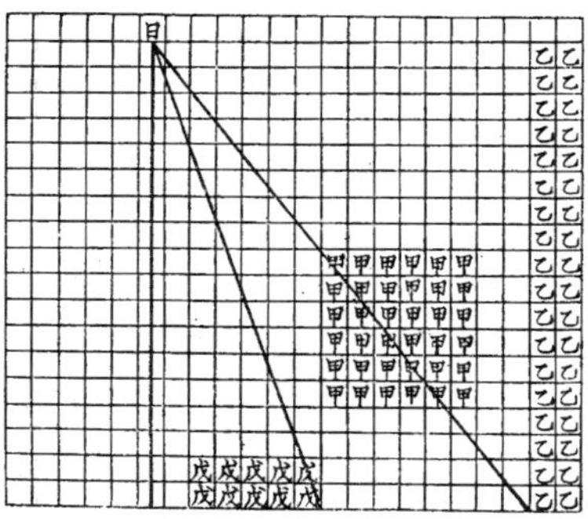

법칙에 따르면, 주비는 길이가 8자이며, 밑변 상의 1치 증감은 천리에 해당한다고 한다.

그러므로 극지점들이 하늘의 가로 세로를 이룬다고 일컫는다.

이제, 높이가 8자인 막대를 세우고 극지점을 바라보아 그 밑변이 1장 3치라면, 이로 미루어 볼 때, 곧 주나라 북방으로부터 극지 밑까지는 10만 3천리이다.

영방은 "주비란 무엇인가?"고 물었다. 진자는 "옛날 천자가 주나라를 다스렸으므로, 이 수는 주나라로부터 바라본 것이다. 그래서 주비라고 부르는데, 비는 막대이다.

해는 하지에 남쪽으로 16,000리, 동지에 남쪽으로 13만 5천리에 있게 되는데, 정오에는 그림자가 안 생긴다. 이로 미루어 볼 때, 남쪽에서 하지의 일중(日中)까지는 11만 9천리이고, 북쪽에서 그 밤중(子正)까지도 역시 같으므로, 무릇 지름이 23만 8천리이며, 이것이 '하지 때 해의 궤도지름'(夏至日道徑)이다. 그 둘레는 71만 4천리이다.

하지의 일중으로부터 동지의 일중까지의 거리는 11만 9천리이고, 북쪽으로 극 아래까지도 역시 같으므로, 극에서 남쪽으로 동지의 일중까지의 거리는 23만 8천리인데, 극에서 북쪽으로 그 밤중까지도 역시 같으므로, 무릇 지름이 47만 6천리로며, 이것이 '동지 때 해의 궤도지름'(冬至日道徑)이다. 그 둘레는 142만 8천리이다.

춘·추분의 일중으로부터 북쪽으로 극 아래까지의 거리는 17만 8,500리이고, 극 아래에서 북쪽으로 그 자정까지의 거리도 역시 같으므로, 무릇 지름이 35만 7천리이며, 그 둘레는 107만 1천리이다.

그러므로 달이 움직이는 길은 언제나 자리(宿)들을 따르고, 해가 움직이는 길도 또한 자리들에 정확히 맞는다고 한다.

남쪽으로 하지의 정오까지, 북쪽으로 동지의 자정까지, 남쪽으로 동지의 정오까지, 북쪽으로 하지의 자정까지는 역시 지름이 35만 7천리이며, 그 둘레는 107만 1천리이다.

춘분 때 낮과 밤이 바뀌는 시점으로부터 추분 때 낮과 밤이 바뀌는 시점까지 극지 아래에는 언제나 햇빛이 비친다. 추분 때 낮과 밤이 바뀌는 시점으로부터 춘분 때 낮과 밤이 바뀌는 시점까지 극지 아래에는 언제나 햇빛이 비치지 않는다. 그러므로 춘·추분 때 낮과 밤이 바뀌는 시점에 햇볕이 쬐는 곳은 극지점까지만 이른다. 이것은 음양이 똑같이 나뉜 것이다.

동지와 하지는 해가 움직이는 길이 가장 늘어나고 줄어든 것이며, 낮과 밤의 장단이 가장 심한 것이다. 춘·추분은 음양이 같아진 때이다. 낮과 밤에 대응되는 현상은 낮이 양이고 밤이 음이다. 춘분에서 추분까지는 낮에 해당되고, 추분에서 춘분까지는 밤에 해당된다.

그러므로 춘·추분 때 정오의 햇빛이 비치는 곳은 북쪽으로 극지 아래까지 이르며, 한밤중의 해가 비치는 곳도 또한 남쪽으로 극지까지 이른다. 이것이 낮과 밤의 갈라지는 시점이다.

그러므로 햇빛은 사방으로 각각 16만 7천리씩 비친다고 한다. 사람들이 바라볼 수 있는 거리도 마땅히 햇빛이 비치는 범위와 같다. 주나라에서 북쪽으로 극지점을 지나 바라볼 수 있는 범위가 6만 4천리, 남쪽으로 동지 정오 지점을 지나 바라볼 수 있는 범위가 3만 2천리이다.

하지 정오의 햇빛은 동지 정오 때의 햇볕보다 남쪽으로 4만 8천리가 더 나아가는데, 남쪽으로는 사람들이 바라볼 수 있는 거리보다 1만 6천리, 북쪽으로는 주나라보다 15만 1천리, 그리고 극지점보다 4만 8천리가 더 나아간다.

동지 자정의 햇빛이 비치는 곳은 남쪽으로 사람의 눈이 미치는 범위보다 7천리가 모자라며, 극지 밑에서 7만 1천리가 모자란다.

하지 정오와 자정의 햇빛은 극지점을 9만 6천리 지나면서 서로 만난다. 동지 정오와 자정의 햇빛이 서로 만나기에는 14만 2천리가 모자라며, 극지점까지는 7만 1천리가 모자란다.

하지 날에 정동・서쪽을 바라보면, 주나라 동・서쪽의 해 밑의 지점으로부터 주나라까지는 59,598 $\frac{1}{2}$ 리이다. 동지 날에는 정동・서쪽으로 해를 볼 수 없으나, 계산상으로 구해보면, 해 밑의 지점으로부터 주나라까지는 214,557 $\frac{1}{2}$ 리이다.

무릇 이 숫자들은 해가 움직이는 길의 늘어나고 줄어드는 것을 가리킨다.

동지・하지에는 조율관의 수를 살피고, 종소리를 듣도록 한다. (이것을) 동지에는 낮에 하고, 하지에는 밤에 한다.

숫자들 간의 차이와 해가 비치는 범위에 비추어 볼 때, 네 극지점의 지름은 81만리이고 둘레는 243만리이다.

주나라로부터 남쪽으로 해가 비치는 곳은 30만 2천리, 주나라로부터 북쪽으로 해가 비치는 곳은 50만 8천리이며, 동서로는 각각 $391,683\frac{1}{2}$ 리이다. 주나라는 하늘 한가운데로부터 남쪽으로 10만 3천리 떨어진 곳에 있으며, 따라서 동서의 길이가 가운데 지름보다 26,632리 남짓 짧다.

주나라 북쪽으로 (해가 비치는 곳은) 50만 8천리이며, 동지 날에는 13만 5천리이다. 동지 때 해가 움직이는 길의 지름은 47만 6천리이고 둘레는 142만 8천리이다. 햇빛이 주나라 주위로 비치는 범위는 동서로 각각 391,683리 남짓이다.

주해 2.2 하지 때의 태양궤도지름(夏至日道徑) : 238,000리 ; 원둘레 : 714,000리.
동지 때의 태양궤도지름(冬至日道徑) : 476,000리 ; 원둘레 : 1,428,000리.

法曰, 周髀長八尺, 句之損益寸千里[163].
故曰極者, 天廣袤也.
今立表高八尺以望極, 其句一丈三寸. 由此觀之, 則從周北十萬三千里而至極下.
榮方曰, 周髀者何? 陳子曰, 古時天子治周, 此數望之從周, 故曰周髀. 髀者, 表也.
日夏至南萬六千里, 日冬至南十三萬五千里, 日中無影. 以此觀之, 從極南至夏至之日中十一萬九千里. 北至其夜半,亦然. 凡徑二十三萬八千里, 此夏至日道之徑也, 其周七十一萬四千里.
從夏至之日中, 至冬至之日中, 十一萬九千里. 北至極下, 亦然 則從極南至冬至之日中二十三萬八千里. 從極北至其夜半, 亦然. 凡徑四十七萬六千里. 此冬至日道徑也, 其周百四十二萬八千里. 從春秋分之日中北至極下十七萬八千五百里. 從極下北至其夜半, 亦然. 凡徑三十五萬七千里, 周一百七萬一千里.

故曰, 月之道常緣宿[164], 日道亦與宿正.

南至夏至之日中, 北至冬至之夜半, 南至冬至之日中, 北至夏至之夜半,亦徑三十五萬七千里, 周一百七萬一千里也.

春分之日夜分以至秋分之日夜分, 極下常有日光. 秋分之日夜分以至春分之日夜分, 極下常無日光. 故春秋分之日夜分之時, 日光所照適至極. 陰陽之分等也.

冬至, 夏至者,日道發斂[165]之所至, 晝夜長短之所極. 春秋分者, 陰陽之脩, 晝夜之象. 晝者陽, 夜者陰. 春分以至秋分, 晝之象. 秋分以至春分,夜之象.

故春秋分之日中光之所照北至極下, 夜半日中光之所照亦南至極. 此日夜分之時也, 故曰, 日照四旁各十六萬七千里. 人所望見, 遠近宜如日光所照. 從周所望見北過極六萬四千里, 南過冬至之日中三萬二千里.

夏至之日中, 光南過冬至之日中四萬八千里, 南過人所望見萬六千里,北過周十五萬一千里, 北過極四萬八千里.

冬至之夜半日光南不至人目所見七千里, 不至極下七萬一千里. 夏至之日中與夜半日光九萬六千里過極相接. 冬至之日中與夜半日光不相及十四萬二千里, 不至極下七萬一千里.

---

163) 해시계의 그림자 1치의 증감이 천리(句之損益寸千里)라는 법칙을 Cullen(1996)은 "1치천리의 그림자법칙"(one *cun* for a thousand *li* shadow rule)이라고 부른다.

164) "연수"(緣宿)는 28수를 가리킨다.

165) "발렴"(發斂)은 나가고 돌아옴(發往斂還也)을 말한다.

夏至之日正東西望, 直周東西日下至周, 五萬九千五百九十八里半. 冬至之日正東西方不見日, 以算求之, 日下至周二十一萬四千五百五十七里半.
凡此數者, 日道之發斂.
冬至, 夏至, 觀律之數, 聽鐘之音. 冬至晝, 夏至夜, 差數所及, 日光所遝觀之, 四極徑八十一萬里, 周二百四十三萬里.
從周南至日照處三十萬二千里, 周北至日照處五十萬八千里, 東西各三十九萬一千六百八十三里半. 周在天中南十萬三千里, 故東西短中徑二萬六千六百三十二里有奇.
周北五十萬八千里. 冬至日十三萬五千里. 冬至日道徑四十七萬六千里, 周百四十二萬八千里. 日光四極當周東西各三十九萬一千六百八十三里有奇.

이것은 정사각형과 원에 관한 방법이다.

원과 정사각형은 만물의 여러 가지 일에 두루 적용될 수 있다. 조물주의 일에도 콤파스와 곡척이 배치되었던 것이다. 정사각형을 다듬으면, 원이 되고, 원을 헐어내면, 정사각형이 된다. 정사각형 속에서 원을 만든 것을 '원 속의 정사각형'(圓方)이라고 부르며, 원 속에서 정사각형을 만든 것을 '정사각형 속의 원'(方圓)이라고 부른다.

此方圓之法.

萬物周事而圓方用焉, 大匠造制而規矩設焉, 或毁方而爲圓, 或破圓而爲方. 方中爲圓者謂之圓方, 圓中爲方者謂之方圓也.

<圓方圖/方圓圖>

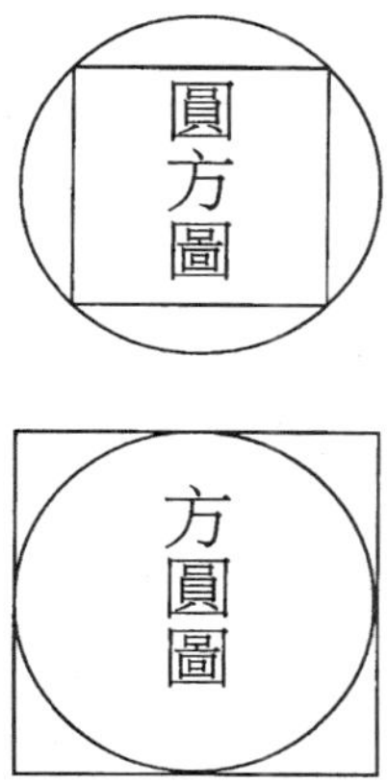

상권(3)

일곱 궤도(七衡)의 그림 :

무릇 이런 그림에서 한 길은 1자로 삼고, 1자는 1치로 삼고, 1치는 1분으로 삼으며, 1분은 1천리가 된다. 무릇 사방 8자 1치인 비단 끈을 썼는데, 이제는 사방 4자 5치인 비단 끈을 쓰며, 1분은 2천리가 된다.

「여씨춘추」(呂氏春秋)에서는 “무릇 사해 가운데 면적은 동서로 2만 8천리, 남북으로 2만 6천리이다.”라고 했다.

무릇 해와 달이 운행하는 원둘레를 이루면서, 일곱 궤도는 여섯 간격을 도는데, 그것들은 여섯 달 절기에 해당한다. 여섯 달은 $182\frac{5}{8}$ 일이 된다.

그러므로 해가 하지에는 동정(東井) 자리에 있고, 가장 안쪽 궤도(極內衡)를 돌며, 동지에는 견우 자리에 있고, 가장 바깥쪽 궤도(極外衡)를 돈다.

그러므로 1년은 $365\frac{1}{4}$ 일이며, 1년에는 가장 안쪽 궤도와 가장 바깥쪽 궤도가 존재한다. [한 달은] $30\frac{7}{16}$ 일이며, 달에도 가장 바깥쪽 궤도와 가장 안쪽 궤도가 존재한다.

그러므로 궤도들 사이의 간격은 $19,833\frac{1}{3}$ 리로서, 곧 100보이다. 다음 궤도의 지름을 알려면, 그것을 배로 곱하여 가장 안쪽 궤도의 지름에 더하면 되고, 셋 번째 궤도의 지름을 알려면, 그것을 두 배하여 가장 안쪽 궤도의 지름에 더하면 되며, 그 다음 궤도들에 대해서도 이렇게 해 나간다.

가장 안쪽의 첫 번째 궤도는 지름이 23만 8천리, 둘레가 71만 4천리로서, 그 값을 $365\frac{1}{4}$도로 나누면, 1,954리 $247\frac{933}{1461}$보가 된다.

그 다음 두 번째 궤도는 지름이 27만 7,666리 200보, 둘레가 83만 3천리로서, 리수를 도수로 나누면, 2,280리 $188\frac{1332}{1461}$보가 된다.

그 다음 세 번째 궤도는 지름이 31만 7,333리 100보, 둘레가 95만 2천리로서, 리수를 도수로 나누면, 2,606리 $130\frac{270}{1461}$보가 된다.

그 다음 네 번째 궤도는 지름이 35만 7천리, 둘레가 107만 1천리로서, 리수를 도수로 나누면, 2,932리 $71\frac{669}{1461}$보가 된다.

그 다음 다섯 번째 궤도는 지름이 39만 6,666리 200보, 둘레가 119만리로서, 리수를 도수로 나누면, 3,258리 $12\frac{1068}{1461}$보가 된다.

그 다음 여섯 번째 궤도는 지름이 43만 6,333리 100보, 둘레가 130만 9천리로서, 리수를 도수로 나누면, 3,583리 $254\frac{6}{1461}$보가 된다.

그 다음 일곱 번째 궤도는 지름이 47만 6천리, 둘레가 142만 8천리로서, 리수를 도수로 나누면, 3,909리 $195\frac{405}{1461}$보가 된다.

그러므로 동지의 해 그림자는 1장 3자 5치, 하지의 해 그림자는 1자 6치이다. 해 그림자는 동지 때 가장 길고, 하지 때 가장 짧다. 해 그림자 1치의 증감은 천리의 차이를 가져온다. 그러므로 동지 · 하지날의 남북 차이는 11만 9천리이다.

그 다음은 해가 동지 때 북쪽을 비치는 것으로서, 이것은 북쪽 궤도를 16만 7천리나 지나므로, 지름이 81만리, 둘레가 243만리가 되는데, $365\frac{1}{4}$도로 나누면, 6,652리 $293\frac{327}{1461}$보가 된다.

이것을 넘어서 무엇이 오는지에 대해서는 아무도 모른다.

안다는 사람에 관해서도, 혹자는 알 수 있다는 데 대해 의심하며, 혹자는 알기 어려움에 대해 의심한다. 이것은 최고의 현자들이 학습하지 않고서도 그것을 알았다는 것을 말해준다.

네 극의 지름은 81만리, 둘레는 243만리로서, 그것을 도수로 나누면, 1도는 6,652리 $293\frac{327}{1461}$보가 되며, 이것이 도 사이의 거리이다.

그렇게 남북간에 어긋나는 것은 하루에 651리 $182\frac{798}{1461}$보이다.

방법에 따르면, 11만 9천리를 나뉨수로 놓고, 반년인 $182\frac{5}{8}$일을 나눗수로 삼아 나누면, 95만 2천이 되는데, 그것을 나뉨수로 삼고, 얻어진 1,461을 나눗수로 하여 나누면, 그 비율이 리수가 되며, 나머지를 3으로 곱해서 나누면, 백 보가 되고, 나머지를 10으로 곱해서 나누면, 십 보가 되며, 나머지를 10으로 곱해서 나누면, 보가 되는데, 나머지를 분수로 만들라고 한다.

주해 3.1 내1형 : 지름 : 238,000리 ; 원둘레 : 714,000리 ; 원둘레/365.25도 : $\frac{714,000}{365\frac{1}{4}} = 1954$리 $247\frac{933}{1461}$보. 이 값들은 앞서 제시되었던 하지 때 것들이다.

2형 : 지름 : 277,666리 200보 ; 원둘레 : 833,000리(2,280리 $188\frac{1332}{1461}$보).

3형 : 지름 : 317,333리 100보 ; 원둘레 : 952,000리(2,606리 $130\frac{270}{1461}$보).

4형 : 지름 : 357,000리 ; 원둘레 : 1,071,000리(2,932리 $71\frac{669}{1461}$보).

이 값들은 춘·추분 때의 것들이다.

5형 : 지름 : 396,666리 200보 ; 원둘레 : 1,190,000리(3,258리 $12\frac{1068}{1461}$보).

6형 : 지름 : 436,333리 100보 ; 원둘레 : 1,309,000리(3,583리 $254\frac{6}{1461}$보).

7형 : 지름 : 476,000리 ; 원둘레 : 1,428,000리 (3,909리 $195\frac{405}{1461}$보).

이 값은 동지 때 것들이다.

이상 7개 동심원 궤도들의 지름, 원둘레와 원둘레를 $365\frac{1}{4}$도로 나누어준 값들을 표로 요약하면 다음과 같다.

동심원(衡)	지름	원둘레	원둘레/ $365\frac{1}{4}$ 도
1	238,000리	714,000리	1,954리 $247\frac{933}{1461}$보
2	277,666리 200보	833,000리	2,280리 $188\frac{1332}{1461}$보
3	317,333리 100보	952,000리	2,606리 $130\frac{270}{1461}$보

4	357,000리	1,071,000리	2,932리 $71\frac{669}{1461}$ 보
5	396,666리 200보	1,190,000리	3,258리 $12\frac{1068}{1461}$ 보
6	436,333리 100보	1,309,000리	3,583리 $254\frac{6}{1461}$ 보
7	476,000리	1,428,000리	3,909리 $195\frac{405}{1461}$ 보

그리고 그 동심원 궤도들을 플롯하면 [그림 3]과 같다.

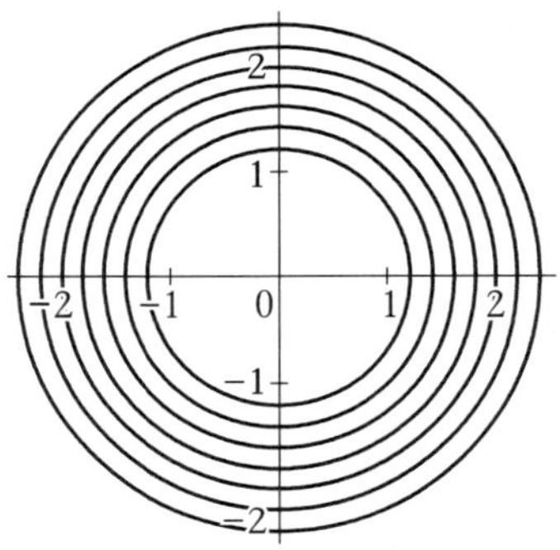

[그림 3] 7형도

결국, 이 리스트와 그림으로부터 제7형은 제1형보다 2배이고, 제4형은 제1형과 제7형의 반이고, 인접 두 형간의 차이는 모두 등간격 --지름상으로는 $\frac{238,000}{6}$ 리 $=\frac{119,000}{3}$ 리 $=39,666$리 200보 (단, 1리=300보)--이며, 따라서, 1~7형은 사실상 7형을 중심부터 12개의 등간격으로 나뉘어진 도합 13개의 동심원 가운데 바깥쪽 7개를 가리킨다--즉, 1~7형의 길이의 비는 6 : 7 : 8 : 9 : 10 : 11 : 12이라--는 것을 알 수 있다. 물론, 1461이라는 값은 $365\frac{1}{4}\times 4$를 가리킨다. cf. 薄樹人 編,「中國天文學史」, 70, 112-117쪽.

卷上之三

七衡圖[166]

凡爲此圖, 以丈爲尺, 以尺爲寸, 以寸爲分,分一千里. 凡 用繒方八尺一寸. 今用繒方四尺五分, 分爲二千里.

呂氏[167]曰, 凡四海之內, 東西二萬八千里,南北二萬六千里.

凡爲日月運行之圓周, 七衡周而六間,以當六月節. 六月爲百八十二日,八分日之五.

故日夏至在東井[168]極內衡, 日冬至在牽牛極外衡也.

故曰, 一歲三百六十五日, 四分日之一. 歲一內極,一外極. 三十日, 十六分日之七,月一外極, 一內極.

是故一衡之間萬九千八百三十三里, 三分里之一, 卽爲百步. 欲知次衡徑,倍而增內衡之徑. 二之以增內衡徑, 得三衡徑. 次衡放此.

內一衡徑二十三萬八千里, 周七十一萬四千里. 分爲三百六十五度, 四分度之一, 度得一千九百五十四里二百四十七步, 千四百六十一分步之九百三十三.

次二衡徑二十七萬七 千六百六十六里二百步, 周八十三萬三千里. 分里爲度,度得二千二百八十里百八十八步, 千四百六十一分步之千三百三十二.

---

166) Cullen(1996: 185)이 "도"(圖)를 "plan"이라고 하여 "기도, 도모"처럼 간주한 것은 지나친 해석이라고 여겨진다.

167) "여씨"는 「여씨춘추」(呂氏春秋)를 가리키며, 진나라의 거상이자 상국(相國)이었던 여불위(呂不韋)가 당시 유사들을 동원하여 고금의 일을 12기(紀) 8람(覽) 6론(論) 도합 십여만 자의 방대한 기록으로 엮어내게 했으므로 그렇게 이름 붙인 것이다.

168) "동정"(東井)은 남쪽 자리(南方宿)로서, 하지 때에는 해가 그곳에 있다.

次三衡徑三十一萬七千三百三十三里一百步, 周九十五萬二千里. 分爲度, 度得二千六百六里百三十步, 千四百六十一分步之二百七十.
次四衡徑三十五萬七千里, 周一百七萬一千里. 分爲度, 度得二千九百三十二里七十一步, 千四百六十一分步之六百六十九.
次五衡徑三十九萬六千六百六十六里二百步, 周一百一十九萬里. 分爲度,度得三千二百五十八里十二步, 千四百六十一分步之千六十八.
次六衡徑四十三萬六千三百三十三里一百步, 周一百三十萬九千里. 分爲度,度得三千五百八十三里二百五十四步, 千四百六十一分步之六.
次七衡徑四十七萬六千里, 周百四十二萬八千里. 分爲度,度得三千九百九里一百九十五步, 千四百六十一分步之四百五.
其次, 日冬至所照, 過北衡十六萬七千里. 爲徑八十一萬里,周二百四十三萬里. 分爲三百六十五度四分度之一, 度得六千六百五十二里二百九十三步, 千四百六十一分步之三百二十七.
過此而往者, 未之或知.
或知者, 或疑其可知者, 或疑其可知, 或疑其難知. 此言上聖不學而知之.
故冬至日晷丈三尺五寸, 夏至日晷尺六寸. 冬至日晷長, 夏至日晷短,日晷損益, 寸差千里. 故冬至, 夏至之日南北游十一萬九千里, 四極徑八十一萬里, 周二百四十三萬里. 分爲度, 度得六千六百五十二里二百九十三步, 千四百六十一分步之三百二十七. 此度之相去也.
其南北游, 日六百五十一里一百八十二步, 一千四百六十一分步之七百九十八.
術曰,置十一萬九千里爲實. 以半歲一百八十二日八分日之五爲法,而通之, 得九十五萬二千爲實. 所得一千四百六十一爲法,除之. 實如法得一里. 不滿法者,三之,如法得百步. 不滿法者,十之,如法得十步. 不滿法者,十之,如法得一步. 不滿法者,以法命之.

하권(1)

무릇 해와 달은 네 극지 주위를 운행한다.

극 아래로는 그 땅이 사람들이 사는 곳보다 6만리 더 높고, 쏟아지는 물이 네 절벽으로 흘러내린다. 하늘의 중앙도 역시 네 모서리보다 6만리가 더 높다.

그러므로 햇빛이 밖으로 비치는 범위는 지름이 81만리이고, 둘레가 243만리이다.

그러므로 해의 운행이 극의 북쪽에 도달하면, 북방은 일중이고 남방은 자정이 된다. 해가 극의 동쪽에 있으면, 동방이 일중이고 서방이 자정이다. 해가 극의 남쪽에 있으면, 남방이 일중이고 북방이 자정이다. 해가 극의 서쪽에 있으면, 서방이 일중이고 동방이 자정이다.

무릇 이 네 방위에 대해서 하늘과 땅이 네 극지와 (천지, 계절, 기상, 음양의) 네 화합을 가진다. 낮과 밤은 바꾸어 일어나며, 더하여 네 계절도 서로 잇달아 일어난다. 그리하여 그와 같은 음양의 마침이 있고, 겨울과 여름의 극에 달하면, 모든 것이 하나와 같아진다.

하늘의 모습은 덮어쓴 삿갓 모양이고, 땅은 뒤집어진 대접을 본뜬 형태이다.
하늘은 땅으로부터 8만리 떨어져 있다. 동지에는 해가 가장 바깥쪽 궤도에 놓이지만, 여전히 극지 아래인 지상 2만리에서 뜬다.

그러므로 해가 달을 일으키고, 그에 따라 달빛이 나오게 된다. 그러므로 밝은 달이 이뤄지고, 별들도 행렬을 이룬다. 그러므로 그 길이 멀어져 감에 따라, 추분에서 동지에 이르기까지 세 가지 빛나는 천체(三光)의 정기는 약화된다. 이렇게 천지음양의 본성은 자연스러운 것이다.

周髀算經 卷下

卷下之一

凡日月運行四極之道.

極下者, 其地高人所居六萬里, 滂沲四隤而下. 天之中央亦高四旁六萬里.

故日光外所照徑八十一萬里,周二百四十三萬里.

故日運行處極北, 北方日中, 南方夜半. 日在極東, 東方日中, 西方夜半. 日在極南, 南方日中, 北方夜半. 日在極西, 西方日中, 東方夜半.

凡此四方者, 天地四極四和[169], 晝夜易處, 加時相反. 然其陰陽所終, 冬夏所極, 皆若一也.

天象蓋笠, 地法覆槃.

天離地八萬里, 冬至之日離在外衡, 常出極下地上二萬里.

故日兆月, 月光乃出, 故成明月[170]. 星辰乃得行列. 是故秋分以往到冬至,三光之精微, 以其道遠. 此天地陰陽之性自然也.

---

169) "사화"(四和)에 대해서 이적(李籍)의 「주비음의」(周髀音義)는 다음과 같은 풀이한다. "사화라는 것은 자오, 묘유를 다하고, 동서남북의 중심을 얻어서, 천지가 만나고, 네 계절이 바뀌고, 비바람이 모이고, 음양이 조화를 이루는 것을 일컬으며, 그런 즉, 백물이 풍성해지고, 초목이 번성하게 되니, 고로 사화라고 한다."(四和者, 謂之極子午卯酉, 得東西南北之中, 天地之所合, 四時之所交,風雨之所會,陰陽之所和,然則百物阜安草木蕃庶,故曰四和.)

170) 달이 차고 이지러지는 것에 대해 양웅(楊雄)은 「법언」(法言)에서"달이 만월이 되기 이전에는 광채가 서쪽으로부터 시작되어 동으로 채워간다. 만월 이후에는 광채가 서쪽으로 이지러지면서 동쪽으로 없어져 간다. 이것은 태양을 맞아 그 광채에 의해 빛나기 때문일 것이다."(162)라고 하였다.

북극의 고동과 선기의 네 극(璿璣四極)을 알려면, 마땅히 하지 자정 때는 북극의 남쪽 나들이가 극단에 이른다는 것, 동지 자정 때는 북쪽 나들이가 극단에 이른다는 것, 동지의 해가 유(酉)에 올 때에는 서쪽 나들이가 극단에 이른다는 것, 해가 묘(卯)에 올 때에는 동쪽 나들이가 극단에 이른다는 것으로써 정한다. 이것들이 북극 선기의 네 나들이들이다.

북극의 축, 선기의 중심, 북쪽 하늘의 중심, 그리고 북극(성)의 나들이를 바르게 하려면, 동지의 해가 유(酉)에 올 때, 8 자 짜리 막대를 세우고, 그 꼭대기에 줄을 묶고, 북극 한 가운데 있는 큰 별을 바라보면서, 줄을 잡아 당겨 땅에 닿게 하여 그것을 표시한다. 또한 날이 밝는 새벽에 해가 묘(卯)에 올 때, 다시 줄을 잡아 당겨, 머리를 줄에 대고 바라보면서, 땅에 닿게 하여 표시한다. 그 끝은 서로 2자 3치 떨어져 있다. 그러므로 동서극(간의 거리)은 2만 3천리이다. 양끝을 서로 잇는 직선(이 가리키는 방향)은 정동서이고, 그것의 한 가운데를 자르는 수선이 막대를 가리키는 방향은 정남북이다.

이 시간들은 모두 물시계로 확인해야 할 것이며, 이것들이 바로 동서남북의 시간들이다.

그 줄이 땅에 닿았다고 표시한 곳은 막대로부터 1장 3치인데, 따라서 하늘의 중심은 주나라로부터 10만 3천리 떨어져 있다.

그것이 남쪽과 북쪽 끝에 오는 때는 어떻게 알 수 있는가? 동지 자정의 북쪽 나들이가 북쪽으로 하늘 한 가운데를 11,500리나 지나고,

하지 때 남쪽 나들이가 하늘 한 가운데에 11,500리나 미치지 못한다는 사실로부터다. 이것들은 모두 줄을 막대 끝에 묶고, 바라본 것이다. 북쪽 끝이 땅에 닿아 표시되는 것은 1장 $4\frac{1}{2}$치이므로, 따라서 주나라로부터 11만 4,500리 떨어져 하늘 한가운데를 11,500리나 지나고, 그 남쪽 끝이 땅에 닿아 표시되는 것은 9자 $1\frac{1}{2}$치이므로, 따라서 주나라로부터 91,500리 떨어져, 그 남쪽이 하늘 한가운데에 11,500리나 미치지 못한다. 이것이 바로 선기의 네 극이 남북을 지나치거나 미치지 못하는 것을 따지는 방법(璿璣四極南北過不及之法)이자 동서남북의 밑변이다.

선기의 지름은 2만 3천리이고 둘레는 6만 9천리이다. 이것은 양이 끊기고 음이 드러나는 것이니, 따라서 만물을 생성시키지 못한다.

그 방법에 따르면, "밑변을 확립해서 그것을 정하고, 해가 처음 뜰 때, 막대를 세워서 그 그림자를 표시하고, 해가 질 때, 또 그림자를 표시하면, 그림자의 두 끝을 서로 잇는 직선(이 가리키는 방향)은 정동서이고, 그것의 한 가운데를 자르는 수선이 막대를 가리키는 방향은 정남북이다."라고 한다.

극 아래에서는 만물을 생성하지 않는다. 어떻게 그걸 알 수 있는가? 동지의 해는 하지 때보다 11만 9천리 떨어져 있는데, 만물이 모두 죽는다. (그런데) 하지의 해도 북극으로부터 11만 9천리 떨어져 있으니, 그로써 극 아래에서는 만물을 생성하지 않는다는 것을 알 수 있는 것이다.

북극 좌우에는, 여름에도 녹지 않는 얼음이 존재한다. 춘분・추분에는 해가 가운데 궤도에 있다. 춘분부터는 해가 점차 북쪽으로 기울어 59,500리에 이르면 하지가 되며, 추분부터는 해가 점차 남쪽으로 기울어 59,500리에 이르면 동지가 된다. 가운데 궤도는 주나라로부터 75,500리 떨어져 있다. 가운데 궤도의 좌우에는 겨울에도 시들지 않는 풀들이 존재하는데, 여름에 자라는 건 마찬가지다. 이것은 양이 드러나고 음이 미약하여, 만물이 죽지 않는 것이며, 오곡은 한해에 두 번씩 여문다. 무릇 북극의 좌우에는, 아침에 길러서 저녁에 거두는 것들이 존재한다.

欲知北極樞[171], 璿璣四極. 常以夏至夜半時北極南遊所極, 冬至夜半時北遊所極, 冬至日加酉之時西遊所極, 日加卯之時東遊所極[172], 此北極璿璣四遊.
正北極樞璿璣之中, 正北天之中. 正極之所遊, 冬至日加酉之時, 立八尺表, 以繩繫[173]表顚, 希望北極中大星, 引繩致地而識之. 又到旦, 明日加卯之時, 復引繩希望之, 首及繩致地而識其兩端,相去二尺三寸. 故東西極二萬三千里, 其兩端相去正東西. 中折之以指表, 正南北. 加此時者, 皆以漏揆度之. 此東西南北之時.
其繩致地所識, 去表丈三寸, 故天之中去周十萬三千里.
何以知其南北極之時也? 以冬至夜半北遊所極北過天中萬一千五百里,以夏至南遊所極不及天中萬一千五百里.

171) "극추"(極樞)의 "樞"는 "고동(樞機制動之主), 북두 첫째별, 가운데" 등을 뜻한다.
172) "묘"(卯)는 정동쪽, "유"(酉)는 정서쪽에 있는 별 이름이다.
173) "승계"(繩繫)는 줄(結也)을 말한다.

此皆以繩繫表顚而希望之, 北極至地所識丈一尺四寸半, 故去周十一萬四千五百里, 過天中萬一千五百里, 其南極至地所識九尺一寸半, 故去周九萬一千五百里, 其南不及天中萬一千五百里. 此璿璣四極南北過不及之法, 東, 西, 南, 北之正句.
璿璣徑二萬三千里, 周六萬九千里. 此陽絶陰彰, 故不生萬物.
其術曰, 立正句定之. 以日始出, 立表而識其晷. 日入, 復識其晷. 晷之兩端相直者, 正東西也. 中折之指表者, 正南北也.
極下不生萬物. 何以知之? 冬至之日去夏至十一萬九千里, 萬物盡死, 夏至之日去北極十一萬九千里, 是以知極下不生萬物.
北極左右, 夏有不釋之冰. 春分, 秋分, 日在中衡. 春分以往日益北五萬九千五百里而夏至. 秋分以往日益南, 五萬九千五百里而冬至. 中衡去周七萬五千五百里. 中衡左右冬有不死之草, 夏長之類. 此陽彰陰微, 故萬物不死, 五穀一歲再熟. 凡北極之左右, 物有朝生暮獲, 冬生之類.

하늘 둘레의 잇달은 도수를 따지는 방법에 의해서 28 수자리를 확정하라.
방법에 따르면, 정남방을 등지고, 밑변을 재서 그것들을 정하라고 한다.

먼저 지름이 21보이고 둘레가 63보인 땅을 고르되, 수평기구(水正)를 써서 정확히 고르게 만들라. 그 다음에는 지름을 121자 7치 5분으로 잡고, 3배하면 $365\frac{1}{4}$ 자가 되어, 하늘 둘레인 $365\frac{1}{4}$ 도에 대응될 것이다. 그것을 조심스럽게 나누어 조금도 차착이 없게 한다.

도수를 일정하게 나누되, 날줄과 씨줄을 정확히 살펴서 넷으로 나누면, 각각 $91\frac{5}{16}$도가 된다.

이렇게 하면 원이 정해지고 바르게 될 것이다. 다음에는 막대를 정남북의 중앙에 새우고, 그 꼭대기에 줄을 묶고, 견우의 한 가운데 있는 별의 중심을 바라본다. 그 다음에는 또 수녀(須女) 별자리의 으뜸가는 별을 바라본다. 앞서와 마찬가지로 막대와 끈을 써서 수녀 별자리의 으뜸가는 별을 바라본다. 그 때, 천체관측기구를 써서 견우의 한 가운데 있는 별이 중앙 표준 막대로부터 서쪽으로 몇 도나 떨어져 뜨는지를 바라본다. 그러한 각각의 경우에 있어서, 관측기구가 나타내는 자의 수가 도수가 된다. 간격이 8자라면, 견우(자리)는 8도이다. 다른 별들에 대해서도 마찬가지로 하여 빠짐없이 하면, 28수의 도수가 정해질 것이다.

하늘 둘레의 도수를 정함에 있어서는, 각각 그 곳의 으뜸가는 별에 대한 관측기구의 도수를 취한다.

바퀴살(車輻)이 줄을 끌어당겨서, 가운데의 바른 것을 좇아서 바퀴통(轂)을 삼으면, 곧 표준이다.

해가 뜨고 지는 곳도 역시 둘레로 정한다. 해가 뜨고 지는 걸 알고자 하면, 곧 $365\frac{1}{4}$도로 28 수 각각을 정한다.

동정(東井)이 (동지) 자정에 가운데 올 때, 견우의 머리부분은 자(子) 가운데 오게 된다. 동정이 중앙 표준 막대(中正表)로부터 서쪽으로 $30\frac{7}{16}$ 도에서 떠서, 미(未) 가운데 올 때에는, 견우의 머리부분도 축(丑) 가운데 오게 된다. 이렇게 해서 하늘과 땅이 합쳐지는 것이다.

그렇게 둘레의 28 수자리가 놓여졌으면, 정해서, 다시 도로 나눈 둘레의 한 가운데에 표준 막대를 세운다. 동지와 하지 날에는 그것을 써서 해가 뜨기 시작하는 것을 바라보아, 그 도수 상에 관측기구를 세우고, 중앙 막대의 그림자를 바라본다. 그림자가 삼정(參正)이면, 해가 질 때의 자리 도수이다.

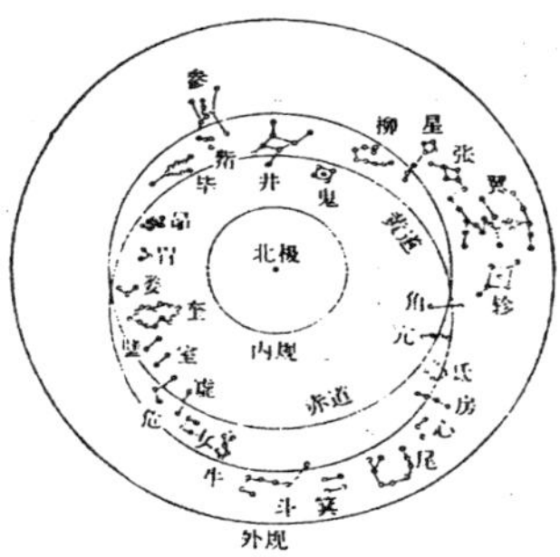

[그림 4] 한대 황가성도의 28수(출처 : 陳美東編, 「中國古星圖」, 8쪽.)

立二十八宿[174], 以周天曆度之法.

術曰, 倍正南方[175], 以正句定之.

卽平地徑二十一步, 周六十三步. 令其平矩以水正, 則位徑一百二十一尺七寸五分. 因而三之, 爲三百六十五尺, 四分尺之一, 以應周天三百六十五度, 四分度之一. 審定分之, 無令有纖微. 分度以定則正督[176]經緯[177]. 而四分之一合各九十一度, 十六分度之五.

於是圓定而正. 則立表正南北之中央, 以繩繫顚, 希望牽牛中央星之中. 則復[178] 候須女之星先至者. 如復以表繩希望須女先至, 定中. 卽以一遊儀[179] 希望牽牛中央星, 出中正表西幾何度. 各如遊儀所至之尺, 爲度數. 遊在於八尺之上, 故知牽牛八度. 其次星放此, 以盡二十八宿度, 則定矣.

立周度者, 各以其所先至遊儀度上.

車輻引繩, 就中央之正以爲轂[180], 則正矣[181].

日所出入, 亦以周定之. 欲知日之出入, 卽以三百六十五度, 四分度之一而各置二十八宿.

以東井夜半中, 牽牛之初臨子之中. 東井出[182]中正表西三十度, 十六分度之七, 而臨未之中,牽牛初亦當臨丑之中, 於是天與地協[183],乃以置周二十八宿.

置以定, 乃復置周度之中央立正表. 以冬至夏至之日, 以望日始出也, 立一遊儀于度上, 以望中央表之晷. 晷參正,則日所出之宿度. 日入放此.

---

174) "28수"(二十八宿)는 별자리들을 말하며, 각(角), 항(亢), 저(氐), 방(房), 심(心), 미(尾), 기(箕), 두(斗), 우(牛), 여(女), 허(虛), 위(危), 실(室), 벽(壁), 규(奎), 루(婁), 위(胃), 묘(昴), 필(畢), 자(觜), 삼(參), 정(井), 귀(鬼), 유(柳), 성(星), 장(張), 익(翼), 진(軫)을 가리킨다. 28수에 관한 자세한 설명을 위해서는 陳遵嬀(1980)를 참조할 것.

175) Cullen(1996 : 193)도 "Turn the back on (?)"이라고 하여 번역에 확신이 서지 않음을 드러낸 부분이지만, "倍猶背也"의 뜻으로 풀이하기로 한다.

176) "독"(督)은 "살피다"(察也)의 뜻이다.

177) 이적(李籍)의 「주비음의」(周髀音義)에서 "남북은 '경'으로 하고 동서는 '위'로 한다"(南北爲經,東西爲緯)고 한 것을 보면, 남북을 위, 동서를 경으로 나타내는 오늘날과는 정반대로 쓰였음을 짐작케 한다.

178) "則復"은 "또"(又也)라는 뜻이다.

179) "유의"(遊儀)는 고대에 쓰여졌던 천체관측기구를 말하는데, 특히 "遊"라고 한 것은 원추(元樞)라고 불리는 축에 연결된 옥형(玉衡)들을 움직여서 관측하였

하권(2)

견우는 북극으로부터 115도 1,695리 $21\frac{819}{1461}$보 떨어져 있다.

방법에 따르면, "바깥 궤도와 북극의 축 사이의 거리를 23만 8천리로 놓아 선기 11,500리를 뺀 나머지 22만 6,500리를 나뉨수로 삼고, 안쪽 궤도의 1도수인 1,954리 $247\frac{933}{1461}$보를 나눗수로 삼아서, 비를 구하면, 1도가 되며, 나머지로부터 리보(里步)를 구한다. 나머지의 $\frac{1}{300}$을 나뉨수로 하고, 1461을 나눗수로 하여 나누면, 1리가 된다. 나머지를 3으로 곱해서 나누면, 백보가 되고, 그 위에 나머지를 10으로 곱해서 나누면, 십보가 되고, 그 위에 또 나머지를 10으로 곱해서 나누면, 보가 되는데, 나머지는 나눗수로 나눈 분수로 나타내며, 다른 것들도 모두 이와 같이 다루면 된다."고 한다.

루(婁)와 각(角)은 북극으로부터 91도 610리 $264\frac{1296}{1461}$보 떨어져 있다.

방법에 따르면, "중간 궤도와 북극의 축 사이의 거리를 17만 8,500리로 놓아 나뉨수로 삼고, 안쪽 궤도의 1도수를 나눗수로 삼아서, 비를

기 때문이다. 이적(李籍)의 「주비음의」(周髀音義)는 「주비산경」의 주석자인 당 현종 때의 이순풍(李淳風)도 이것을 만든 적이 있었다고 전한다.

180) "곡"(轂)은, 문자 그대로는, 바퀴살(輻)을 받아들이는 "바퀴통"을 말하며, 날줄과 씨줄이 교차한 것(經緯之交)을 가리킨다.

181) 무슨 이유에서인지 이 문장은 Cullen의 번역에서 누락되어 있다.

182) Cullen과는 달리, "出"의 의미를 살려서 "떠서"라고 옮기기로 한다.

183) "협"(協)은 "합쳐지다"(合也)의 뜻이다.

구하면, 1도가 되며, 나머지로부터 리보를 구한다. 나머지는 나눗수로 나눈 분수로 나타낸다."고 한다.

동정은 북극으로부터 66도 1481리 $155\frac{1245}{1461}$보 떨어져 있다.

방법에 따르면, "안쪽 궤도와 북극의 축 사이의 거리를 11만 9천리로 놓아 선기 11,500리를 더한 13만 500리를 나뉨수로 삼고, 안쪽 궤도 1도수를 나눗수로 삼아서, 비를 구하면, 1도가 되며, 나머지로부터 리보를 구한다. 나머지는 나눗수로 나눈 분수로 나타낸다."고 한다.

卷下之二

牽牛去北極百一十五度千六百九十五里二十一步, 千四百六十一分步之八百一十九.

術曰, 置外衡去北極樞二十三萬八千里,除璿璣萬一千五百里. 其不除者二十二萬六千五百里以爲實, 以內衡一度數千九百五十四里二百四十七步, 千四百六十一分步之九百三十三以爲法, 實如法得一度. 不滿法,求里,步. 約之合三百得一以爲實. 以千四百六十一分爲法, 得一里. 不滿法者三之, 如法得百步. 不滿法者上十之,如法得十步. 不滿法者又上十之,如法得一步. 不滿法者,以法命之. 次放此.

婁與角去北極九十一度六百一十里二百六十四步,千四百六十一分步之千二百九十六.

術曰,置中衡去北極樞十七萬八千五百里,以爲實. 以內衡一度數爲法. 實如法得一度. 不滿法者,求里,步. 不滿法者,以法命之.

東井去北極六十六度千四百八十一里百五十五步,千四百六十一分步之一千二百四十五.
術曰,置內衡去北極樞十一萬九千里, 加璿璣萬一千五百里,得十三萬五百里,以爲實. 以內衡一度數爲法. 實如法得一度. 不滿法者,求里,步. 不滿法者,以法命之.

무릇 8절 24기 동안의 기의 증감은 9치 $9\frac{1}{6}$ 분이다. 동지에는 그림자의 길이가 1장 3자 5치이고, 하지에는 그림자의 길이가 1자 6치이다. 그 사이의 잇따른 절기의 (그림자) 길이의 길고 짧음은 각각 얼마인가?

동지 때의 그림자는 1장 3자 5치,
소한 1장 2자 5치 $\frac{5}{6}$ 분,
대한 1장 1자 5치 $1\frac{4}{6}$ 분,
입춘 1장 5치 $2\frac{3}{6}$ 분,
우수 9자 5치 $3\frac{2}{6}$ 분,
계칩 8자 5치 $4\frac{1}{6}$ 분,
춘분 7자 5치 5분,
청명 6자 5치 $5\frac{5}{6}$ 분,
곡우 5자 5치 $6\frac{4}{6}$ 분,
입하 4자 5치 $7\frac{3}{6}$ 분,

소만 3자 5치 $8\frac{2}{6}$분,

망종 2자 5치 $9\frac{1}{6}$분,

하지 1자 6치,

소서 2자 5치 $9\frac{1}{6}$분,

대서 3자 5치 $8\frac{2}{6}$분,

입추 4자 5치 $7\frac{3}{6}$분,

처서 5자 5치 $6\frac{4}{6}$분,

백로 6자 5치 $5\frac{5}{6}$분,

추분 7자 5치 5분,

한로 8자 5치 $4\frac{1}{6}$분,

상강 9자 5치 $3\frac{2}{6}$분,

입동 1장 5치 $2\frac{3}{6}$분,

소설 1장 1자 5치 $1\frac{4}{6}$분,

대설 1장 2자 5치 $\frac{5}{6}$분.

무릇 8절 24기 동안의 기의 증감은 9치 $9\frac{1}{6}$분이다. 동지・하지는 증감의 시작이다.

방법에 따르면, "동지 때 그림자를 놓고, 하지 때 그림자를 빼서, 그 나머지를 나뉨수로 삼고, 12를 나눗수로 삼아, 그 비를 구하면, 1치가 되며, 나머지를 10으로 곱해서 나눗수로 나누면, 1분이 되는데,

(마지막) 나머지는 그것을 나눗수로 나눈 분수로 하라."고 한다.

凡八節二十四氣[184], 氣損益九寸九分, 六分分之一. 冬至晷長一丈三尺五寸, 夏至晷長一尺六寸. 問次節損益寸數長短各幾何?

冬至晷長一丈三尺五寸.

小寒丈二尺五寸, 小分五.

大寒丈一尺五寸一分,小分四.

立春丈五寸二分, 小分三.

雨水九尺五寸三分, 小分二.

啓蟄[185]八尺五寸四分, 小分一.

春分七尺五寸五分.

淸明六尺五寸五分, 小分五.

穀雨五尺五寸六分, 小分四.

立夏四尺五寸七分, 小分三.

小滿三尺五寸八分, 小分二.

芒種二尺五寸九分, 小分一.

夏至一尺六寸.

小暑二尺五寸九分, 小分一.

大暑三尺五寸八分, 小分二.

立秋四尺五寸七分, 小分三.

處暑五尺五寸六分, 小分四.

白露六尺五寸五分, 小分五.

秋分七尺五寸五分.

---

184) 8절은 추위·더위(寒暑)의 2분자(二分者)와 생겨나서, 자라면, 거둬들여 보존하는 것(生長收藏)의 4립자(四立者)에 의해 이루어지며, 각 절은 3기로 되어 있으므로, "八節二十四氣"는 1년을 가리킨다.

寒露八尺五寸四分, 小分一.
霜降九尺五寸三分, 小分二.
立冬丈五寸二分, 小分三.
小雪丈一尺五寸一分, 小分四.
大雪丈二尺五寸, 小分五.
凡爲八節二十四氣, 氣損益九寸九分, 六分分之一. 冬至, 夏至爲損益之始.
術曰, 置冬至晷, 以夏至晷減之, 餘爲實. 以十二爲法. 實如法得一寸. 不滿法者十之, 以法除之, 得一分. 不滿法者, 以法命之.

달은 하늘에 (매일) $13\frac{7}{19}$ 도씩 처진다.

방법에 따르면, 1장의 달수(章月)를 235로 놓고, 1장의 햇수(章歲)인 19로 그것을 나눈 다음, 하루에 해가 움직이는 1도를 더해주면, $13\frac{7}{19}$ 도가 나오는데, 이것이 달이 하루에 움직이는 크기로서, 곧 하늘에 처지는 도수가 된다.

작은 해에는 달이 옛 수자리에 $354\frac{6612}{17860}$ 도만큼 미치지 못한다.

185) "계칩"(啓蟄)은 "동면하던 것(벌레나 짐승)들이 나타남"이라는 뜻으로서 후한 장제(章帝) 때(기원후 85년) 제정된 사분력(四分曆) 이후로는 "동면하던 것들을 일깨움"이라는 뜻의 "경칩"(驚蟄)이라는 이름으로 바뀌었다.

방법에 따르면, “작은 해를 $354\frac{348}{940}$ 일로 놓아 달이 하늘에 처지는 $13\frac{7}{19}$ 도로 곱해서 나뉨수로 삼고, 또 도 분모(度分母)와 일 분모(日分母)의 곱을 나눗수로 삼아서, 비를 구하면, 누적적으로 하늘에 처진 것이 $4737\frac{6617}{17860}$ 도가 되며, 그것을 하늘 둘레인 $365\frac{4465}{17860}$ 도로 나누면, 그 나머지가 $354\frac{6612}{17860}$ 도가 되는데, 이것이 바로 달이 옛 수자리에 미치지 못하는 분도수이며, 다른 것들도 모두 이와 같이 다루면 된다.”고 한다.

큰 해에는 달이 옛 수자리에 $18\frac{11628}{17860}$ 도만큼 미치지 못한다.

방법에 따르면, “큰 해를 $383\frac{847}{940}$ 일로 놓아 달이 하늘에 처지는 $13\frac{7}{19}$ 도로 곱해서 나뉨수로 삼고, 또 도 분모와 일 분모의 곱을 나눗수로 삼아서, 비를 구하면, 누적적으로 하늘에 처진 것이 $5132\frac{2698}{17860}$ 도가 되며, 그것을 하늘 둘레로 나누면, 그 나머지가 바로 달이 옛 수자리에 미치지 못하는 분도수가 된다.”고 한다.

평균적으로는 매년 달이 옛 수자리에 $134\frac{10105}{17860}$ 도만큼 미치지 못한다.

방법에 따르면, “평균적인 해를 $365\frac{235}{940}$ 일로 놓아 달이 하늘에 처지는 $13\frac{7}{19}$ 도로 곱해서 나뉨수로 삼고, 또 도 분모와 일 분모의 곱을 나눗수로 삼아서, 비를 구하면, 누적적으로 하늘에 처진 것이

$4882\frac{14570}{17860}$도가 되며, 그것을 하늘 둘레로 나누면, 그 나머지가 바로 달이 옛 수자리에 미치지 못하는 분도수가 된다."고 한다.

작은 달에는 옛 수자리에 $22\frac{7755}{17860}$도만큼 미치지 못한다.

방법에 따르면, "작은 달을 29일로 놓아 달이 하늘에 처지는 $13\frac{7}{19}$도로 곱해서 나뉨수로 삼고, 또 도 분모와 일 분모의 곱을 나눗수로 삼아서, 비를 구하면, 누적적으로 하늘에 처진 것이 $387\frac{12220}{17860}$도가 되며, 그것을 하늘 둘레로 나누면, 그 나머지가 바로 달이 옛 수자리에 미치지 못하는 분도수가 된다."고 한다.

큰 달에는 옛 수자리에 $35\frac{14335}{17860}$도만큼 미치지 못한다.

방법에 따르면, "큰 달을 30일로 놓아 달이 하늘에 처지는 $13\frac{7}{19}$도로 곱해서 나뉨수로 삼고, 또 도 분모와 일 분모의 곱을 나눗수로 삼아서, 비를 구하면, 누적적으로 하늘에 처진 것이 $401\frac{940}{17860}$도가 되며, 그것을 하늘 둘레로 나누면, 그 나머지가 바로 달이 옛 수자리에 미치지 못하는 분도수가 된다."고 한다.

평균적으로는 매달 옛 수자리에 $29\frac{9481}{17860}$도만큼 미치지 못한다.

방법에 따르면, "평균적인 달을 $29\frac{499}{940}$일로 놓아 달이 하늘에 처지는 $13\frac{7}{19}$도로 곱해서 나뉨수로 삼고, 또 도 분모와 일 분모의 곱을 나눗수로 삼아서, 비를 구하면, 누적적으로 하늘에 처진 것이

$394\frac{13946}{17860}$ 도가 되며, 그것을 하늘 둘레로 나누면, 그 나머지가 바로 달이 옛 수자리에 미치지 못하는 분도수가 된다."고 한다.

月後天十三度, 十九分度之七.

術曰, 置章月二百三十五, 以章歲十九除之, 加日行一度, 得十三度, 十九分度之七. 此月一日行之數, 卽後天之度及分.

小歲月不及故舍[186]三百五十四度, 萬七千八百六十分度之六千六百一十二.

術曰, 置小歲三百五十四日, 九百四十分日之三百四十八, 以月後天十三度, 十九分度之七乘之, 爲實. 又以度分母乘日分母爲法. 實如法, 得積後天四千七百三十七度, 萬七千八百六十分度之六千六百一十二. 以周天三百六十五度, 萬七千八百六十分度之四千四百六十五除之. 其不足除者, 三百五十四度,萬七千八百六十分度之六千六百一十二. 此月不及故舍之分度數. 佗[187]皆放此.

大歲月不及故舍十八度, 萬七千八百六十分度之萬一千六百二十八.

術曰, 置大歲三百八十三日, 九百四十分日之八百四十七,以月後天十三度, 十九分度之七乘之, 爲實. 又以度分母乘日分母爲法. 實如法得積後天五千一百三十二度, 萬七千八百六十分度之二千六百九十八. 以周天除之. 其不足除者, 此月不及故舍之分度數.

經歲月不及故舍百三十四度, 萬七千八百六十分度之萬一百五.

術曰, 置經歲三百六十五日, 九百四十分日之二百三十五, 以月後天十三度十九分度之七乘之, 爲實. 又以度分母乘日分母爲法. 實如法得積後天四千八百八十二度, 萬七千八百六十分度之萬四千五百七十. 以周天除之. 其不足除者, 此月不及故舍之分度數.

小月不及故舍二十二度, 萬七千八百六十分度之七千七百五十五.

術曰, 置小月二十九日, 以月後天十三度, 十九分度之七乘之, 爲實.

又以度分母乘日分母爲法. 實如法得積後天三百八十七度,萬七千八百六十分度之萬二千二百二十. 以周天分除之. 其不足除者,此月不及故舍之分度數.
六月不及故舍三十五度, 萬七千八百六十分度之萬四千三百三十五.
術曰, 置大月三十日, 以月後天十三度,十九分度之七乘之, 爲實. 又以度分母乘日分母爲法. 實如法得積後天四百一度, 萬七千八百六十分度之九百四十. 以周天分除之. 其不足除者, 此月不及故舍之分度數.
經月不及故舍二十九度, 萬七千八百六十分度之九千四百八十一.
術曰, 置經月二十九日, 九百四十分日之四百九十九, 以月後天十三度,十九分度之七乘之, 爲實. 又以度分母乘日分母爲法. 實如法得積後天三百九十四度, 萬七千八百六十分度之萬三千九百四十六. 以周天分除之. 其不足除者, 此月不及故舍之分度數.

하권 (3)

동지에는 낮이 가장 짧으며, 진(辰) 방향에서 떠서 신(申) 방향으로 진다. 양은 세 방향(=巳, 午, 未)을 비추지만 아홉 방향(=申, 酉, 戌, 亥, 子, 丑, 寅, 卯, 辰)은 덮지 못한다. 동서는 정남방에서 서로 마주한다.

하지에는 낮이 가장 길며, 인(寅) 방향에서 떠서 술(戌) 방향으로 진다. 양은 아홉 방향(=寅, 卯, 辰, 巳, 午, 未, 申, 酉, 戌)을 비추지만 세 방향(=亥, 子, 丑)은 덮지 못한다. 동서는 정북방에서 서로 마주한다.

---

186) "사"(舍)는 28수의 자리를 가리킨다.
187) "타"(佗)는 "他"와 통한다.

해는 왼쪽에서 떠서 오른쪽으로 지며, 남북을 움직인다.
그러므로 동지는 감(坎)을 따르고, 양은 자(子)에 있게 된다. 해는 손(巽) 방향에서 떠서 곤(坤) 방향으로 지며, 햇볕이 적게 비치므로 춥다고들 한다.

하지는 이(離)를 따르고, 음은 오(午)에 있게 된다. 해는 곤(昆) 방향에서 떠서 건(乾) 방향으로 지며, 햇볕이 많이 비치므로 덥다고들 한다.

해와 달이 법도를 잃으면, 추위와 더위가 서로 뒤섞이게 된다.

가는 것은 줄어들며 오는 것은 늘어나므로, 줄어드는 것과 늘어나는 것은 서로에게 반응하게 된다.
그러므로 동지가 지난 다음에는 해가 오른쪽으로 움직이며, 하지가 지난 다음에는 해가 왼쪽으로 움직인다. 왼쪽으로 움직이는 것은 가는 것이고, 오른쪽으로 움직이는 것은 오는 것이다.

卷下之三

冬至晝極短, 日出辰而入申. 陽照三, 不覆九. 東西相當正南方.
夏至晝極長, 日出寅而入戌. 陽照九, 不覆三. 東西相當正北方.
日出左而入右, 南北行.
故冬至從坎, 陽在子, 日出巽而入坤, 見日光少, 故曰寒.
夏至從離, 陰在午, 日出昆而入乾, 見日光多, 故曰暑.
日月失度而寒暑相姦.
往者詘, 來者信也, 故詘[188]信相感.
故冬至之後日右行, 夏至之後日左行. 左者往, 右者來.

그러므로 달과 해가 함께 어울려 한 달을 이루고, 해가 다시 그 전날의 해의 위치로 돌아오면 하루를 이루고, 해가 별에게 돌아오면 한 해를 이룬다.

제일 바깥쪽 궤도는 동지 때이고 제일 안쪽 궤도는 하지 때이다.

여섯 가지 기가 잇달아 돌아오는데, 모두 중기(中氣)라고 불린다.

음양의 수와 일월 계산법 :

19년은 1장(章)이고,
4장은 1부(蔀), 76년이고,
20부는 1수(遂)가 되는데, 수는 1,520년이고,
3수(遂)는 1수(首)로서, 수는 4,560년이며,
7수(首)는 1극(極)으로서, 극은 31,920년이다.
생겨난 수는 모두 마침이 있으며, 만물은 시초로 돌아가니, 하늘은 정월 초하루를 거듭함으로써 연대를 이뤄 나간다.

하늘의 둘레가 $365\frac{1}{4}$도이고, 해가 (하루에) 1도를 가고, 달은 $13\frac{7}{19}$도씩 하늘에 처지고, $29\frac{499}{940}$일이 한 달이 되며, $12\frac{7}{19}$달이 한해가 된다는 것을 어떻게 아는가?

하늘 둘레를 그것으로 나누어라. 나머지는 합삭과 같다.

---

188) "屈"이라고 적기도 함.

옛날에 포희(包犧)와 신농(神農)이 역법을 만들고, 그것을 실시했는데, 세 가지 빛나는 것들은 아직 법칙에 맞지 않았고, 해와 달과 뭇별들은 아직 분도를 갖추지 못했다.

해는 낮을 다스리고, 달은 밤을 다스리며, 낮과 밤은 하루를 이룬다. 해와 달은 모두 건성(建星)에서 뜬다. 달의 속도는 빠르고 해의 속도는 느리다. 해와 달은 29일에서 30일 사이에서 서로 만나는데, 해가 29도 조금 넘게 움직이지만, 그 나머지는 제대로 정해지지 않았다. 그리하여 365일 뒤에는 해가 가장 남쪽에 이르러 그림자가 길게 되고, 그 다음 날부터 다시 짧아지다가, 연말이 되면 그림자는 다시 가장 길게 된다.

그러므로 365일이 세 번, 366일이 한 번이라는 것이 알려졌다.

따라서, 1세(歲)는 $365\frac{1}{4}$ 일인데, 세는 '마친다'(終)는 뜻이다.

달은 하늘을 13번 돌고 덧붙여서--하늘에 $13\frac{7}{19}$ 도 남짓 처지는 걸 고려하지 않는다면--134도 남짓 처진다.

그리하여 해가 하늘을 76번 돌고, 달이 1,016번 돌아서 건성에서 다시 만난다.

달이 움직이는 수(=양)를 놓고, 그것을 해가 움직이는 수로 나누면, $13\frac{7}{19}$ 도가 되는데, 그것이 곧 달이 매일 같이 하늘에 처지는 정도이다.

다시, 76년 동안 쌓인 달의 수를 놓고, 그것을 76세로 나누면, $12\frac{7}{19}$ 달이 되는데, 그것이 곧 1년의 달수이다.

하늘 둘레의 도수를 놓고, 그것을 $12\frac{7}{19}$ 달로 나누면, $29\frac{499}{940}$ 일이 되는데, 그것이 곧 한 달의 날수이다.

故月與日合爲一月, 日復日爲一日, 日復星爲一歲.
外衡冬至, 內衡夏至, 六氣復返, 皆謂中氣.
陰陽之數, 日月之法.
十九歲爲一章.
四章爲一蔀, 七十六歲.
二十蔀爲一遂, 遂千五百二十歲.
三遂爲一首, 首四千五百六十歲.
七首爲一極, 極三萬一千九百二十歲. 生數皆終, 萬物復始. 天以更元,作紀歷.
何以知天三百六十五度, 四分度之一, 而日行一度, 而月後天十三度十九分度之七. 二十九日, 九百四十分日之四百九十九爲一月, 十二月, 十九分月之七爲一歲.
周天除之. 其不足除者, 如合朔.
古者包犧神農制作爲歷, 度元之始, 見三光未如其則. 日, 月, 列星, 未有分度.
日主晝, 月主夜, 晝夜爲一日. 日月俱起建星. 月度疾, 日度遲. 日, 月相逐於二十九日, 三十日間, 而日行天二十九度餘, 未有定分.

於是三百六十五日南極影長, 明日反短. 以歲終日影反長, 故知之三百六十五日者三, 三百六十六日者一.
故知一歲之三百六十五日, 四分日之一, 歲終也.
月積後天十三周, 又與百三十四度餘, 無慮後天十三度, 十九分度之七,未有定.
於是日行天七十六周, 月行天千一十六周, 又合於建星.
置月行後天之數, 以日後天之數除之, 得十三度, 十九分度之七, 則月一日行天之度.
復置七十六歲之積月, 以七十六歲除之, 得十二月, 十九分月之七, 則一歲之月.
置周天度數, 以十二月, 十九分月之七除之, 得二十九日, 九百四十分日之四百九十九, 則一月之數.

『주비산경』 해설

1. 「주비산경」의 성립

「주비산경」은 동양 최고의 천문서이자 산학서로서 손꼽히는 책이다. 이것이 정확히 언제 쓰여졌는지 확언하기는 어렵지만, “산경십서(算經十書)” 가운데에서도 가장 오래된 것으로 치는 것은 산학사가들 사이에서는 하나의 오랜 관행이어 왔다. 어쩌면 “주비(周髀)”라는 제목 자체가 주나라의 해시계(gnomon)를 뜻한다는 점이 더욱 더 그런 관행을 뒷받침했는지도 모른다. 그러나 최근 들어와서는 이 책의 성립 연대를 대체로 기원전 1세기경의 서한시대로 잡는 것이 지배적인 견해를 형성하면서(Cullen, 1996 ; 「傳世藏書」, 1996), 심지어 마츠로프처럼 기원전 100년에서 기원후 6세기 사이로 상당히 줄여 잡는 예까지도 찾아볼 수 있다(Martzloff, 1987 : 124). 오늘날 흔히 접할 수 있는 이 책의 형태는 대략 3세기 인물로 추정되는 조상(趙爽)이 찬술(撰述)한 것을 6세기경 견란(甄鸞)이 중술(重述)하고, 그 위에 당대의 이순풍(李淳風, 602-670)이 주석을 붙인 것이다.

이 책에 대한 후대의 전반적인 평가는 크게 엇갈리는 것으로 나타난다. 한편으로는 “모든 시대를 통틀어서 가장 한심한 어리석음(千古大愚)”이라고 한 서광계(徐光啓)의 말과 같은 혹평들이 다수 발견되는가 하면, 다른 한편으로는, 대진(戴震)의 「사고전서(四庫全書)」 본 제요(提要)에도 피력된 바와 같이, 이 책이 서양 천문학의 원류라고 추켜세우는 태도마저 발견되는 정도이다.

명 만력(萬曆)연간에 유럽인이 중국에 들어와 새로운 역법을 세운다면서 정밀하다고 주장하기 시작했다. 그러나 그들이 말하는 땅이 둥글다는 것은 곧 「주비」에서 얘기하는 "땅이 뒤집어 놓은 쟁반과 같으며, 네 절벽 아래로 폭포가 떨어진다"는 것을 가리킨다. 그들이 말하는 남북의 거리 차이는 곧 「주비」가 얘기하는 "북극 근처에서는 여름에도 어름이 녹지 않으며...적도 부근에서는 겨울에도 식물들이 이울지 않는다"는 것을 가리킨다. 이것이 바로 추위와 더위가 잇달아 일어나는 것이 남북간의 차이를 자아내는 까닭이다...그들이 말하는 동서의 거리 차이는 곧 「주비」가 얘기하는 "동쪽이 남중일 때에는 서쪽이 한밤중이며, 서쪽이 남중일 때에는 동쪽이 한밤중이니, 주야가 바뀌는 것은 사철이 바뀌는 것과 같다"는 것을 가리킨다. 이것이 바로 절기와 합삭이 일어나는 때가 동서에 따라 같지 않은 까닭이다.
...그들의 새로운 수리역법서에 의하면, 티코 브라헤(Tycho Brahe; 第谷) 이전의 서양의 역법에서도 1년이 $365\frac{1}{4}$일이므로 4년마다 나머지들이 하루를 이룬다고 했다는데, 이것 역시 「주비」가 얘기하는 365일 세 번에 366일 한 번이라는 것을 가리킨다. (이처럼) 서양 역법이 「주비」에서 많이 나왔다는 것은 천자에게 유능한 관리가 없으면, 학문이 오랑캐 땅에서 유지되는 것으로 나타나리라는 걸 보여주는 게 아니겠는가?(Cullen : 167에서 재인용.)

그러나 아마도 우리에게는 「주비산경」에 대한 어떤 과학적 평가를 내리려고 들기보다 오히려 그것이 배태된 역사적 맥락을 따지는 것이 급선무가 아닐까 한다.

그러면, 먼저, 동양 최고의 천문서인 「주비산경」의 성격을 제대로 음미하자면, 중국 상고시대의 천문학 발달과 관련된 신화적 기록들을 더듬어 볼 필요가 있다고 생각할 수 있을 것이다. 이런 의미에서 특히 주목되는 것은 복희, 신농, 황제, 요, 순으로 이어지는 상고시대의 문명발달을-주로 기술발달에 초점을 맞춰--기술하고 있는 「주역」 "계사전 하(繫辭傳下)"의 기록이다. 복희씨는 그 중에서도 천문학 발달과 관련해서 가장 관심을 끄는 인물이 아닐 수 없다.

옛날 포희씨가 임금으로 임금으로 천하를 다스릴 때에, 위를 우러러보아 하늘에서 천체의 현상을 관찰하고, 아래를 굽어보아 땅에서 지리의 법칙을 관찰하며, 새와 짐승의 여러 가지 모습과 땅의 적의성, 곧 고장에 따라서 각기 다른 온갖 초목들이 생존하고 있는 현상을 관찰하며, 가까이는 자기의 몸에서 생리현상을 취하고, 멀리는 천지만물에서 물리 법칙을 취하여 여기에서 비로소 여덟 가지 괘를 만들었다. 그리하여 팔괘로써 신명한 덕에 통달하고 만물의 정상을 유추하였다. 노끈을 엮어 그물을 만들어서 백성에게 짐승을 사냥하게 하고 물고기도 잡게 했으니, 그것은 64괘 가운데 이괘에서 배워 취한 것일 게다.(최완식 역 : 274.)

즉, 그는 어렵채취시대의 성군으로서 천문지리 등 자연현상을 관찰하고 생리 · 물리법칙과 같은 합리화를 이뤄내면서 최초의 문자라고 할 만한 팔괘를 창제했다는 것이다. 이러한 복희씨가 그의 배필이자 여제인 여와와 더불어 해와 달을 관장하는 신성들로 간주되어, 특히 한대의 관곽에서 자주 발견되듯이, 컴퍼스와 곡척(trysquare), 즉 "규구"(規矩)를 든 모습으로 형상화된 것은 천문과 기하의 밀접한 관계를 상징적으로 나타내 준다고 할 수 있다 ([그림 1]을 참조).

한편, 「서경」의 첫머리를 장식하는 우서(虞書) 요전(堯典)은 다음과 같이 장중하게 울리는 기록들로 시작된다.

옛 요임금에 대하여 상고해 보건대, 지극한 공을 세우셨으니 공손하고 총명하고 우아하고 신중하시어 온유하셨고, 진실로 공손하시며 빛을 온 세상에 펴시니 하늘과 땅에 이르렀다...이에 희씨와 화씨에게 명하시어, 넓은 하늘을 삼가 따르게 하시고, 해와 달과 별들의 운행을 관찰하여 사람들에게 때를 알리도록 하셨다.

임금님이 말씀하시기를 "아아! 그대들 희씨와 화씨여! 일년은 삼백육십육일이며 윤달이 있음으로써 사철이 일년을 이루게 되어 백관들이 잘 다스려지고 여러 가지 공적이 모두 빛나게 되리라." (차상원 역 : 31-33.)

만일 이 기록을 액면 그대로의 사실로 받아들인다면, 지금으로부터 자그마치 사천이삼백년전으로 거슬러 올라가는 요임금(2357-2258 BC)때 이미 역법을 전문적으로 담당하는 종사자들--즉, 희씨와 화씨라는--이 있었으며, 일년이 $365\frac{1}{4}$일이라는 사실까지 알려져 있었다는 말이 된다. 같은 기록에는 또한 희씨와 화씨 가운데 각각 두명씩에게 동서남북의 네 곳을 맡게 하여 네 계절을 바로 잡게 했다고도 되어 있는데, 그것은 최초의 천문관들이 동시에 지방 영주이기도 했다는 말이 된다. 그리고 후일 이 두 이름은, "희화가 아직 일어나지 않았는데/약목의 꽃은 어떻게 빛났겠는가"(羲和之未揚/若華何光)라고 한 굴원의 "천문"(天問)의 일절처럼, 때때로 해를 몰고 다니는 신으로 간주되기도 하였다.

그러나 이들 희씨와 화씨 두 가문이 봉착하게 된 후일의 명운은 역시 「서경」의 "윤정"(胤征)장에 다음과 같은 불행한 기록으로 남아 있음을 보게 된다. "윤정"장은 곧 우(禹)임금과 그의 후손이 다스렸던 치세인 하대에 관한 기록인 하서(夏書)의 마지막 장이다.

"희씨와 화씨는 그들의 덕을 뒤엎어 버리고 술에 빠져 어지러워져서, 관직을 저버리고 자리를 떠났고, 처음으로 하늘의 기율을 어지럽히었고, 그들은 맡은 일을 멀리 저버려서 늦은 가을달 첫날에 해와 달이 방에 모이지 않았을 때, 눈먼 악관은 북을 치고 얕은 관원들을 달리고, 백성들은 뛰었으되 희씨와 화씨는 그들의 관직을 저버리고 듣지도 알지도 못하는 체하였소. 하늘의 현상에 어둡고 미혹하여, 옛날 임금도 베실 죄를 범한 것이요.

나라 다스리는 법전에도,

'때를 앞서는 자도 죽이고 용서치 않으며, 때에 미치지 못하는 자도 죽이고 용서치 않는다' 하였소.

지금 나는 그대들과 함께 왕명을 받들어 천벌을 내리려 하오. 여러 군사들은 왕실을 위하여 함께 힘을 다하고, 바라건대 나를 도와 천자의 위명을 삼가 받들도록 하여 주오.

곤산 마루턱에 불이 일어나면 구슬과 돌이 함께 탈 것이나, 천자의 관리가 덕을 잃은 것은 사나운 불길보다도 더 심한 것이요. 저들 괴수들은 섬멸할 것이로되, 협박에 의하여 따른 자는 다스리지 않을 것이며, 예전에 물들은 더러운 습속을 모두 새로워지도록 해 주겠소. 오오! 위엄이 동정심을 이기면 진실로 성공할 것이나, 동정심이 위엄을 이기면 참으로 일을 성공시키지 못할 것이요. 그대 여러 군사들은 힘쓰고 경계하기 바라오!" (차상원 역 : 107.)

이 글은 윤나라의 제후가 천자를 대신해서 천문을 담당하고 있는 그들이 직책을 제대로 수행하지 못하기 때문에 정벌하려고 출병하면서 내린 훈시, 즉 서(誓)의 형식으로 되어 있다. 제후가 다른 유력자들을 치려는 것 자체가 정치적으로 지극히 비정상적인 상황을 나타내지만, 그 정벌의 이유를 천문의 혼란으로 내세우고 있다는 점에서 유난히 눈길을 끄는 대목이다. 그것은 이 장면에서 천문의 혼란은 왕조교체를 통한 "수명개제(受命改制)"에 의해서 바로 잡혀져야 한다는 논리를 엿볼 수 있기 때문이다. 이 장면은 또한 역사의 여명기에 천문관들이 누리던 권력과 사회적 위세가 일대 타격을 입게 된 계기를 암시한다는 점에서도 크게 주목할 만하다. 그리고 이상과 같은 역사적 여명기의 천문학과 관련된 기록들은 천문학이 당시 사회의 지배권력 심장부에서 발달을 본 합리화의 일환으로 형성되었다는 것을 보여주고 있으며, 아울러 장차 전담 관료기구에 의해서 해당 역할이 전문적으로 수행될 것임을 예고하고 있다고 하겠다. 「주비산경」이 바로 이와 같은 발달의 산물임은 물론이다.

2. 「주비산경」의 천문학과 수학

천문학적인 측면에서 볼 때, 「주비산경」은 무엇보다도 "개천설"이라고 지칭되는 우주관에 의하여 특징 지워진다. 개천설이란 사각형 대지를 남쪽이 높고 북쪽이 낮은 식으로 하늘이 원형으로 수레

덮개나 뒤집어 놓은 쟁반(覆槃)처럼 에워싸고 있다는 주장을 말한다. 그에 비해서, 그보다 나중에 성립되어 때때로 그것과 대조를 이루어 온 혼천설은 땅 윗쪽의 하늘뿐만 아니라 땅 아래쪽도 원형으로 보는 이론이었다. [그림 5]는 노다 추료오(能田忠亮, 1933: 53)와 컬른(Cullen, 1996 : 136)이 개천설을 도해한 것을 함께 제시해 본 것이다.

(가) 노다 추료오

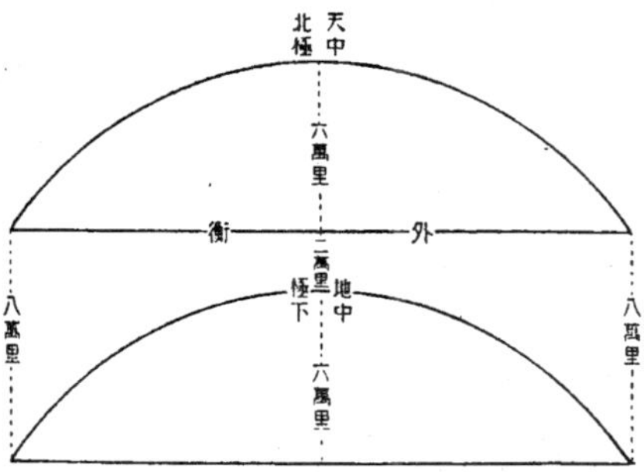

(나) 컬른

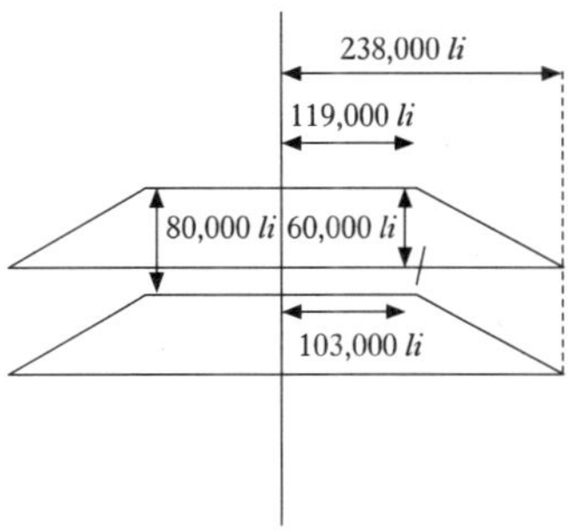

[그림 5] 노다 추료오와 컬른의 개천설 도해(출처 : 能田忠亮, 1933 : 53 ; Cullen, 1996 : 136.)

물론 개천설에 대해서는 고대사회라고 해서 비판이 없지 않았다. 양웅(楊雄)의 「법언(法言)」 "중려편(重黎篇)"을 보더라도 한 화자(話者)가 개천설을 두고 정밀하지 못한 이론이라면서 신랄하게 비난을 퍼붓는 장면이 나온다.

어떤 사람이 혼천설에 대하여 물으니, 대답하였다.

"무제때 낙하굉이 혼천의를 발명하였고, 선우망인이 별을 측정하였으며, 선제때 대사농중승인 경수창이 천체도를 제작하였다. 진실로 정밀하게 되어 있어 실제와 조금도 다르지 않았다."

어떤 사람이 또 묻기를

"개천설에 대하여 가르쳐 주십시오."

하니, 대답하였다.

"개천 말인가. 그런 것은 응당 비난받아야 할 만한 설이다. 정밀한 이론이 아니다." (최형주 역 : 190.)

또한 한말의 채옹(蔡邕)도 "주비의 계산법은 모두 남아있지만, 천체의 현상과 그것을 비교해 보면, 틀리는 것이 많다. 천문관들은 사용하지 않는다."(周髀術數具存, 考驗天狀, 多所違失. 惟渾天近得其情, 今史官候台所用銅儀則其法也.)는 증언을 한 바 있다(「後漢書」 志 10, 天文 上, 3217을 참조).

그러나 다른 한편으로는, 이를테면, 「진서(晋書)」 "천문지"에 등장하는 왕중임(王仲任)처럼, 거꾸로 개천설의 입장에서 혼천설에 대한 반론을 제기하는 것도 심심지 않게 엿보인다.

지난날의 학설은 하늘이 움직여서 땅을 따라 그 아래를 통과한다고 보았다. 지금 땅을 1장만 파도 물이 나오는 판에 하늘이 어떻게 물을 따라 그 속을 운행한단 말인가? 어림도 없는 일이다. 해가 하늘을 좇아서 도는 것이지 (땅 속으로) 들어오는 게 아니다. 사람이 육안으로 바라보면 십리만 떨어져도 천지가 맞닿아 보이지만 실제로는 합쳐진 것이 아니라 멀어서 그럴 뿐이다. 이제 해가 들어가는 듯이 보여도, 들어가는 게 아니라 역시 멀어서 그렇다. 마침 해가 서쪽으로 들어갈 때에도 그 아래에 있는 사람은 또한 그것이 남중한다고 말할 것이다. 사방에 있는 사람들은 각각 가까우면 나온다고 하고 멀면 들어간다고 한다. 무엇으로 증명하겠는가고요? 이제 시험 삼아 한 사람으로 하여금 큰 횃불을 들고 밤에 평지를 걷게 하면, 십리만 가도 불빛이 사라질 테지만, 사라진 게 아니라 멀어서 그렇게 됐을 따름이다. 지금 해가 서쪽으로 돌아서 다시 보이지 않는 것도 불빛이 사라지는 것과 마찬가지이다.

舊說天轉從地下過. 今掘地一丈輒有水, 天何得從水中行乎? 甚不然也. 日隨天而轉, 非入地. 夫人目所望, 不過十里, 天地合矣, 實非合也, 遠使然耳. 今視日入, 非入也,亦遠耳. 當日入西方之時, 其下之人亦將謂之爲中也. 四方之人, 各以其近者爲出,遠者爲入矣. 何以明之? 今試使一人把大炬火,夜行於平地, 去人十里, 火光滅矣, 非滅也, 遠使然耳. 今日西轉不復見, 是火滅之類也. cf.「晋書」 上 : 85.

아무튼 이러한 개천설적인 우주관이 나름대로 전통시대 동양인의 심성 속에 깊이 파고 들었으리라는 것은 익히 짐작되는 바이다. 이를테면, 조비(曹丕, 187-226)가 잡시 이수(雜詩 二首)에서 "서북쪽에 떠있는 구름은/초연한 게 수레 덮개 같고(西北有浮雲/亭亭如車蓋)"라고 한 것은 단순한 직유를 넘어서 개천설에 대한 참조를 숨기지 않고 있다고 여겨진다. 또한 전국시대 초나라의 굴원이 석서(惜誓)에서 "해와 달로 덮개를 세웠다(建日月以爲蓋兮)"고 한 것으로부터도 제한적인 의미에서나마 개천설의 흔적이 감지된다. 그러나 개천설의 우주관이 과연 구체적으로 언제 어떤 형태로 영향을 미쳤으며 표출되었던가의 문제는 현재로서는 여전히 본격적인 연구가 이루어져야 할 분야로 남아있을 뿐이다.

한편, 「주비산경」의 수학적인 측면과 관련지어서는, 그것의 중요성을 특히

1) 앞 부분에 제시된 "현도(弦圖)"가 구고술(句股術) 내지 피타고라스 정리에 대한--비록 말로 풀이되지는 않았으나, 그런 대로 이내 알아차릴 수 있는--시각적인 증명을 제공하고 있으며,

2) 직각삼각형의 변들 사이의 관계에 대해 무려 스무 가지에 이르는 풀이법들을 조상(趙爽)이 주석을 통해 제시했다.

는 두 가지 점에서 찾는 지적이 곧잘 제기되어 왔다(Martzloff, 1987 : 126-127). 그리고 대통을 써서 해의 지름을 계산하려고 한 것이나 "주비 밑변 상의 1치 증감이 천리에 해당한다"는 법칙 역시 모두 닮은꼴과 광학을 이용한 비례계산을 나타낸다는 점에서 주목할 만한 것들이다. 그렇다면 결국, 「주비산경」은 "개천설"이라는 기본가정의 오류와 측정오차가 문제일 뿐, 구고술, 닮은꼴을 이용한 비례계산, 광학을 활용한 관찰 및 추론 절차만큼은 오히려 오늘날에도 찬사를 보낼 만한 것으로 드러난다. 동양의 고대문명이 바로 이런 합리성을 바탕으로 열리고, 또 이뤄졌다는 사실은 앞으로 보다 긍정적으로 인식되어야 할 것이다.

3. 「주비산경」의 판본과 연구·번역서

「주비산경」의 역대 판본으로는 북송 비서성(秘書省)각본 「산경십서」(1084)와 그것을 구하기 어렵게 되자 남송 포한지가 번각·인행한 것(1213), 「영락대전」본(1407), 명말 호진형(胡震亨)의 「비책휘함(祕冊彙函)」본(1603)과 그것을 추종한 「사부총간(四部叢刊)」본, 「사부비요(四部備要)」본, 대진(戴震)이 찬수관이 되어 자부 천문류(子部 天文類)에 포함시킨 「사고전서」본(1774-1776)과 그것을 토대로 한 무영전취진판본(武英殿聚珍版本)과 공계함미파사(孔繼涵微波榭)본, 광서년 상해홍보재 석인본(光緒年 上海鴻寶齋 石印本), 상무인서관(商務印書館)의 「만유문고(萬有文庫)」본과 「총서집성(叢書集成)」본 등을 들 수 있다. 그러나 이 책의 번역을 위해서는 특히 교점이 잘 되어있는 전보종(錢寶琮, 1963)의 「산경십서」본을 텍스트로 삼았다.

한편, 「주비산경」에 대한 연구서로는 노다 추료오(能田忠亮, 1933)의 기념비적인 연구인 「周髀算經の研究」가 단연코 효시로 알려져 있으며, 컬른(Cullen, 1996)의 「고대중국의 천문학과 수학: 주비산경(*Astronomy and Mathematics in Ancient China:* The Zhou bi suan jing)」이 최근의 연구성과를 반영한다고 할 수 있다. 그리고, 「주비산경」의 번역으로서는 하시모토 케이조(橋本敬造, 1980)의 일역과 컬른의 영역이 대표적이라고 할 수 있겠는데, 역자는 사실상 번역을 마무리짓고 난 다음에야 비로소 전자를 발견하게 되었으므로, 번역상의 도움은 주로 후자로부터 받았음을 밝힌다.

찾아보기

(ㄱ)

(ㅊ)

(ㅋ)

(ㅌ)

(ㅍ)

(ㅎ)

차종천(車鍾千)

서울대학교 영어영문학과 졸업
서울대학교 대학원 사회학과 수료
미국 위스콘신대 대학원에서 사회학 석・박사학위 취득
한림대학교 사회학과 교수 역임
위스콘신대 방문교수
도쿄대학 객원교수
캠브리지대 방문 펠로우
현재 : 성균관대학교 사회학과 교수

역・저서 : 「구장산술・주비산경」, 「현대사회통계학」 등 다수
논문 : "Reception and Appropriation of Chinese Mathematics in Joseon Dynasty : With Respect to *Hushilun*" 등 다수

東洋數學大系 I
算數書·算經十書 上

2006년 6월 10일 초판 인쇄
2006년 6월 15일 초판 발행

편역자 / 차종천
발행자 / 오판근
발행처 / 교우사

주　소 / 서울 동대문구 제기2동 148-19
전　화 / 925-2861, 929-4865
팩　스 / 925-2860
E-mail / kw2861 @ chollian. net
http: // www. kyowoo. co. kr
등록 / 1994. 3. 24 제7-119호

ISBN 89-8172-610-8 (94410)
89-8172-609-4 (세트)

값 35,000원